U0295666

大飞机出版工程　总主编／顾诵芬

民机先进航电系统及应用系列

主编／冯培德　执行主编／金德琨

国家出版基金项目
NATIONAL PUBLICATION FOUNDATION

民用飞机 机载总线 与网络

Airborne Databus and Network for Civil Aircrafts

陈长胜 范祥辉 邱征／编著
牛文生 金德琨／审校

上海交通大学出版社
SHANGHAI JIAO TONG UNIVERSITY PRESS

内容提要

本书是大飞机出版工程"民机先进航电系统及应用系列"丛书之一。机载总线和网络是机载系统中的重要组成部分,用来实现设备之间的数据通信。本书介绍了民用飞机机载总线和网络的基本概念、技术特点及其发展过程,阐述了机载总线和网络开发以及评估的方法和准则。结合目前民用飞机上常用的机载总线和网络总结了其技术特点和典型应用,论述了机载总线和网络研制过程中的确定性、安保性、网络管理等关键技术,并简单介绍了时间触发以太网、无线网络等近年来出现的一些新型的机载网络技术。

本书适合从事航空电子系统设计以及机载总线和网络设计的技术人员阅读和参考,也可供大学本科与研究生相关专业的学生使用。

图书在版编目(CIP)数据

民用飞机机载总线与网络/陈长胜,范祥辉,邱征编著.—上海:
上海交通大学出版社,2019(2020 重印)
大飞机出版工程
ISBN 978 - 7 - 313 - 21656 - 4

Ⅰ.①民… Ⅱ.①陈…②范…③邱… Ⅲ.①民用飞机-机载计算机-
总线②民用飞机-机载计算机-计算机网络 Ⅳ.①V247.1

中国版本图书馆 CIP 数据核字(2019)第 150052 号

民用飞机机载总线与网络
MINYONG FEIJI JIZAI ZONGXIAN YU WANGLUO

编 著 者:陈长胜 范祥辉 邱 征
出版发行:上海交通大学出版社   地　　址:上海市番禺路 951 号
邮政编码:200030   电　　话:021 - 64071208
印　　制:上海盛通时代印刷有限公司   经　　销:全国新华书店
开　　本:710mm×1000mm　1/16   印　　张:25
字　　数:337 千字
版　　次:2019 年 12 月第 1 版   印　　次:2020 年 5 月第 2 次印刷
书　　号:ISBN 978 - 7 - 313 - 21656 - 4
定　　价:248.00 元

大飞机出版工程
丛书编委会

总 序

国务院在2007年2月底批准了大型飞机研制重大科技专项正式立项,得到全国上下各方面的关注。"大型飞机"工程项目作为创新型国家的标志工程重新燃起我们国家和人民共同承载着"航空报国梦"的巨大热情。对于所有从事航空事业的工作者,这是历史赋予的使命和挑战。

1903年12月17日,美国莱特兄弟制作的世界第一架有动力、可操纵、重于空气的载人飞行器试飞成功,标志着人类飞行的梦想变成了现实。飞机作为20世纪最重大的科技成果之一,是人类科技创新能力与工业化生产形式相结合的产物,也是现代科学技术的集大成者。军事和民生对飞机的需求促进了飞机迅速而不间断的发展,应用和体现了当代科学技术的最新成果;而航空领域的持续探索和不断创新,为诸多学科的发展和相关技术的突破提供了强劲动力。航空工业已经成为知识密集、技术密集、高附加值、低消耗的产业。从大型飞机工程项目开始论证到确定为《国家中长期科学和技术发展规划纲要》的十六个重大专项之一,直至立项通过,不仅使全国上下重视起我国自主航空事业,而且使我们的人民、政府理解了我国航空事业半个世纪发展的艰辛和成绩。大型飞机重大专项正式立项和启动使我们的民用航空进入新纪元。经过50多年的风雨历程,当今中国的航空工业已经步入了科学、理性的发展轨道。大型客机项目其产业链长、辐射面宽、对国家综合实力带动性强,在国民经济发展和科学技术进步中发挥着重要作用,我国的航空工业迎来了新的发展机遇。

大型飞机的研制承载着中国几代航空人的梦想,在2016年造出与波音737和空客A320改进型一样先进的"国产大飞机"已经成为每个航空人心中奋斗的目标。然而,大型飞机覆盖了机械、电子、材料、冶金、仪器仪表、化工等几乎所有工业门类,集成了数学、空气动力学、材料学、人机工程学、自动控制学等多种学科,是一个复杂的科技创新系统。为了迎接新形势下理论、技术和工程等方面的严峻挑战,迫切需要引入、借鉴国外的优秀出版物和数据资料,总结、巩固我们的经验和成果,编著一套以"大飞机"为主题的丛书,借以推动服务"大型飞机"作为推动服务整个航空科学的切入点,同时对于促进我国航空事业的发展和加快航空紧缺人才的培养,具有十分重要的现实意义和深远的历史意义。

2008年5月,中国商用飞机有限责任公司成立之初,上海交通大学出版社就开始酝酿"大飞机出版工程",这是一项非常适合"大飞机"研制工作时宜的事业。新中国第一位飞机设计宗师——徐舜寿同志在领导我们研制中国第一架喷气式歼击教练机——歼教1时,亲自撰写了《飞机性能捷算法》,及时编译了第一部《英汉航空工程名词字典》,翻译出版了《飞机构造学》《飞机强度学》,从理论上保证了我们飞机研制工作。我本人作为航空事业发展50年的见证人,欣然接受了上海交通大学出版社的邀请担任该丛书的主编,希望为我国的"大型飞机"研制发展出一份力。出版社同时也邀请了王礼恒院士、金德琨研究员、吴光辉总设计师、陈迎春副总设计师等航空领域专家撰写专著、精选书目,承担翻译、审校等工作,以确保这套"大飞机"丛书具有高品质和重大的社会价值,为我国的大飞机研制以及学科发展提供参考和智力支持。

编著这套丛书,一是总结整理50多年来航空科学技术的重要成果及宝贵经验;二是优化航空专业技术教材体系,为飞机设计技术人员培养提供一套系统、全面的教科书,满足人才培养对教材的迫切需求;三是为大飞机研制提供有力的技术保障;四是将许多专家、教授、学者广博的学识见解和丰富的实践经验总结继承下来,旨在从系统性、完整性和实用性角度出发，把丰富的实践经验进一步理论化、科学化，形成具有我国特色的"大飞机"理论与实践相结合的知识体系。

"大飞机"丛书主要涵盖了总体气动、航空发动机、结构强度、航电、制造等专业方向，知识领域覆盖我国国产大飞机的关键技术。图书类别分为译著、专著、教材、工具书等几个模块；其内容既包括领域内专家们最先进的理论方法和技术成果，也包括来自飞机设计第一线的理论和实践成果。如：2009 年出版的荷兰原福克飞机公司总师撰写的 Aerodynamic Design of Transport Aircraft(《运输类飞机的空气动力设计》)，由美国堪萨斯大学 2008 年出版的 Aircraft Propulsion(《飞机推进》)等国外最新科技的结晶；国内《民用飞机总体设计》等总体阐述之作和《涡量动力学》《民用飞机气动设计》等专业细分的著作；也有《民机设计 1000 问》《英汉航空双向词典》等工具类图书。

该套图书得到国家出版基金资助，体现了国家对"大型飞机项目"以及"大飞机出版工程"这套丛书的高度重视。这套丛书承担着记载与弘扬科技成就、积累和传播科技知识的使命，凝结了国内外航空领域专业人士的智慧和成果，具有较强的系统性、完整性、实用性和技术前瞻性，既可作为实际工作指导用书，亦可作为相关专业人员的学习参考用书。期望这套丛书能够有益于航空领域里人才的培养，有益于航空工业的发展，有益于大飞机的成功研制。同时，希望能为大飞机工程吸引更多的读者来关心航空、支持航空和热爱航空，并投身于中国航空事业做出一点贡献。

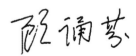

2009 年 12 月 15 日

系列序

20世纪后半叶特别是21世纪初,信息技术的高速发展带动了其他学科的发展,航空信息化、智能化加速了航空的发展。航空电子已成为现代飞机控制和运行的基础,越来越多的重要功能有赖于先进的航空电子系统来实现。先进的航空电子系统已成为飞机先进性的重要标志之一。

如果将发动机比作飞机的"心脏",航空电子系统则称得上是飞机的"大脑"和"中枢神经系统",其性能直接影响飞机的自动化和智能化水平,对飞机的安全性、经济性、舒适性、可用性等有重要的作用。由于航空电子系统地位特殊,因此当今主流飞机制造商都将航空电子系统集成与验证的相关技术列为关键技术,这也是我国亟待突破的大飞机研制关键技术。目前,国家正筹备航电专项以提升航空电子系统的自主研发和系统集成能力。

随着国家对航空产业的重视,在"十二五""十三五"民机科研项目的支持下,在国产大飞机研制的实践中,我国航空电子系统在综合化、模块化方面取得了很大的进步。本系列图书旨在将我国广大工程技术人员在航空电子技术方面多年研究成果和实践加以梳理、总结,为我国自主研制大型民用飞机助一臂之力。

本系列图书以"民机先进航电系统及应用"为主题,内容主要涵盖航空电子系统综合技术、飞行管理系统、显示与控制系统、机载总线与网络、飞机环境综合监视、通信导航监视、航空电子系统软件/硬件开发及适航审定、客舱与机载信息系统、民机健康管理系统、飞行记录系统、驾驶舱集成设计与适航验证、系统安全性设计与分析和航空电子适航性管理等关键性技术,既有理论又有设计方法;既有正在运营的各种大型飞机航空电子系统的介绍,也有航空电子发展趋势的展望,具有明显的工程实用性,对大飞机在研型号的优化和新机研制具有参考和借鉴价值。本系列图书适用于民用飞机航空电子研究、开发、生产及管理人员和高等学校相关专业师生，也可供从事军用航空电子工作的相关人员参考。

　　本系列图书的作者主要来自航空工业无线电电子研究所、航空工业西安航空计算技术研究所、航空工业雷华电子技术研究所、航空工业综合技术研究所、中国电子科技集团航空电子公司、航空工业陕西千山航空电子有限责任公司、上海交通大学以及大飞机研制的主体单位——中国商用飞机有限责任公司等专业的研究所、高校以及公司。他们都是从事大飞机航空电子系统研制的专家和学者，在航空电子领域有着突出的贡献、渊博的知识和丰富的实践经验。

　　大型民用飞机的研制承载着中国几代航空人的梦想，制造出先进的国产大飞机已经成为每个航空人奋斗的目标。本系列图书得到2019年国家出版基金的资助，充分体现了国家对"大飞机工程"的高度重视，希望该套图书的出版能够为国产大飞机的研制服务。衷心感谢每一位参与编著本系列图书的人员，以及所有直接或间接参与本丛书审校工作的专家学者和上海交通大学出版社的"大飞机出版工程"项目组，在大家的共同努力下，这套丛书终于面世。衷心希望本系列图书能切实有利于我国航空电子系统研发能力的提升，为国产大飞机的研制尽一份绵薄之力。

　　由于本系列图书是国内第一套航空电子系列图书，规模大、专业面广，作者的水平和实践经验有限，不妥之处在所难免，敬请读者批评指正！

民机先进航电系统及应用系列编委会

前 言

飞机主体、发动机、机载系统是构成现代民用飞机的三大组成部分。作为飞机机载系统的核心部件,机载总线和网络的主要功能是可靠、及时、安全地实现不同设备之间和机载系统之间的信息交换,是机载系统的"神经中枢"。

机载总线和网络的需求来自机载系统,发展过程也是随机载系统功能以及架构的发展而不断发展的。以航空电子系统为例,其系统架构发展经历了从分立式、联合式到综合化等多个阶段,相应的机载网络拓扑结构也从最早期的点到点结构、点到多点结构发展到后来的总线型结构,以及当前普遍采用的星型交换式网络结构,形成了 ARINC 429、ARINC 629 和 ARINC 664P7 等众多的机载总线和网络标准,具有不同的传输速率、拓扑结构、帧格式等技术特点。为方便叙述,本书将用于设备互连和信息交换的机载总线、网络统称为机载网络。

随着科学技术的进步和社会生产力的不断提升,以及人类社会融合程度的不断提升,航空运输系统也获得了快速的发展。机载系统的功能不断增强,功能类型和数量不断增长,在现代民用飞机中扮演着越来越重要的角色。计算机、信息处理、通信导航等相关技术的快速发展,为提升机载系统的功能、性能和现代民用飞机的功能、性能提供了重要的支撑。机载系统对机载总线与网络的数据传输性能和传输质量也提出了越来越高的要求,在保证安全性、可靠性等指标的前提下不断提升传输速率、通信带宽等性能指标,同时还要满足安保性等一些新的要求。

因此,研究机载网络的技术特点、发展过程、关键技术以及未来发展趋势,对于促进我国航空工业的自主发展,提升航空装备自主可控能力是非常必要的。

本书首先介绍了机载总线和网络的基本概念、技术特点以及发展过程,结合民机机载网络研制中应当遵循的标准、指南和手册,分析了机载网络的开发过程,以及机载网络各个层次协议的评估准则和方法。本书还对目前民用飞机中常用的各种机载网络的通信协议、典型应用等做了简单的介绍,并对这些机载网络进行了对比分析。此外,本书从确定性、安保性、网络管理等几个方面总结了机载网络设计过程中的关键技术,并简单介绍了时间触发以太网、无线网络等近年来出现的一些新型的机载网络技术。由于本书中涉及的标准,更多地是关注标准的内涵,而不是对特定版本标准的解读,因此除非特殊需要(如说明标准的发展过程)外,不特别标注标准的版本信息。

中国航空工业集团有限公司西安航空计算技术研究所范祥辉、邱征、张双、冯源、闫海明、张旭、刘智武、王建宇、李雯、朱志强、周耿,以及中国航空无线电技术研究所的徐晓飞等同志参加了本书的编写,牛文生等同志对本书进行了审阅。由于作者知识有限,本书存在的不足之处,欢迎各位读者批评指正。

目录

1

机载总线与网络概论

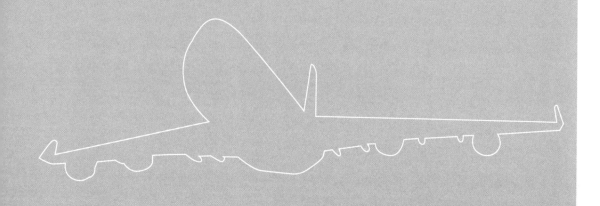

机载总线与网络是现代飞机的"神经中枢",主要功能是连接各个机载设备,以可靠、及时、安全地实现设备之间的信息交换。本章介绍了民用飞机机载总线与网络的基本概念,并给出了一些机载总线与网络的基础知识。

1.1　基本概念

1.1.1　计算机网络

《计算机科学技术百科全书》中给出的计算机网络(computer network)的定义是"地理上分布的多台自主计算机互连的集合……计算机互连必须遵循约定的通信(网络)协议,由通信设备、通信链路及网络软件实现,计算机网络可以实现信息交互、资源共享、协同工作及在线处理等功能"。百度百科的定义是"连接分散计算机设备以实现信息传递的系统"。

计算机网络的定义可以分为广义的和狭义的。计算机网络的广义定义是由一组计算机和网络设备组成的集合,这些计算机在网络操作系统的管理下实现资源共享和信息传递,且对用户是透明的。狭义的定义是计算机网络是由通信设备、通信链路及网络软件组成的系统。广义的定义强调计算机网络包含一组计算机,目的是资源共享和信息传递;狭义的定义则强调计算机网络的物理组成。本书中采用狭义定义。

计算机网络是计算机技术和通信技术结合的产物。20 世纪 50 年代初,美国麻省理工学院林肯实验室为美国空军在美国本土北部和加拿大境内建立了一个半自动地面防空系统(semi-automatic ground environment,SAGE)[1],是计算机网络的最早尝试。该系统包含警戒雷达和电子计算机。警戒雷达将天空中飞机目标的方位、距离、高度等信息通过雷达录取设备记录下来,再转换成二进制的数字信号;然后通过数据通信设备传送给北美防空司令部的信息处理中心的一台 IBM 电子计算机;电子计算机自动接收这些信息,并经过处理计算出目标飞机的飞行航向、飞行速度、当前位置、是否为敌机等。这个系统实现了计算机之间的数字化数据传输，在计算机网络发展的历史上具有开创性的意义，被认为是计算机与通信技术结合的先驱。

20世纪50年代后期，随着集成电路的问世，计算机技术取得了飞速发展，同时也对计算机之间的资源共享和信息通信提出了更高的要求。现代意义上最早的计算机网络是1969年美国国防高级研究计划局（Defense Advanced Research Projects Agency，DARPA）建立的ARPANET实验网，包含了4个节点，以电话线路为网络连接。两年后建成15个节点并进入工作阶段。到20世纪70年代后期，网络节点超过60个，地理范围跨越了美洲大陆，连接了众多的大学和研究机构，并且通过卫星与夏威夷和欧洲地区的计算机网络相互连通。ARPANET具备了现代计算机网络的一般性特征，是计算机网络技术发展的一个重要里程碑，它对计算机网络技术发展的主要贡献如下：

（1）完成了对计算机网络定义、分类与子课题研究内容的描述。

（2）提出了资源子网、通信子网的两级网络结构。

（3）研究了报文分组交换的数据交换方法。

（4）采用了层次结构的网络体系结构模型与协议体系。

（5）促进了TCP/IP协议的产生和发展。

（6）为互联网的形成和发展奠定了基础。

在此之后，计算机网络技术快速发展。1972年，美国施乐帕克研究中心发明了以太网；70年代末，国际标准化组织（International Standards Organization，ISO）和国际电报与电话咨询委员会（Consultative Committee on International Telegraph and Telephone，CCITT）分别起草了网络模型的草稿，最终合并形成了开放系统互连（open systems Interconnection，OSI）参考模型，即ISO的IEC 7498标准和CCITT的ITU-T X.200标准，为网络协议的国际标准化迈出了重要一步；1980年IEEE组织成立了802委员会；1990年美国国家科学基金会（National Science Foundation，NSF）建立了用于科学研究和教育的骨干网络NSFnet，代替

ARPANET 成为国家骨干网;1992 年互联网学会成立,之后互联网及其他网络技术以惊人的速度发展,对人类社会的生产和生活产生了深远的影响。

1.1.2　机载网络及标准

机载网络是计算机网络在飞机中的应用,指用于机载系统之间通信的计算机网络,例如连接机载雷达和显示控制系统的网络。

在工程实践和相关文献中,机载网络又分为总线和网络两种类型。其区别是总线在同一个时刻只能有唯一的节点占用通信介质进行数据传输,而网络则允许多个节点同时进行数据传输。在实际应用中,这两个术语的定义并没有明确的界限,一些文献中,总线(bus)、数据总线(databus)、网络(network)、数据网络(data network)是等同的[2]。为方便起见,除非特别说明,本书中统称为机载网络。

由于机载应用的特殊性,因此常用的网络协议如民用以太网不能完全满足机载要求。针对机载网络的特殊要求,工业界制定了相应的标准。最早出现的机载网络标准是 1973 年公布的 MIL - STD - 1553《数字式时分制指令/响应型多路传输数据总线》,目前已经发展到 MIL - STD - 1553B[3]。该总线是美国第三代战机航电系统的一项关键技术,在军用飞机中应用极其广泛,且近年来开始应用到民机领域。而在民用飞机中,最早的机载网络标准是 20 世纪 70 年代公布的 ARINC 429 总线《数字信息传输系统》[4],至今仍在一些机载设备中使用。当前在空客 A380、波音 787 和空客 A350 等新型民用客机中使用的主干网络是 ARINC 664P7《航空电子全双工交换以太网》[5]。

目前,机载网络标准包括航空无线电设备公司(Aeronautical Radio Incorporated,ARINC)的系列标准、国际自动机工程师学会(Society of Automotive Engineers,SAE)的系列标准等,本书第 4 章列出了常见的机载网络标准。

机载网络的发展,也促进了机载航电系统从分立式到联合式、综合化的发展过程,成为表征飞机先进性的一个重要特征。因此,研究机载网络的发展过程、开发方法、技术特点、关键技术以及未来发展趋势,对于促进我国航空工业的自主发展,提升装备自主可控能力是非常必要的。

1.1.3　机载网络域

机载网络的用途有多种类型,对网络的需求也不同,无法用一种网络满足所有的需求。例如客舱中网络的主要应用在乘客娱乐系统,关键指标是网络吞吐量;而飞行控制系统中网络的主要用于飞机舵面控制等涉及飞行安全的设备,关键指标是网络通信的确定性、完整性和可用性。为了更好地区分不同的机载网络用途,便于开展机载网络研究工作,采用了将飞机机载网络系统分为多个网络域,每个网络域采用不同的网络协议的做法,整个飞机的机载网络系统就成为包括多个网络域的"网络之网络"。

在 ARINC 664P5《网络域特征与功能单元》[6]中,按照安全性(safety)和安保性(security)特性等级将飞机机载系统的网络划分为 4 个网络域,分别是飞机控制域(aircraft control domain, ACD)、航空公司信息服务域(airline information services domain, AISD)、乘客信息与娱乐服务域(passenger information and entertainment services domain, PIESD)以及乘客自携设备域(passenger owned devices domain, PODD),每个域都包含数个机载系统和各自的网络,如图 1-1 所示。每个网络域的关键等级从右向左依次增加。

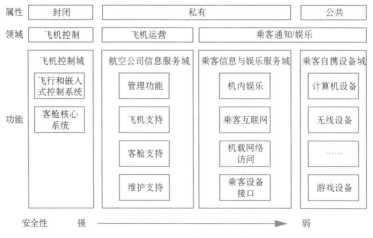

图 1-1　飞机网络域

(1) ACD 域。ACD 域对应的飞机主要功能是支持飞机的安全飞行,包括飞行和嵌入式控制(航电、飞控、环控等)系统、客舱核心系统和对应的航电核心网络以及客舱核心网络。飞行和嵌入式控制系统包括驾驶舱显示、飞行控制、飞行记录等子系统,客舱核心系统又包括客舱管理、环境控制等子系统。飞行控制以及客舱核心系统中的数据通信直接影响飞机的飞行安全,因此 ACD 域中的数据通信有着极高的安全性要求,机载网络的选择也以确保飞行安全为第一要素。以飞行控制系统为例,功能失效率要求一般为 10^{-9}/飞行小时,并通过余度的网络架构支持飞行控制系统实现二次故障或三次故障安全的安全等级。典型的网络协议有空客 A320、A330、A340 和波音 737 等机型中的 ARINC 429 总线,空客 A380、A350 和波音 787 中的 ARINC 664P7 网络等。

(2) AISD 域。AISD 域的主要功能是可为其他独立的飞机网络域提供服务与连通性,例如航电、飞行娱乐、客舱分发以及任何相连的机外网络。AISD 域提供的服务示例包括机载数据加载器、维护访问、客舱机组信息访问、网络管理、网络操作服务(DNS、DHCP 和 VPN 等)、网络文件和打印服务等。AISD 域要求网络具有交换、路由、网络操作服务、服务质量、网络安保等功能,在性能方面主要关注网络吞吐量和服务质量等指标。典型的网络协议是符合 ARINC 664P3《基于因特网的协议和服务》[7] 的航空以太网,已应用于空客 A380、A350 以及波音 787 等机型。

(3) PIESD 域。PIESD 域主要功能是为乘客提供娱乐和网络服务。相较于传统的空中娱乐系统(in-flight entertainment,IFE),PIESD 域还可以包含乘客设备连接系统、乘客飞行信息系统(PFIS)、宽频电视或连接系统等。外部的通信系统也可能连接到 PIESD,例如宽频卫星通信。PIESD 域要求网络提供交换、路由、网络管理、网络安保等功能,在性能方面主要关注网络吞吐量、服务质量等指标。典型的网络协议是以太网协议,已应用于空客 A380、A350 以及波音 787 等机型。

(4) PODD 域。PODD 域主要功能是向乘客提供航空公司服务,由乘客可携带至飞机上的设备组成。这些设备可以相互连接,也可以通过 PIESD 所提供的访问接口连接到飞机网络。自携设备上可能安装有各种应用,包括一些恶意的应用,如病毒、蠕虫、电子欺骗、拒绝服务(DOS)、攻击等。PODD 域要求网络提供网络管理、网络安保、常用的网络服务等,不关注性能指标。典型的网络协议也是以太网协议,也已应用于空客 A380、A350 以及波音 787 等机型。

这些网络域所面向的服务不同,因此在功能、性能、接口等方面都有各自的特点。各个网络域的对比如表 1-1 所示。由于 AISD 域、PIESD 域以及 PODD 域可以直接使用商用网络协议,因此本书的重点是用于 ACD 域的机载网络。

表 1-1　飞机网络域的对比

网络特征	ACD 域	AISD 域	PIESD 域	PODD 域
主要目标	安全飞行	航空公司运营	乘客娱乐、办公	乘客服务
产品使用周期	15 年	6~8 年	6~8 年	3 年
产品功能	定制或者更改商用功能,使其满足航空环境和安全性需求	更改商用功能,使其满足航空需求和航空公司需求	更改商用功能,使其满足航空需求和娱乐需求	商用的消费类电子
实时性	强	中等,对于音视频较强	中等,对于音视频较强	无,兼容互联网
典型网络协议	ARINC 429、ARINC 629 和 ARINC 664P7 等	航空以太网	以太网	以太网
吞吐量	低,对于座舱为中等,对于显示为高	中等	高,特别是视频	低,对于音视频为高
网络构型	静态,所有网络节点已知,由飞机系统集成商确定	静态,机组的手持设备为动态	静态/动态	动态

（续表）

网络特征	ACD 域	AISD 域	PIESD 域	PODD 域
网络构型变更	低,变更必须通过局方批准	中等,部分变更须通过局方批准	高,变更不需要通过局方批准	动态,局方不做监管
安保性及影响	高,会影响到飞机安全	中等,包含了航空公司的商业信息	中等,会导致乘客的不满意或者知识产权问题	取决于乘客的应用
安保性协议	由飞机系统集成商控制	由飞机系统集成商和航空公司控制	由 IFE 供应商控制	互联网
访问	限于座舱和设备舱,乘客难以访问	限于机组,乘客也可以访问	限于乘客	正常的乘客访问
适航认证	所有方面,包括功能、物理特性、失效模式等	不干扰,以及运营程序的影响	不干扰(按系统进行)	不干扰(按一类设备进行)
失效条件影响	从灾难性到无影响	从轻微到无影响	无影响	无影响
软件等级	DO - 178 的 A 级至 D 级	主要是 DO - 178 的 D 级至 E 级	主要是 DO - 178 的 E 级	不需要
可用性要求	高	中等	中等	无
完整性要求	高	中等	低	无
数据流分区	高	可能部分数据流有需要	可能部分数据流有需要	无
局方监管	高,航空公司难以更改	中等,航空公司可以更改	低,航空公司可以更改	无

1.1.4 机载网络特点

与普通的民用网络相比,机载网络有其特殊性,主要体现在如下几个方面。

1) 确定性

实时系统是指在系统规定的时间内完成预定动作的系统,系统功能的正确性不仅依赖于功能的实现,还依赖于功能实现的时间。实时系统又可以细分为软实时系统和强实时系统。如果完成功能的时间超出了规定时间范围,但结果还是可接受的则称为软实时控制系统,例如网络传输超时会导致视频会议中的音视频卡滞,用户在一定程度上是可以容忍的;如果超出了规定时间范围会导致不可接受的严重后果,则称为硬实时控制系统,也称为安全关键实时系统,例如心脏起搏器等。

在控制系统中,典型情况下其任务执行过程中包含了数据采集、数据传输、数据处理、执行控制等子过程,时间模型如图 1-2 所示。

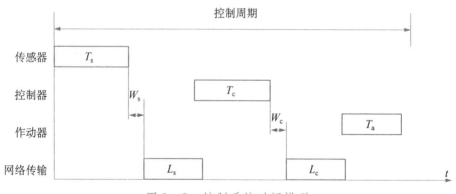

图 1-2 控制系统时间模型

T_s—传感器处理时间;T_c—控制器处理时间;T_a—作动器执行时间;W_s—传感器发送数据等待时间;W_c—控制器发送数据等待时间;L_s—传感器数据传输时间;L_c—控制器数据传输时间

控制系统如果不能在规定的时间内完成从传感器采集到作动器响应的规定功能就会出现控制行为不收敛的情况,导致系统失效。从控制系统的时间模型来看,网络传输时间占了其中的一部分。数据从源节点到目的节点的传输时延必须要有上界,例如 10 ms,即网络必须具备确定性。确定性的具体内容将在后面章节详细描述。

按照上面的定义,ACD 中的飞控系统和客舱核心系统是典型的硬实时系统,如果不能在规定的时间范围内执行飞行控制和客舱核心任务,就可能导致飞机出现灾难性的事故。相应地,用于 ACD 的机载网络必须具备确定性。

2) 安全性

按照 ARP 4754A《民用飞机和系统开发指南》[8] 的定义,安全性是指产品在规定的条件下,以可接受的风险执行其功能的能力。对于民用飞机机载系统,安全性是指系统不导致发生飞机灾难性事故的能力。

安全性是民用飞机的基本要求。由于航空运输具有特殊性,飞机一旦发生事故常常会造成较大规模的人员伤亡和巨大的财产损失,并严重打击公众对于民航的信心,造成很大的社会影响甚至政治影响。通过适航局方和工业界多年的共同努力,特别是自 1955 年以来第三代商用喷气式飞机都采用了故障-安全(fail-safe)的设计理念,通过使用安全性的设计方法,飞机的安全性得到逐步提高,相关系统的事故率明显降低。

基于安全性的要求,包含机载网络在内的民用飞机机载系统与设备都必须按照适航规章规定的过程进行研制,遵循适航所建议的相关标准,包括指导系统设计的 ARP 4754A《民用飞机和系统开发指南》,指导软件研制流程的 DO‐178B《机载系统和设备认证的软件考虑》[9],以及指导电子硬件研制流程的 DO‐254《机载电子硬件设计保证指南》[10] 等。安全性评估方法应该遵循 ARP 4761《民机机载系统和设备安全性评估过程指南和方法》[11]。

机载网络其本身并不执行安全关键的任务,但是由于其数据传输所支持的应用系统可能包含了安全关键任务,因此必须满足应用系统对于机载网络提出的安全性指标要求。例如,在我国自主研制的大型客机 C919 飞机中,将机载网络所在的综合化模块化航空电子系统(integrated modular avionics,IMA)平台的安全性进一步分为完整性(出现未检测出的错误或者丢失的概率)和可用性(出现检测出的错误或者丢失的概率),并且对 IMA 平台的完整性和可用性

都提出了约 5×10^{-10}/飞行小时的指标要求。相应地，用于 IMA 平台的核心网络的完整性指标约为 2×10^{-10}/飞行小时。

在完整性方面，机载网络经常通过校验、交叉比对等设计方法，在电路设计、软件设计上更加复杂；在可用性方面，机载网络经常采用双余度，甚至三余度的架构，保证部件失效的情况下网络仍然能够正常工作。只有在整个机载网络的研制过程全面采用安全性设计方法，才能保证其达到完整性和可用性的指标，满足适航要求。

3）可靠性

可靠性是指产品在规定的条件下和规定的时间内，完成规定功能的能力[12]。

可靠性反映了产品是否容易发生故障的特性，其中基本可靠性反映了产品故障引起的维修保障资源需求，常用故障率、平均故障间隔时间（mean time between failures，MTBF）、无维修工作期（maintenance free operating period，MFOP）等指标来度量；任务可靠性反映了产品功能特性的持续能力，常用任务可靠度、飞行可靠度等指标来度量。

产品的可靠性与规定的工作条件密切相关，包括环境条件、使用时的工作应力条件、储存时的储存条件、使用维护人员的素质条件等。而环境条件又分为自然环境、机械环境、电磁环境等。

民用飞机的可靠性指标非常高，一架客机通常需要每天飞行十几个小时，航空公司才有市场竞争力。机载网络的可靠性低无疑会增加飞机的维修成本，影响到飞机的签派率，从而对飞机的运营造成压力。与普通的网络产品不同，机载网络产品工作的环境更加恶劣，可靠性指标更高，MTBF 一般为几万小时甚至超过十万小时。

可靠性工程定义了可靠性要求、可靠性分配、可靠性预计、可靠性验证与评估等，其目的是通过一系列工程方法来提高产品的可靠性。机载网络产品在设计过程中为了满足可靠性要求，必须采取一系列的可靠性设计技术以及可靠性增长方法等可靠性工程技术。

4）测试性和维护性

测试性是指产品能够及时而准确地确定其状态(可工作、不可工作或者性能下降)，并隔离其产品内部故障的一种设计特性。测试性一般用检测时间、技术准备时间、故障检测率、故障隔离率等来度量。维修性是指产品在规定的条件下和规定的时间内，按照规定的程序和方法进行维修时，保持或者恢复其规定状态的能力。维修性一般用平均修复时间、拆卸时间、维修工时等来度量。

民用飞机测试性和维护性也是衡量其综合性能的一项重要指标。现代飞机普遍采用 BIT 技术进行设备的自动检测，检测结果按照 ARINC 624《机载维修系统设计指南》[13]汇报给中央维护系统(cnetral maintenance system，CMS)，由 CMS 监控飞机各系统的工作状态，进行故障诊断、分析，并存储各系统的故障维修信息、状态信息和配置信息，提供给相关人员使用。CMS 提供了对应的维修信息，以帮助维护人员迅速确定故障原因并隔离故障，简化了飞机的维修工作。

机载网络本身应当满足系统分配的测试性和维修性要求，具备故障检测、故障隔离等能力。同时机载网络还是飞机 CMS 收集各个设备状态信息的基础，为 CMS 与其他设备之间的通信提供数据传输能力。

5）安保性

随着机载系统信息化程度的不断提高，特别是飞机逐步通过卫星、高带宽通信等实现了与地面信息网络的互连，飞机不再是孤立的"信息孤岛"，同时也导致了飞机存在被恶意攻击的风险。因此在波音 787 和波音 747 - 8 型飞机的适航审定过程中，美国联邦航空局(Federal Aviation Administration，FAA)就专门针对飞机的安保性进行了审查。DO - 326A《适航安保性过程规范》[14]中定义的适航安保性(airworthiness security，AWS)为飞机提供信息安保风险评估，以避免有意的未授权的电子交互，包括人为地对数据或者数据接口进行访问、使用、泄露、更改、破坏所造成的损害，以及恶意软件、伪造的数据、访问机载系统导致的结果等。

FAA 针对 ACD 和 AISD 域中关键系统的安全性、完整性、可用性以及安保性提出了特殊的要求。目前安保设计参考较多的信息安保风险评估标准是DO-326A以及ISO/IEC 27005：2011信息安保管理体系标准。这些标准定义了一套信息安保风险管理过程，包含确定内容、风险评估、风险处理、风险接受、风险沟通以及风险监视和评审等活动。

机载网络将各个系统连接在一起，为信息交互、资源综合提供了便利，同时也给飞机飞行安全带来了信息安保的威胁。信息领域常用的认证、加密等技术手段也可以应用于机载网络的安保设计，但是必须结合机载系统的攻击概率和安全性影响来评估系统的安保性。例如，DO-326A中定义了关联安全性影响和概率的可接受风险矩阵，如表1-2所示。

表1-2 可接受风险矩阵

风险矩阵		安全性影响				
		无影响	微小	重大	危险	灾难
攻击概率	经常	可接受	不可接受	不可接受	不可接受	不可接受
	不经常	可接受	可接受	不可接受	不可接受	不可接受
	微小	可接受	可接受	可接受	不可接受	不可接受
	极微小	可接受	可接受	可接受	可接受	不可接受
	极不可能	可接受	可接受	可接受	可接受	不可接受

6）环境适应性

相对于普通电子产品和工业产品，机载电子设备所经受的环境条件要严酷得多，特别是多种环境因素的综合作用，使得机载电子设备面临严酷考验。机载电子设备长期工作在恶劣的机械环境、自然环境、电磁环境等条件下，同时还要保证满足高安全性等要求，因此在设计时就需要采取各种防护措施，考虑散热设计、结构加固设计、元器件选用、电磁兼容性设计等，并且在生产过程中要进行三防涂覆等予以保护。

民用飞机电子产品必须经过严格的环境试验进行验证。目前民用飞机一般采用国际通用的机载设备试验规范DO-160G《机载设备环境条件和试验程序》[15]，该规范为机载设备定义最低标准环境试验条件（类别）和试验方法，为确定机载设备在使用过程中遇到的典型环境条件下性能特性提供实验室方法。FAA 以咨询通告 AC-21-16 的形式，推荐将 DO-160 用于型号适航审定（type certification，TC）、补充型号适航审定（supplementary type certification，STC）、技术标准规定批准（technical standard order opproval，TSOA）审定。DO-160 从 B 版本开始被美国和欧洲广泛采纳作为满足民机适航性要求的环境试验标准，我国民机相关的审定也直接采用该标准。最近的版本是 2010 年发布的 DO-160G，其中定义的试验要求包括温度和高度、温度变化、湿热、飞行冲击和坠撞安全、振动、防爆炸、防水、流体敏感性、砂尘、霉菌、盐雾、磁影响、电源输入、电压尖峰、音频传导敏感性、感应信号敏感性、射频敏感性（辐射和传导）、射频能量辐射、闪电感应瞬态敏感性、闪电直接效应、结冰、静电放电、燃烧与易燃性等。对某一具体的机载设备而言，并不都要求进行所有项目的试验，而要根据设备类别、选用材料、物理特性（冷却方式、重量和形状）、结构特点、工作情况等具体情况加以选择。

7）物理特性

机载电子设备包括机载网络产品，在体积、重量、功耗等方面通常也有苛刻的要求。图 1-3 是一个某型 ARINC 664P7 交换机模块的实物，物理结构符合 ARINC 650 规范[16]。

图 1-3　某型 ARINC 664P7 交换机模块

该交换机的主要特点如表 1-3 所示。

表 1 - 3 某型 ARINC 664P7 交换机模块主要特点

分类	特　点
功能和性能	24 个交换端口 符合 ARINC 664P7 规范 存储转发架构 任意端口可向任意其他端口转发 支持最多 4 096 条虚链路(virtual link，VL) 2 层交换，基于 VL ID 进行转发 通过 SNMP 进行网络管理 加载符合 ARINC 615A 的配置表和软件 基于每个 VL 实现错误检测和流量控制(过滤和管制) 支持线速(wire speed)处理
尺寸	ARINC 650 标准：325.5 mm×183.4 mm×27.9 mm
重量/kg	1.6
供电	28 V DC
功耗/W	<30
MTBF/h	100 000
环境	DO - 160G A 类

1.2　机载网络基础知识

1.2.1　网络参考模型

定义层次化的网络体系结构模型与协议体系的目的是为了提高网络的通用性,降低网络设计的复杂性,以及保证网络的开放性和互操作性。在层次化网络体系结构中,每一层都是向上一层提供特定的服务,同时把如何实现这些服务的细节对上一层加以屏蔽。层和协议的集合称为网络体系结构。一个特定的系统所使用的一组协议称为协议栈[17]。

尽管不同的机载网络通常都采用了不同的模型结构,但是在分层及其具体定义上都有相似性,例如物理层的编解码、数据链路层的帧结构等。在网络中的一个广泛应用是 AR-09/24 在阐述网络的评估标准时,采用的参考模型是 OSI 模型。该模型是国际标准化组织 ISO 在 1977 年提出的,为协议的国际标准化迈出了第一步,并于 1995 年进行了修订。OSI 参考模型结构如表 1-4 所示。

表 1-4 OSI 参考模型结构

层号	名称	描　　述
第 7 层	应用层	该层识别通信的参与者,标识了服务质量,考虑了用户鉴别和隐私,明确了对数据语法的限制。尽管有些应用在该层实现应用层的功能,该层并不是应用本身
第 6 层	表示层	该层通常是操作系统的一部分,用来将输入和输出数据从一种表现形式转换成另外一种形式
第 5 层	会话层	该层用来在各个端节点上的应用之间建立、协调和终止对话、交换和会话。处理会话和连接的协调,鉴别和端到端的加密
第 4 层	传输层	该层处理端到端的控制(如确定是否所有数据包都已经到达)和错误检查,保证完整的数据传输
第 3 层	网络层	该层处理数据的路由(发送时将其传输到正确的目的端,以及接收时在数据包层次接收到达的数据)。该层处理数据的路由和转发
第 2 层	数据链路层	该层为物理层提供同步,提供传输协议和管理
第 1 层	物理层	该层在介质和机械的层面上进行网络的位流传输,为硬件提供发送和接收数据的方法

网络中另一个广泛应用的是 TCP/IP 参考模型,该模型起源于美国 DARPA 的 ARPANET,目前为互联网所使用。基于 TCP/IP 参考模型的 TCP/IP 协议,目前已经发展到第 6 个版本,其主要特点如下:

(1) 开放的协议标准,并独立于特定的硬件平台和操作系统。

(2) 统一且大量的网络地址分配方案,所有网络设备都有唯一的网络地址。

(3) 标准化的高层协议,可以提供多种可靠的网络服务。

TCP/IP 参考模型可以分为 4 层。从实现功能上看，TCP/IP 参考模型与
OSI 参考模型的对应关系如图 1-4 所示。

TCP/IP 参考模型	OSI 参考模型
应用层	应用层
	表示层
	会话层
传输层	传输层
互联层	网络层
主机网络层	数据链路层
	物理层

图 1-4 TCP/IP 参考模型与 OSI 参考模型的对应关系

其他的一些模型，如 X.25、思科的层次互联网络模型等，影响相对较小，因
此这里不做更多的介绍。

1.2.2 网络拓扑结构

网络拓扑结构是网络的形状或者是物理上的连通方式。

机载网络通信的物理连通基本方式可分为点到点式网络和广播式网络。在
点到点式网络中，一对节点独享物理链路。如果两个节点之间没有直接连接的链
路，则它们之间交互数据时必须通过其他中间节点的转发。在广播式网络中，所
有的联网节点都共享一个公共的传输通路。其中一个节点发送消息时，其他所有
节点都能接收到这个消息，并根据消息中包含的地址信息选择是否接收。

机载网络通常又有总线和网络两种类型，本书中统称为机载网络。总线也
是一种网络的拓扑结构，其他拓扑结构包括环型、星型等。本书中更多的是遵
从业内的习惯叫法，例如 ARINC 429 总线、ARINC 664P7 网络等。我们也可
以根据是否允许同时存在多个通信来区分总线和网络。将总线定义为在一个
时间点只能有唯一的节点占用通信介质进行数据传输的通信方式，例如

ARINC 825 总线[18],采用"非破坏式位仲裁(non-destructive arbitration,NDA)"的方式实现逐位仲裁,赢得仲裁的节点独占总线,其他节点只能接收;时间触发协议(time-triggered protocol,TTP)总线,则是采用了基于全局时钟的通信调度,使得一个时间槽只能有一个节点在发送。而网络是指多个节点可以同时进行数据传输,例如采用了交换架构的 ARINC 664P7 网络,一个节点的发送并不影响其他节点在同一时刻进行的发送操作。

如图 1-5 所示,对于总线,节点 1 向节点 3 发送消息时是独占总线介质的,因此节点 2 不能同时向节点 4 发送消息;而对于网络,节点 1 通过交换机向节点 3 发送消息的同时,因此节点 2 可以向节点 4 发送消息。需要注意的是,按照上面所定义的分类方式,基于 HUB 的星型结构也属于总线,因为 HUB 仅仅是电气上的连接,并不能解决总线访问冲突的问题。

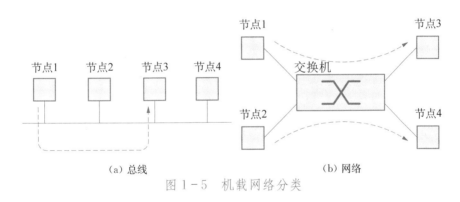

(a) 总线 　　　　(b) 网络

图 1-5　机载网络分类

如果从网络形成的结构的拓扑来分类,则机载网络通常包含总线型网络、星型网络、环状网络和混合网络等,如图 1-6 所示。

总线型结构是指各网络节点均连接在一条总线上,消息在总线上串行传输,各节点在接收消息时都进行地址检查,仅接收与本节点地址相符的消息。典型的总线型网络如 ARINC 825 和 TTP 等,其中一个节点发送消息时独占总线,其他节点接收消息,发送完成后释放总线,直至下一次消息传输。总线型结构的优点是使用简单,易于安装和维护,扩展性好等;但是通常传输距离有限,传输效率较低且协议必须解决总线访问冲突的问题。

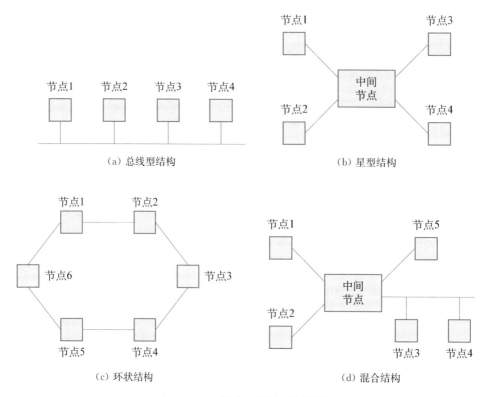

图 1-6　机载网络拓扑结构

　　星型结构是以中间节点为中心,将外围节点连接起来的互连结构,各节点通过点到点的方式连接到中间节点,任意两个节点的通信必须通过中间节点。典型的例如 ARINC 664P7 网络,各个端系统都连接到交换机上,通过交换机实现帧的转发。由于交换机采用了基于帧的交换方式,可以同时处理多个不同端系统的通信需求,因此具有传输效率高的特点。星型结构的网络拓扑简单、容易实现、便于管理维护。但其缺点是交换机等中间节点是网络的可靠性瓶颈,通常需要采用余度的方式来提高可用性。

　　环状结构由网络中各个节点通过点到点的连接方式,形成首尾闭合的环路,信息流在网络中按固定方向传输,两个节点中只有一条通路,环路中任意节点均可请求发送信息,发送的信息穿越环中的所有节点,节点根据信息中的目的地址来判断是否接收该消息,直至回流到发送节点位置。环状结构在民用飞机中应用极少,军机中 SAE AS5643 总线(MIL－1394B)采用的是环状结构,并可在初始化过程中逻辑上断开一个位置形成总线型结构。环状结构的优点是路径选择控制简单,可靠性高。但是其传输效率低,响应时间长。

民用飞机在实际使用机载网络时,很多场合下并不是简单的采用单一拓扑结构,而是同时使用上述多种拓扑,构成混合结构,兼具不同拓扑的优势。例如 ARINC 664P7 网络,可通过交换机之间的级联构成网状结构,既可以扩展网络规模,又可以提高故障隔离能力,且通过在不同位置安装交换机能够方便机载设备的布局、安装;TTP 总线支持总线型结构、星型结构,在庞巴迪 C 系列支线客机中,将总线型结构与星型结构结合起来使用,实现不同传输速率、不同位置安装的设备之间的连接。

此外,随着机载系统综合化的逐步深入,系统会应用多种网络协议,并且通过网关设备构成网络结构非常复杂的异构网络,形成"网络之网络"。例如在 C919 飞机中,航电系统的主干网络是 ARINC 664P7,二级网络是 ARINC 429、ARINC 825 等,系统中还包含了 16 个远程数据接口单元(RDIU),作为主干网与二级网络之间连接的网关,支持不同网络之间数据的封装和转发[19]。

1.2.3　网络传输介质

网络传输介质是网络中连接通信节点,实现信号的传输的物理通路。机载网络中,主要的传输介质是电缆,但近年来光纤以及无线传输也都取得了一些应用。

1.2.3.1　电缆传输

电缆传输是目前机载网络中所使用的主要方式,实现简单,通常采用屏蔽双绞线。双绞线是由两条相互绝缘的铜线按照一定的规则互相缠绕(一般以逆时针缠绕)在一起而制成的一种通用配线。两根平行的线会构成一个很好的天线,而绞在一起后,不同电缆产生的干扰波会相互抵消,从而显著降低电缆的辐射。由于双绞线具有足够的传输性能,且相对较低的成本,因此取得了广泛的应用。

例如 ARINC 664P7 网络物理上包含 2 对差分线共 4 根信号线：TX＋和 TX－、RX＋和 RX－，分别双绞构成传输线缆。连接器采用高速差分 4 芯的航空连接器。ARINC 664P7 网络使用的电缆和航空连接器如图 1－7 所示。

图 1－7　ARINC 664P7 网络使用的电缆和航空连接器

1.2.3.2　光纤传输

近年来光纤在机载网络中取得越来越多的应用，特别是在军用飞机中的光纤通道(FC)网络，就是采用光纤作为传输介质，通信速率可达 1 Gbps 甚至更高，同时具有重量轻、抗电磁干扰、误码率低等优势。基于 FC 网络发展出来的 ARINC 818 视频网络，物理介质也是采用光纤。

一个光纤传输系统有三个关键部件：光源、传输介质和检测器。光源通常有两种：发光二极管（light emitting diode，LED）和半导体激光。检测器是一种光敏二极管，封装在一起构成光电收发器实现光信号和电信号的相互转换。光纤由玻璃纤维芯、玻璃封套以及塑料外套组成，光信号在玻璃纤维芯上传输。图 1－8 所示是一种机载网络光电收发器。

图 1－8　机载网络光电收发器

连接器方面,与商用的接插方式不同,机载环境对于振动、可靠性等要求更高,因此采用航空连接器或者现场可更换模块(line replaceable module,LRM)连接器实现光纤的连接,如图 1-9 所示。

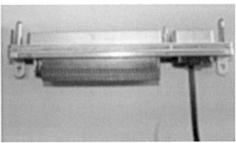

图 1-9　机载网络光纤连接器

1.2.3.3　无线传输

无线传输摒弃了有线的传输方式,通过电磁波实现数据的传输,在部署上增加灵活性、提高可靠性、降低能耗以及减轻重量方面更具优势,因而成为近年来的研究热点。但同时,抗干扰能力、误码率、安保都是无线网络在机载环境下使用所面临的问题。目前,无线网络技术在航空领域的应用方向包括用于飞机/地面 IP 通信的 ARINC 822 网络[20],无线航空电子内部通信(wireless avionics intra-communication,WAIC)[21]等。

1.2.4　网络数据编码

数字信号的传输包含两种形式:频带传输和基带传输。频带传输将数字信号进行调制,转变为频带信号并利用模拟信道传输,接收端解调后恢复出数字信号;基带传输则利用数字信道直接传输数字信号。

机载网络中多数利用基带传输的方式,常用的编码方法包括以下几种。

(1) 单极性码,又称为非归零码(no return to zero,NRZ)。一种最简单的基带数字信号形式,用低电平表示逻辑"0",用高电平表示逻辑"1",电平持续时间等于码元时间。这种编码方式极性单一,有直流分量,且信号之间无间隔。

ARINC 825 总线采用的即是 NRZ 编码。

（2）双极性码。与 NRZ 不同，双极性码采用正、负电平分别表示逻辑"0"、逻辑"1"，因此无直流分量，且抗干扰能力更强。例如欧洲的 2.048 Mbps 数字基带通信系统所使用的 HDB3 码（三阶高密度双极性码）就是一种双极性码。

（3）单极性归零码。用低电平表示逻辑"0"，用高电平表示逻辑"1"，但是电平持续时间小于码元时间，剩余的时间内电平回归到零电平。电平持续时间缩短，有利于减小码元间的干扰；且码元间的间隔明显，有利于收发之间的同步。串行红外通信采用的是单极性归零码。

（4）双极性归零码。采用正、负电平分别表示逻辑"0"、逻辑"1"，并且电平持续时间小于码元时间，剩余的时间内电平回归到零电平，结合了双极性码与单极性归零码的优势。ARINC 429 总线采用的即是双极性归零码。

（5）曼彻斯特编码。曼彻斯特编码是一种双相码，使用高电平到低电平的转换边表示逻辑"0"，用低电平到高电平的转换边表示逻辑"1"。码元中间的电平转换既表示了码值，也可用于收发之间的同步。此外，这种编码方式不含直流分量，抗干扰能力强。MIL‐STD‐1553B 和 TTP 等总线采用的是曼彻斯特编码技术。

（6）在百兆以太网（如 ARINC 664P7 网络）中，采用的是 4B5B 编码，将 4 位数据转换成 5 位数据，并采用三电平编码（MLT‐3）转换成信道上传输的信号。4 位数据共有 16 种组合，而 5 位数据有 32 种组合，多出的组合可以用于控制码或者保留。在 MLT‐3 编码中，从当前电平到下一电平发生跳变表示逻辑"1"，不发生跳变表示逻辑"0"。

上述几种信号编码方式的示例如图 1‐10 所示。

少数的机载网络也使用频带传输的方式。例如，ARINC 822 是基于 IEEE 802.11 无线网络的，其中 IEEE 802.11b 采用的是 2.4 GHz 补码键控（CCK）编码。CCK 编码具有很强的位置对称性和良好的自相关特性，抗干扰能力强。

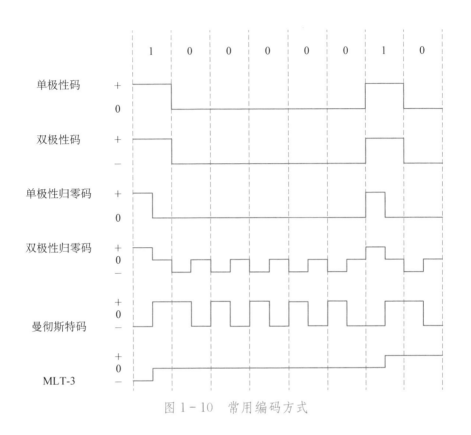

图 1-10　常用编码方式

1.2.5　数据校验

针对信道传输过程中可能产生的错误,需要采用一种自动检测的机制以及时发现和纠正错误。这种自动检测的机制主要是在数据链路层使用,但同时也可以在更上层使用,例如网络协议(IP)和用户报文协议(user datagram protocol,UDP)中都定义了校验机制。本节主要描述基于数据链路层的数据校验机制,这里帧出现位错误的原因主要有两类:一类是由热噪声引起的随机错误;另一类是冲击噪声引起的突发错误,即连续多位错误。热噪声是电子的热运动造成的;而冲击噪声是外界电磁干扰、电压波动等因素造成的。

通常,数据校验的策略包含以下两种。

(1)检错码:为每个帧加上一定的冗余信息,接收端能够根据这些冗余信息检查帧的位流,确定是否存在错误。但是不能确定错误发生的位置,无法进行纠正,例如奇偶校验、循环冗余校验(cyclic redundancy check,CRC)等。

(2)纠错码:为每个帧加上更多的冗余信息,使得接收端能够根据这些冗余信息来检查并自动纠正帧位流中存在的错误,例如卷积码、分组码。

纠错码主要是应用在一些无线网络(如移动通信)中,因为相对于电缆和光纤的传输,无线链路上噪声更大,更容易出错。而电缆和光纤的传输噪声要低一些,误码率也更低,使用检错码和重传机制时效率更高。本书中讨论的机载网络,使用的都是检错码,因此对于纠错码不做描述,有兴趣的读者可以自行查阅相关资料。

检错的基本原理:假定数据位数为 m,校验位数为 r,总长度 $n=m+r$,称为 n 位码字(codeword)。给定两个码字,可以确定其中有多少个对应的位不相同,称为海明距离(hamming distance,HD)。其意义在于,如果两个码字的海明距离为 d,则需要 d 个 1 位的错误才能从一个码字转变成为另一个码字。所以为了检测最多 d 个位错误,需要一个海明距离为 $d+1$ 的检错码方案,因为在这种情况下 d 个位错误不可能将一个有效的码字改变为另一个有效的码字。

机载网络中常用的检错码包括奇偶校验和 CRC 校验。

奇偶校验根据被传输的一组二进制代码中“1”的个数为奇数或者偶数进行校验。码字采用奇数个“1”的为奇校验,采用偶数个“1”的为偶校验。例如,数据 0x82=0b10000010,包含 2 个“1”,采用奇校验时校验码为 1,采用偶校验时校验码为 0。奇偶校验能够检测出数据传输过程中出现的奇数个位跳转,不能检测突发错误,其海明距离为 2。尽管检测能力不高,但是由于实现简单,仍然得到了广泛的应用,例如 ARINC 429 总线、MIL - STD - 1553B 总线等。

CRC 是一种多项式编码,其基本思想如下:将位串看成是一个多项式的系数,约定一个生成多项式 $G(x)$,在源端将要发送的数据作为多项式 $f(x)$ 并用 $G(x)$ 去除。余数作为校验码附加到数据之后,发到目的端。目的端再用同样

的方式生成多项式 $G(x)$ 来计算校验码是否一致。

生成多项式的结构以及检错效果是经过严格的数学分析与验证后确定的，不同的生成多项式其海明距离可能也不相同。例如 ARINC 825 总线的生成多项式的海明距离为 6。但是由于采用了位填充技术，因此海明距离降低为 $2^{[22]}$。生成多项式为

$$X^{15} + X^{14} + X^{10} + X^8 + X^7 + X^4 + X^3 + 1$$

ARINC 664P7 网络是基于 IEEE 802.3 以太网标准，采用 CRC-32，生成多项式的海明距离为 4，生成多项式为

$$X^{32} + X^{26} + X^{23} + X^{22} + X^{16} + X^{12} + X^{11} + X^{10} + X^8 + X^7 + X^5 +$$
$$X^4 + X^2 + X + 1$$

多项式也可以提取每一位的幂，用十六进制形式表示，其中最高位不要。例如 ARINC 664P7 网络的生成多项式可以表示为 0x04C11DB7。

CRC 校验的检测能力较强，且硬件上可以通过简单的移位寄存器实现，因此在网络中取得了广泛的应用。CRC 校验对于随机错误和突发错误的检测能力如下：

（1）任意的一位错误。

（2）任意离散的两位错误。

（3）全部的奇数个位错误。

（4）全部的长度不大于 K 位的突发错误。

（5）以 $[1 - (1/2)^{K-1}]$ 的概率检测出长度为 $K + 1$ 位的突发错误。

其中，K 为生成多项式的位数。如 CRC-32 对应的 K 为 32，不能检测出 33 位突发错误的概率为

$$\left(\frac{1}{2}\right)^{32-1} = 4.66 \times 10^{-10} \tag{1-1}$$

1.2.6 流量控制

流量控制是一种协调数据源端和目的端步调一致的技术,避免出现因为源端发送速度太快而目的端来不及接收、处理所导致的数据丢失问题。常用的方法有两类。一类是基于反馈的流量控制,接收方给发送方回复消息,允许或者不允许其发送更多的数据;另一类是基于速率的流量控制,通过限制发送方的发送速率,保证接收方能够及时接收、处理消息。

基于反馈的流量控制,最简单的就是停等协议,其原理如下:发送节点发送一个消息后,等待接收节点回复确认信号,收到确认信号后再继续发送操作。然而这种协议的传输效率非常低,大量时间浪费在等待确认信号上了。另一种常用的协议是滑动窗口协议,允许发送节点在停止并等待确认前连续发送多个帧。由于接收节点不必每个消息都发送确认,因此效率更高。ARINC 615A 数据加卸载协议中,要求加载器和目标硬件采用停等协议,通过发送状态文件进行确认。

基于速率的流量控制,典型的是漏桶算法。漏桶算法[23]将突发的数据流变成一个规律的等间隔的数据流。这种算法的运行机制类似一个底部带有一个小孔的漏桶,水从桶口处流入桶中从孔流出。不管流入的水有多少,从底部的孔中流出的水的流速是一定的,桶满时水会溢出。漏桶算法将不规则的数据流送到帧缓冲区,同时按照固定速率从缓冲区中将帧取出,如图 1-11 所示。

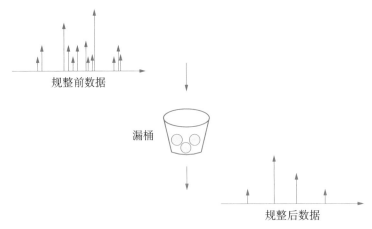

图 1-11　漏桶算法

缓冲区满时后面的帧被丢弃。采用漏桶算法可以保证传送到网络中的帧速率不会比网络所要求的速率高。

漏桶算法的一个改进是令牌桶算法,应用在 ARINC 664P7 网络交换机的流量管制中,具体描述见下文。

参考文献

[1] 吴功宜.计算机网络[M].北京：清华大学出版社,2007.

[2] AR‑09/27：Data Network Evaluation Criteria Report [S]. FAA，2009.

[3] MIL‑STD‑1553B：Digital Time Division Command/Response Multiplex Data Bus [S]. Department of Defense，United States of America，1978.

[4] ARINC 429‑17：Digital Information Transfer System（DITS）[S]. ARINC，2004.

[5] ARINC 664P7：Avionics Full Duplex Switched Ethernet（AFDX）Network [S]. ARINC，2005.

[6] ARINC 664P5：Network Domain Characteristics and Interconnection [S]. ARINC，2005.

[7] ARINC 664P3：Internet-Based Protocols and Services [S]. ARINC，2009.

[8] ARP 4754A：Guidelines for Development of Civil Aircraft and Systems [S]. SAE，2010.

[9] DO‑178B：Software Considerations in Airborne Systems and Equipment Certification [S]. RTCA，1992.

[10] DO‑254：Design Assurance Guidance for Airborne Electronic Hardware [S]. RTCA，2000.

[11] ARP 4761：Guidelines and Methods for Conducting the Safety Assessment Process on Civil Airborne Systems and Equipment [S]. SAE，1996.

[12] GJB451A. 可靠性维修性保障性术语[S]. 中国人民解放军总装备部, 2005.

[13] ARINC 624：Design Guidance for Onboard Maintenance System [S]. ARINC, 1991.

[14] DO－326A：Airworthiness Security Process Specification [S]. RTCA, 2014.

[15] DO － 160G：Environmental Conditions and Test Procedures for Airborne Equipment [S]. RTCA, 2010.

[16] ARINC 650：Integrated Modular Avionics Packaging and Interfaces [S]. ARINC, 1994.

[17] Andrew S. Tanenbaum. 计算机网络[M]. 潘爱民, 译. 北京：清华大学出版社, 2004.

[18] ARINC 825－3：General Standardization of CAN (Controller Area Network) Bus Protocol for Airborne Use [S]. ARINC, 2015.

[19] 冯晓林, 戴卫兵, 彭国全. C919飞机航空总线采集和实时分析技术[J]. 飞行力学, 2016, 34(5)：73－76.

[20] ARINC 822：Aircraft/Ground IP Communication [S]. ARINC, 2006.

[21] Report ITU－R M. 2197 Technical Characteristics and Operational Objectives for Wireless Avionics Intra-Communications (WAIC)[R]. 2010.

[22] TC－14/49：Selection of Cyclic Redundancy Code and Checksum Algorithms to Ensure Critical Data Integrity [S]. FAA, 2015.

[23] Chen Changsheng, Wang Hongchun, Qiu Zheng, et al. Token Bucket-Based Traffic Policing of AFDX Switch [C]. International Conference on Computer and Network Technology (ICCNT 2011), 2011.

2

机载网络发展过程

机载网络用于机载设备之间的信息交互,自出现以来已经过了数十年的发展。机载网络作为航空电子系统的一个重要组成部分,它的发展也促进了航空电子系统的升级换代。本章首先介绍航空电子系统的时代,再回顾军用、民用飞机中机载网络的发展过程。

2.1　航空电子系统发展过程

航空电子(avionics)是 20 世纪 30 年代末创造的一个新词,是将电子技术应用于航空领域的一门学科。在早期的飞机上,每个系统都有各自的传感器、控制器、显示器以及专用的模拟计算机,完成特定的任务。机载计算机体积大、功耗大、可靠性低,应用受到较大的限制。设备之间通过模拟信号进行少量的交互。随着电子技术的发展,特别是 1947 年美国贝尔实验室发明晶体管,促进了数字计算机的小型化、低功耗,以及 1958 年美国德州仪器公司发明集成电路,推动了半导体产业的发展,机载计算机的处理能力越来越强,体积、功耗和重量越来越小,可靠性越来越高。电子技术、计算机技术、通信技术等的进步,极大地促进了航空电子技术的发展。

分析航空电子系统的发展过程,则首先要提到军用飞机航空电子系统的发展过程。因为正是军事应用对航空电子系统能力的迫切需求,推动了美国空军等的相关研究机构不断研发,使得军用飞机特别是用于空战的制空型战斗机的航空电子从最初少数的机载设备发展为后来非常复杂的系统。而军用飞机航空电子系统的相关技术,也同样应用到了民用飞机之中。

针对军用飞机航空电子系统的发展过程,业界通常有多种不同的提法。例如美国联合攻击战斗机航电系统结构定义提出的分立式结构、联合式结构、综合化结构和先进综合化结构;航空工业出版社 2010 年出版的《新航空概论》[1]提出的分散式结构、集中式结构、联合式结构、综合式结构;英国 Ian Moir 和

Allan Seabridge 所著,吴汉平等译的《军用航空电子系统》[2]中,将航电系统划分为分布式模拟结构、分布式数字结构、联合式数字结构、综合积木式结构。总的来说,尽管提法不同,典型的架构可以总结如下。

(1) 分立式结构(20 世纪 40—50 年代)。直至 20 世纪 60 年代数字机载计算机的出现,机载设备以模拟式为主,各机载设备几乎都不具备信息处理能力。多数系统都有独立的人机接口以及传感器、控制器和作动器。机载计算机体积大、功耗大、可靠性低。设备之间通过点到点的模拟信号相互交换信息,信息交换的种类和数量受到很大限制,如图 2-1 所示。

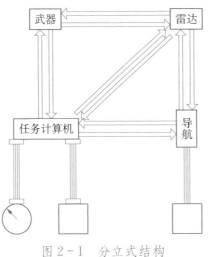

图 2-1 分立式结构

(2) **联合式结构**(20 世纪 70—80 年代)。该结构起源于美国空军莱特实验室提出的数字式航空电子信息系统(DAIS)计划,多数航空电子系统使用了数字计算机,采用共享的人机接口和数据总线。航电系统在显控计算机上实现了信息的综合,并通过共享的显示器和控制板实现与飞行员的交互。每个子系统独占其处理机资源,各自有其相应的现场可更换单元(line replaceable unit,LRU)机箱,完成其数据采集、数据处理、输出控制等功能,如图 2-2 所示。美国空军为此设计了 MIL-STD-1750A 计算机指令系统标准、MIL-STD-

1589C Jovial 语言标准、MIL - STD - 1553B 总线标准。联合式结构中每项飞机功能都是独立开发的,具有功能独立性的优点,确保有一道天然的故障传播屏障,一项故障的功能不能影响到任何其他功能,因此这种系统故障不会被传递而引起多个系统的故障行为[3]。联合式结构的优点包括有利于知识产权保护、独立开发、降低系统复杂性等。但同时,联合式结构也存在灵活性低、重认证的成本高等问题。

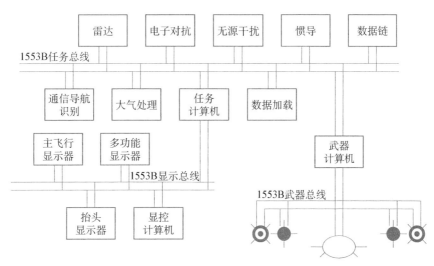

图 2-2　联合式结构

（3）综合化结构（20 世纪 90 年代至今）。该结构起源于美国空军莱特实验室提出的宝石柱（Pave Pillar）计划,以及后来的宝石台（Pave Pace）计划。综合化航电联合工作组（JIAWG）对宝石柱计划提出了具体的实现方式,用系统共享的共用综合处理机（CIP）来完成几乎全部的信号与数据处理,把系统综合从显示控制层推到数据信号信息处理层,CIP 中模块以现场可更换模块（LRM）的形式安装于集成机架中,通过光纤高速总线交联,如图 2-3 所示。宝石台计划引入集成传感器系统（integrated surveillance systm，ISS）,综合化范围进一步前伸到信号处理前端,实现了多传感器信息处理的融合。综合化架构的优势在于资源共享降低成本、重量、功耗,系统容错提高可用性,信息共享提升态势

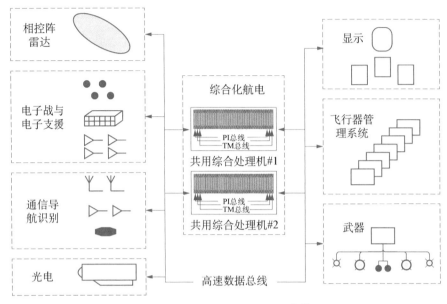

图 2-3 JIAWG 综合化结构

感知和决策能力。

民用飞机航空电子系统的结构发展与此类似。但是与军用飞机强调作战性能不同的是,民用飞机更加注重安全性和经济性,更倾向于采用成熟的技术。同时民用飞机执行的任务的类型和军用飞机不同,不必装备大量的机载传感器、武器控制、电子对抗等系统。因此可以通过限制使用条件大大降低对机载设备的能力和使用环境要求,对机载网络的能力需求低于军用飞机。民用飞机航空电子技术发展落后于军用飞机。例如,相比军用飞机 20 世纪 70 年代已使用联合式结构,民用飞机直至 90 年代波音 777 中才首次采用基于 ARINC 629总线的联合式结构,如图 2-4 所示。

图 2-4 基于 ARINC 629 总线的联合式架构

2000 年以后,欧盟陆续启动 PAMELA 和 VICTORIA 等项目开展综合化航空电子系统的研究,基于 ARINC 664P7 网络将核心处理模块(core processing module,CPM)连接起来,并通过模块中的 IO 接口连接外部的远程电子单元(remote electronic unit,REU)、传感器、作动器等,如图 2-5 所示。这种结构在空客 A380 和 A400M 飞机中得到了成功应用。波音 787 以及中国商飞 C919 也采用了综合化结构,以 IMA 平台为中心构建整个航电系统。

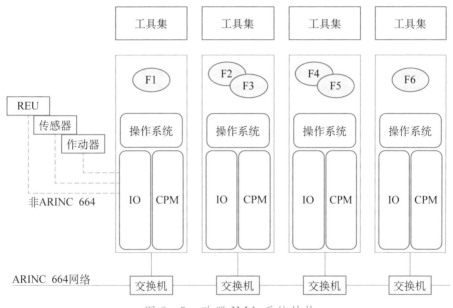

图 2-5　欧盟 IMA 系统结构

为了进一步提升系统能力,欧盟又通过 SCARLETT 和 ASHLEY 等项目开展未来 IMA 系统结构的研究,如图 2-6 所示。其目标是使得系统能够驻留应用的数目大幅增加,并具有良好的扩展性以满足一系列飞机的应用要求。内容主要如下:

(1) 将 IO 从核心处理模块中分离出来,采用远程数据集中器(remote data concentrator,RDC)、远程功率控制器(remote power controller,RPC)以及 REU 等提高核心处理模块的扩展性,并减少点到点的低速连接。

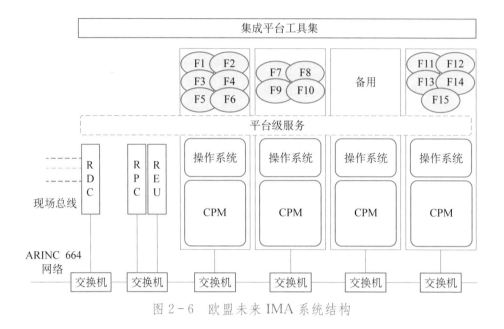

图 2-6　欧盟未来 IMA 系统结构

（2）通过多核等新设计提高核心处理模块的计算能力，使得单个核心处理模块能够驻留更多的应用。

（3）通过中间件的方式来提供加载、配置、监控等平台级的服务，实现资源的统一管理，降低各层子单元设计复杂度，增加可移植性。

（4）实现系统的重构，提高系统的可靠性、安全性。

（5）提供集成化的配套工具链，包含配置、验证、监控等功能，实现驻留应用到平台资源的分配，以及提供早期的确认。

目前，这种结构尚未在型号中得到实际应用。

2.2　机载网络发展过程

尽管本书介绍的是民用飞机机载网络，但是军用飞机最先采用了机载网络技术，且在后来的发展过程中对民用飞机机载网络产生了很大的影响。因此，本节对军用、民用飞机机载网络发展过程分别进行简单介绍。

2.2.1　军用飞机机载网络发展过程

最早出现的机载网络是 MIL‐STD‐1553B,是美国空军为第三代战斗机定义的标准总线。典型的系统结构中,通过显示总线、任务总线和武器总线连接各个设备,实现数据通信。

在第四代战斗机 F22 的研制过程中,设计了以共用综合处理机(CIP)为核心的航电系统结构[4],采用了多种机载网络。

(1) 高速数据总线(HSDB):50 Mbps 星型光纤网络,用于 CIP 与数据传输设备(DTE)/大容量存储设备(MM)之间的高速通信。

(2) 光纤发送接收网络(FOTR):包括传感器光纤网络、视频光纤网络,传输速率可达 400 Mbps。

(3) MIL‐STD‐1553B 总线:CIP 与外挂等其他的一些设备之间的连接,仍然沿用了传统的 MIL‐STD‐1553B 总线。

(4) 并行互连总线(PI):32 位并行的数据总线,支持纠错功能,用于 CIP 内部各个模块之间的数据和控制交互,峰值速率为 50 MB/s。每个 CIP 中分为 3 个段,并通过网关模块进行连接。每个段最多支持 22 个模块。

(5) 测试和维护总线(TM):与 PI 总线类似,也包含 3 个段并通过网关模块连接。传输速率为 6.25 Mbps,主要用于各个模块的健康监控与诊断,且不影响 PI 总线的正常通信。TM 总线还用于支持故障的报告、隔离,以及系统重构。

F22 对于性能的追求使得其所使用的网络中,除了 MIL‐STD‐1553B 总线属于成熟技术外(采用该总线保证了飞机对于大量不同类型武器、外挂的兼容性),其他都是专门定制的,这也导致了系统的研制成本极高。

F22 的航电系统网络架构如图 2‐7 所示。

F35 则是进一步提升了综合化水平,在射频和光电两大领域中广泛采用了

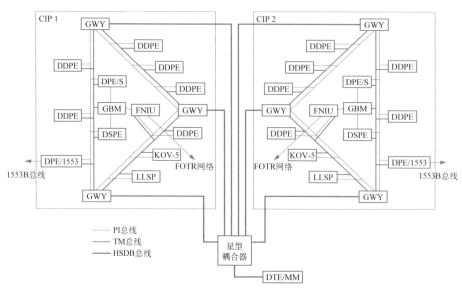

图 2-7　F22 的航电系统网络架构

CIP—共用综合处理机；DDPE—双数据处理单元；DPE/1553—数据处理单元/MIL-STD-1553B；DPE/S—数据处理单元/服务器；DSPE—双信号处理单元；DTE/MM—数据传输设备/大容量存储；FNIU—光纤网络接口单元；FOTR—光纤发送接收网络；GBM—全局块存储；GWY—网关；KOV-5—密码处理；LLSP—低延时信号处理

模块化、外场可更换设计思想，实现了飞机传感器综合。出于经济性的考虑，研制过程中大量采用商用货架产品（commercial off the shelf，COTS），减少专用技术。在机载网络方面也是如此，除了传统的 MIL-STD-1553B 总线外，其他网络都是商用技术，包括 2 Gbps 的光纤通道（fibre channel，FC），100 Mbps 的 MIL-1394B 总线，以及 DVI、RapidIO、CAN 和 100Base-T 以太网等。主干网采用了统一网络的设计思想，减少了接口、连接器、传输介质、测试仪器和设备的种类，取消了协议转换，节约了软件/硬件的开发成本，降低了维护的要求。F35 的航电系统网络架构如图 2-8 所示。

从上述军用飞机机载网络的发展过程可以看出，主干网从传统总线型 1 Mbps 速率的 MIL-STD-1553B 总线，逐步发展到交换式 2 Gbps 的 FC 网络，通信能力大大提升，满足了综合化航电系统对于海量数据交互的要求。同

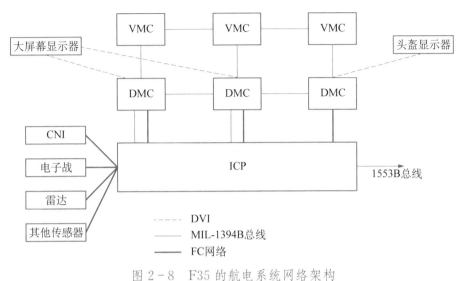

图 2-8　F35 的航电系统网络架构

CNI—通信导航识别；DMC—显示管理计算机；ICP—综合核心处理机；VMC—飞行器管理计算机

时，飞机研制对于成本控制的诉求越来越高，飞机要造得起更要买得起，并且民用电子技术在性能上已经不输于甚至超过了军用电子技术，因此机载网络更多地借鉴了商用的技术。其中一些网络按照军机系统的需求进行了改造，例如MIL-1394B 在民用 IEEE 1394b 总线的基础上采用了 SAE AS5643 中定义的确定性通信机制[5]。

2.2.2　民用飞机机载网络发展过程

民用飞机机载网络与军用飞机机载网络有着相似的发展过程，但是出于安全性、经济性、开放性等方面的考虑，所选择的网络技术存在着较大差异。民用飞机航空电子系统同样分为分立式结构、联合式结构，发展到综合化结构；使用的机载网络也从点对点传输、总线型，发展到星型拓扑的高速交换网络。

ARINC 429 总线是第一个为民用飞机所定义的数据总线，是分立式航电结构的一种典型总线，是民用飞机常用的数字式数据传输手段。ARINC 429总线的产生，使得数据能够以数字形式在各设备之间传输，数据的交换和传输也变得轻松容易。在 20 世纪 70 年代末和 80 年代初, ARINC 429 总线广泛应用于波音 757、767 和空客 A300、A310 等机型上。直至今天,一些传感器、作动器等设备仍在使用 ARINC 429 总线。ARINC 429 总线通过点到点互连,采用单发送器、多接收器传输方法,以单工的方式工作。数据流只能从发送器向接收器传递,采用异步通信方式,常用传输速率有 12.5 kbps 和 100 kbps。典型的 ARINC 429 总线连接结构如图 2-9 所示。

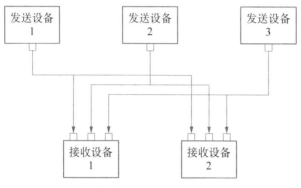

图 2-9 典型的 ARINC 429 总线连接

然而,由于单工方式的工作特点,ARINC 429 总线在实现设备间双向通信时必须另外建立一条物理链路。设备之间只能采用点到点通信方式,当设备数量增加时,飞机中的 ARINC 429 总线电缆数量将急剧增加,在飞机上布线复杂、占用空间大、重量大,这些问题严重影响民用飞行器的成本和经济性。此外,分立式系统的众多显示和控制面板给飞行员也造成了较大的操作负荷。因此,航空界针对民用飞机联合式航电结构提出了共享式多路传输数据总线技术,成为实现联合式结构、综合显示和控制的基础。

波音公司联合 ARINC 公司,主持制定了应用于民用飞机联合式航电系统的 ARINC 629 航空数据总线标准。ARINC 629 采用总线型拓扑结构,传输速率 2 Mbps,最多可以连接 128 个终端。与军用飞机中广泛应用的 MIL-STD-1553B 总线不同,ARINC 629 没有专用的集中式的总线控制器。它是一种无主机的广播式数据总线,将总线访问控制分配给总线上的所有终端。通过载波监听多路访问/冲突避免协议(CSMA/CA)实现通信链路的访问。节点若发生数据发送冲突,则需要等待一定的时间后重新发送。波音 777 飞机选择 ARINC 629 作为主要的数据通信系统,包括 4 余度的系统总线和 3 余度的飞行控制总线。使用的其他总线包括 ARINC 429,以及维护系统中的 FDDI 和 10BASE - T 以太网等。波音 777 飞机系统架构如图 2 - 10 所示。

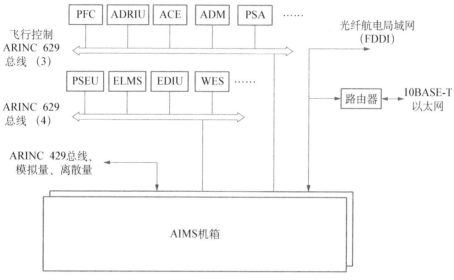

图 2 - 10 波音 777 飞机系统网络架构

ACE—作动器控制电子设备;ADM—大气数据模块;ADRIU—大气数据惯性参考单元;AIMS—飞机信息管理系统;EDIU—发动机数据接口单元;ELMS—电气负载管理系统;FDDI—光纤分布式数据接口;PFC—主飞行计算机;PSA—电源组件;PSEU—邻近开关电子单元;WES—告警电子系统

波音 777 是唯一采用 ARINC 629 总线的飞机,之后民用飞机逐步开始采用综合化的系统结构。

20 世纪 90 年代,提出了 IMA 的概念,其目标是建立一个全互连和模块化的航空电子系统结构。根据 DO - 297《综合化模块化航空电子系统开发指南和认证》,IMA 是一种灵活的、可重用、共享的以及可交互操作的软件和硬件资源的集合,经过综合化形成一个提供服务的平台,按照一组确定的安全与性能需求进行设计和验证,用于驻留应用软件以执行飞机功能。

目前,IMA 经历了三个发展阶段[6]。第一阶段主要是物理综合,采用模块化的设计将传统的现场可更换单元(LRU)替换为现场可更换模块(LRM)。在一个单独的 LRU 中,提供电源、屏蔽机箱、连接器等的成本就占到了 LRU 全部成本的 30%～40%。而采用 IMA 方法则能够带来规模效益,共用电源、屏蔽机箱、连接器等资源来降低成本。此外,两个或者更多的电源模块为 IMA 中所有其他模块供电时,单个电源模块的故障不会导致整个 IMA 的功能丧失,提高了系统的可用性。其他的优点包括提高系统的灵活性、降低认证成本等。据分析,对比 LRU,采用 LRM 的 IMA 设计[7]具有如下优点:

(1) 体积减小约 50%。

(2) 重量减轻约 30%。

(3) 功耗减少约 16%。

(4) 可靠性提高 20 倍以上。

(5) 设计的通用性变大,规模经济性更好。

(6) 保障性增强,因为减少了维修中心需要的备件,并简化了备件计划。

这些指标的显著提高,部分是由于集成电路技术水平的提升,还有部分是由于系统结构的改进。

这个阶段的典型代表是波音 777。在飞机信息管理系统(airplane information management system,AIMS)中,集成了 4 块核心处理模块(core processing module,CPM)和 4 块输入输出模块(IOM),综合了飞行管理系统(FMS)、显示、导航、中央维护、飞行控制台通信、推力管理、数字式飞行数据、发动机数据接口、数据转换网关等。AIMS 内部模块之间采用 ARINC 659 底板总线进行通信,外总线为 ARINC 629,如前所述。该系统中 Honeywell 公司是唯一的模块供应商,采用了专用的底板总线以及封闭的机架和机箱结构。

第二阶段主要是物理综合和部分功能综合。由机架集成商和专业模块供应商提供功能软件,并进行部分功能综合,支持第三方的硬件,采用串行底板总线和部分开放式机架/机箱结构。典型的产品有 Honeywell 的 Primus EPIC

系统、Rockwell Collins 的 Pro Line 21 系统等。EPIC 将许多常规的航电功能综合起来，如油量测量、液压、空调与增压、APU 控制等，对外采用 ASCB 总线进行通信；Pro Line 21 在综合航电处理系统(IAPS)中综合了显示、飞行管理、综合飞行信息系统(IFIS)等功能，使用了 CSDB 和 ARINC 429 等总线进行数据通信。

第三阶段主要是物理综合和功能综合。系统综合范围更大，综合层次更深。采用开放式体系结构以及统一的机载网络、I/O 统一布局和综合信息管理，系统资源高度共享。开放式系统结构以公开的标准为基础，具有较好的测试性和扩展性。主要特征是使用明确定义的标准接口，包括硬件接口、软件接口、机械安装接口、电气接口、网络接口等。硬件和软件分离，以 LRM 为基础，广泛采用 COTS 技术，支持系统容错，支持互操作性、可移植性和扩展性。通过硬件、软件的标准化、通用化，实现资源共享和系统重构，减少体积、重量和功耗，降低系统的全寿命成本。

在空客 A380、波音 787 和空客 A350 等新型客机中，都采用了这种开放式 IMA。空客 A380 采用的是一种称为功能区综合的系统结构，通过多机柜结构为飞控与自动驾驶区、座舱区、发动机控制区、空气与客舱区、能量区、燃油区和起落架区等 7 个功能区提供资源。系统使用 7 种 CPIOM 模块，部署了 22 种不同功能，共计 70 种应用软件，这些应用软件由 11 个不同的供应商提供。系统采用 AFDX 网络作为主干网，并通过 CPIOM 和 IOM 模块连接到 ARINC 429、ARINC 825、模拟量、离散量等。波音 787 则是采用了称为通用核心系统(common core system，CCS)的架构，包含 2 个通用计算资源(common computing resource，CCR)机柜和 21 个远程数据集中器(RDC)，每个机柜中包含 8 个通用处理模块(general processing module，GPM)。RDC 的应用使得 IO 能够脱离出机柜，远端就近安装。空客 A350 借鉴了 RDC 的概念，引入了 Thales 和 Diehl 研制的通用 RDC(CRDC)，如图 2 - 11 所示。

综上所述，民用飞机机载网络的主干网从分立式航电结构采用的单工、低速的 ARINC 429 总线，发展到联合式航电结构所采用的总线型拓扑的 ARINC

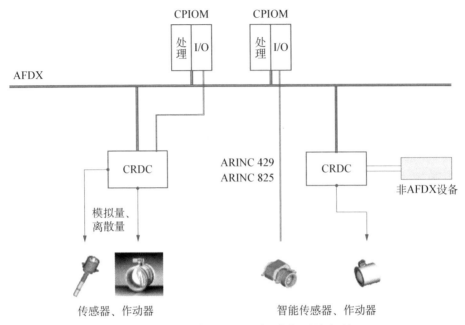

图 2-11　空客 A350 飞机系统网络架构

629 总线,直至近年来在综合化系统中广泛采用的高速交换式 ARINC 664P7 网络,性能得到了极大的提升。而在联合式航电结构、综合化航电结构的二级网络中,基于不同应用场景和应用要求使用了多种总线,如 ARINC 429、ARINC 825、ARINC 818 和 TTP 等。甚至于军用飞机中最典型的总线 MIL - STD - 1553B 也在民用飞机部分子系统中得到了应用。与军用飞机类似,民用飞机机载网络基于成本的考虑也大量使用了 COTS 技术,通过对商用的以太网、CAN 等进行改造来满足机载应用的要求,并由 ARINC 和 SAE 等发布为行业标准。

目前主要的机载网络协议如表 2-1 所示。

表 2-1　主要的机载网络协议

网络协议	名称	主要技术特征	发布时间	适用系统
ARINC 429	数字信息传输系统	点到多点的单向传输总线,高速为 100 kbps,低速为 12～14.5 kbps	1977	航电系统、机电系统、飞控系统、发动机控制系统等

（续表）

网络协议	名称	主要技术特征	发布时间	适用系统
MIL-STD-1553B	数字式时分制指令/响应型多路传输数据总线	包含主控器的时分制指令/响应型数据总线,传输速率为 1 Mbps	1978	航电系统、机电系统、飞控系统、发动机控制系统、武器等
GAMA CSDB	商业标准数字总线	单发送器多接收器的单向通信总线,电气上兼容 RS-422-A,高速为 50 kbps,低速为 12.5 kbps	1983	商务飞机和通航飞机的航电系统
GAMA ASCB	航空电子标准通信总线	异步半双工总线,包含两个主总线和两个备份总线,传输速率为 2/3 Mbps	1986	商务飞机和通航飞机的航电系统
ARINC 629	多发送器数据总线	无主控器的多发送器总线,基于 CSMA/CD 方式,传输速率为 2 Mbps	1989	航电系统、飞控系统等
STANAG 3910	基于 STANAG 3838 或光线等效控制的高速数据总线	MIL-STD-1553B 基础上发展的高速总线,采用星型耦合器连接,高速为 20 Mbps,低速为 1 Mbps	1990	军用飞机航电系统等
ARINC 659	背板数据总线	早期 IMA 的底板总线,在时间上和空间上具有高容错性、高完整性,传输速率为 60 Mbps	1993	航电系统

网络协议	名称	主要技术特征	发布时间	适用系统
ANSI INCITS 373	光纤通道（FC - FS）	该标准以及 FC - PH 和 FC - ASM 等，为机载系统提供 1 Gbps 甚至更高速率的基于光纤交换网络的数据传输	2003	航电系统
SAE AS5643	军事和飞行器应用的 IEEE - 1394b 接口需求	采用时间触发的通信机制提高了总线的可靠性和确定性，传输速率最低为 100 Mbps	2004	军用飞机飞行器管理系统等
ARINC 664P7	航空电子全双工交换以太网	基于交换式以太网并提高了确定性和可用性，传输速率为 10 Mbps/100 Mbps	2005	航电系统、机电系统等
ARINC 822	飞机/地面 IP 通信	基于 IEEE 802.11 与以太网进行连接，用于飞机与地面之间的通信，传输速率最低为 11 Mbps	2006	信息系统、地面维护系统等
ARINC 818	高数据速率航空电子数字视频总线	基于 FC 网络的视频传输协议，具有高速、高可靠、低延迟等特点，传输速率最低为 1 Gbps	2006	显控系统等的视频传输
ARINC 825	机载应用 CAN 总线协议通用标准	基于 CAN 总线并提高了确定性、完整性和可用性，传输速率为 83.333 kbps～1 Mbps	2007	航电系统、机电系统

（续表）

网络协议	名称	主要技术特征	发布时间	适用系统
SAE AS6003	TTP 通信协议	基于时间触发的无主控器的高安全通信总线，高速为 25 Mbps，低速为 5 Mbps	2011	机电系统、飞控系统、发动机控制系统等
SAE AS6802	时间触发以太网	基于交换式以太网，支持时间触发、速率限制和尽力而为三种通信模式，满足了不同安全性要求的混合通信，传输速率为 1 Gbps	2011	航电系统、机电系统、飞控系统等

参考文献

［1］中国航空工业集团公司.新航空概论［M］.北京：航空工业出版社,2010.

［2］Moir I, Seabridge A.军用航空电子系统［M］.吴汉平,译.北京：电子工业出版社,2008.

［3］Roland W.综合化模块化航空电子系统的分布式平台［M］.牛文生,译.北京：航空工业出版社,2015.

［4］Cary R. Spitzer. The Avionics Handbook［M］. Boca Raton：CRC Press，2001.

［5］AS5643：IEEE-1394b Interface Requirements for Military and Aerospace Vehicle Applications［S］. SAE，2006.

［6］金德琨.民用飞机航空电子系统［M］.上海：上海交通大学出版社,2011.

［7］Moir I, Seabridge A.民用航空电子系统［M］.范秋丽,译.北京：航空工业出版社,2009.

3

机载网络开发与评估

　　机载网络的开发过程与其他机载产品的开发过程类似,但同时有其自身的一些技术特点。本章首先描述机载网络的设计过程,定义相关的活动和方法。然后结合 FAA 的 AR‐09/24《数据网络评估准则手册》[1]、AR‐09/27《数据网络评估准则报告》[2],介绍机载网络的评估准则。

3.1　机载网络开发

　　为了规范机载系统的开发过程,RTCA 和 SAE 等标准组织发布了一些相关的标准,包括 ARP 4754《高度综合或复杂机载系统的认证考虑》/ARP 4754A《民用飞机和系统开发指南》[3],ARP 4761《民机机载系统和设备安全性评估过程指南和方法》[4],DO‐178《机载系统和设备认证的软件考虑》[5]以及 DO‐254《机载电子硬件设计保证指南》[6]等。对于综合化航空电子系统,DO‐297《综合化模块化航空电子系统开发指南和认证》[7]定义了系统的开发指南和认证过程。

　　典型地,机载系统的开发过程如图 3‐1 所示,机载网络的开发过程可以按图中的描述参照执行。

　　在飞机级开发过程[8]中,应定义飞机级功能、飞机需求以及外部物理和操作环境接口。再通过飞机功能分配,将飞机级功能进行分组,在此基础上定义机载系统,将相关飞机级功能分配到各机载系统,并确定系统间的接口。

　　在系统级开发过程中,通过系统架构设计确定系统组成、交联关系以及系统工作模式等,通过系统功能分配将飞机级系统功能分配到软件及硬件组件中。系统架构设计和系统功能分配之间需要经过多轮迭代,才能最终确定系统架构并完成系统功能分配。在系统的开发过程中应遵循 ARP 4754 的要求。同时在系统级开发过程中,机载网络的开发还要基于系统规范和网络标准完成网络需求的定义,并将网络需求分配到交换机、端系统、网关等网络部件。网络

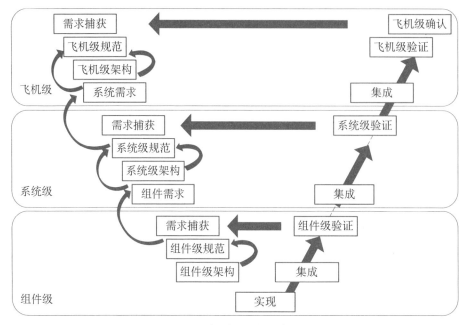

图 3-1 机载系统开发过程

部件进一步开展上述过程直至将网络部件的功能分配到相应的软件及硬件组件中。

在组件级开发过程中,定义组件的需求,并基于需求进行实现。软件组件的开发过程应遵循 DO-178 标准,包括策划过程、需求捕获、概要设计、详细设计、集成过程以及基础过程。硬件组件的开发过程应遵循 DO-254 标准,包括策划过程、需求捕获、概要设计、详细设计、实现过程、批量生产准备以及支持过程。

验证过程也是逐级进行的,首先进行组件级验证,然后在组件集成后开展网络和系统级验证,最后在系统集成后进行飞机级验证。

按照目前常用的综合化航电系统的研制过程,DO-297 定义了典型的利益相关方。结合 DO-297 的描述,可以定义在典型情况下机载网络开发的利益相关方,包括如下几方面。

(1) 系统集成商:负责整个系统的架构设计,与其他方面协商机载网络的选型,实现整个平台与应用的集成。

(2) 平台和模块供应商:负责综合化航电系统平台和模块的研制,包括硬件、核心软件和配置工具的开发等。

(3) 机载网络供应商:通常是由平台和模块供应商来承担,这里独立出来是为了便于说明其职责。机载网络供应商负责机载网络部件、工具等的研制。

(4) 应用供应商:负责开发驻留在综合化航电系统平台上的应用,并满足完整性和可用性的需求。

3.1.1　机载网络的研制工作内容

机载网络包括网络协议、各种网络组件等,设计需求来自机载系统。机载网络的研制是对网络协议、网络节点、交换机或者 HUB、耦合器、网关、网络应用等各种网络部件、网络组件进行需求分析、设计、实现、验证等活动,最终形成机载网络系统的过程。

机载网络的顶层设计需求来自机载系统对网络提出的功能、性能、安全性、可靠性等要求以及适航要求。

通过对这些设计输入的分析,可以产生网络系统的需求,进而基于需求开展网络部件的设计、实现、验证等工作。

由于机载网络是一个包含数百个节点的复杂网络系统,因此其网络验证是个分层次、逐步开展的过程,从组件级验证、部件级验证、网络级验证到系统级验证,最终覆盖所有各级需求,完成验证过程。

在研制过程中,除了装机产品的研制,可能还会开发一些地面使用的支持设备,如仿真节点、监控节点、TAP 等,为网络验证、使用维护等过程提供支撑。

网络产品研制过程中还有一个重要的内容就是支持工具的研制。这些工具通常包括网络配置工具、配置生成工具、数据加载工具、监控分析工具等,其用途如下:

(1) 网络配置工具。该工具基于系统的架构、ICD 等,经过计算产生机载网络传输所需的通信配置,从网络层面解决机载设备、LRM 等之间的地址分配、链路调度、资源管理等问题,并对生成的配置进行验证,确保其满足传输时延等要求。

(2)配置生成工具。网络配置工具生成的配置参数通常是 xml 等可读性较好的文件格式,配置生成工具将这种格式的配置参数转换成为二进制的配置目标码,最终加载到网络节点上运行。

(3)数据加载工具。基于机载网络的加卸载技术能够为用户提供便捷的数据上传、下载服务,该工具可以支持配置目标码、软件目标码等文件的在线升级。

(4)监控分析工具。该工具主要用于地面的系统联试、验证,通过对网络中的帧的捕获以及各个字段的解析,检查网络上数据的传输是否符合预期。

由于工具产生的数据直接用于网络节点的工作,数据在生成过程或者加载过程出现错误都可能会导致网络节点工作出现非预期的行为,因此按照适航要求,必要时应进行工具的评估、鉴定。

3.1.2 机载网络开发方法

机载网络的开发是伴随着机载系统研制持续进行的,系统集成商、平台和模块供应商、机载网络供应商、应用供应商等相关方面都需参与到机载网络的研制过程。

3.1.2.1 系统架构与网络选型

在机载系统的架构设计中,系统集成商、机载网络供应商要协同定义系统的架构和网络的选型,平台和模块供应商等也要提供必要的支持。

系统集成商在系统级开发过程中的主要工作是开展系统架构的设计活动,通过系统架构设计确定系统组成、交联关系以及系统工作模式等。集成商通常会提出多种不同的架构,并从技术成熟度、可实现性、可制造性、经济性、工程经验等角度来评估这些架构的优缺点。这一过程要考虑系统中应当要支持哪些功能应用,进行功能和性能的分析,并通过 PSSA 和 CCA 等安全性的分析过程评估系统的安全性,评估系统中各个组件的安全性等级。高安全性的应用可能会需要网络提供更高余度的支持、更多的完整性策略等。系统架构设计活动的输出是具体到组件的系统架构,以及顶层系统功能的分配、接口定义等。

从网络设计的角度来看,系统架构需要评估的内容如下:

(1) 功能应用及安全性。系统中需要支持哪些功能应用,分别有什么样的安全性要求。尽管许多机载网络都能够支持高安全的应用,但是从系统架构来看,可能需要更多的冗余设计,如余度控制器、余度介质、余度路径等。冗余设计能够提高网络的可用性,余度部件之间的交叉对比也能提高网络的完整性。

(2) 系统类型。这里将系统分为两大类:对等式系统和主从式系统。对等式系统中各个节点之间是平等的,宜采用无主控节点的网络,例如 ARINC 629 总线等。主从式系统是以主控制器为核心的主从式系统,可以采用包含主控节点的网络,例如 MIL - STD - 1553B 总线等。

(3) 消息特性。目前常用的机载网络传输速率从 kbps 级别到超过 1 Gbps 的都有,而系统中消息传输数据量的大小直接影响到网络带宽的确定。且与民用网络考虑平均流量不同,机载网络必须满足最大流量的传输要求。通常情况下,控制类数据对带宽性能要求低,周期性强;任务类数据对带宽要求稍高,周期性弱;雷达、光学、显示等视频数据则是对带宽要求最高,同时周期性强。系统架构设计时,应根据消息特性合理考虑网络选型。

(4) 节点数量。不同类型的机载网络所支持的节点数量也各不相同。例如 ARINC 629 最多支持 128 个节点;ARINC 664P7 通过交换机进行扩展,对于节点数目无严格限制。因此,系统架构设计时还应通过系统的规模、连接到机载网络的节点数量来选择合适的网络。

(5) 物理距离。网络传输线缆本身的特征、线缆的接续方式、线缆的有效弯曲等因素造成信号在线缆上传输过程中有一定的衰减,要求网络必须限制传输距离来保证信号的有效性。另外,在基于冲突检测的总线中,网络的最大传输距离也影响到网络最小帧长的定义。出于飞机上安装的要求，机载网络的传输距离也是需要考虑的一个问题。部分网络支持中继器等中间节点，可以延长网络的传输距离。

（6）经济性。全寿命成本也是网络选型中要评估的一个重要方面。在系统架构设计和网络选型过程中，需要综合评估机载网络的技术成熟度、可制造性等因素，从研发成本、元器件等的采购成本、使用维护成本等方面来分析机载网络的经济性。

常见的民用飞机机载网络在技术特征、传输带宽、支持节点数量、传输距离等方面的特点，在本书中有详细介绍。

3.1.2.2 专用网络规范的制定

尽管 ARINC 和 SAE 等发布了不少适用于机载应用要求的网络标准，但是这些标准通常内容上不够详细，并且在有些技术点上可能提供了多个选项需要用户进行选择。因此在系统的具体设计过程中，系统集成商、平台和模块供应商、机载网络供应商等相关方仍需根据系统自身的要求，一起对这些标准进行细化、修改，最终形成该系统的专用网络规范。

这里以 ARINC 664P7 为例，说明系统专用网络规范的制定过程。ARINC 664P2 对于物理层、介质类型等进行了说明[9]，ARINC 664P3 介绍了适用的协议和服务[10]，ARINC 664P5 阐述了网络域、网络管理、网关等内容[11]，ARINC 664P7 则是详细地描述对于机载数据网络（ADN）、端系统、交换机、网络系统等[12]的要求。然而，在系统专用网络规范中仍有一些方面需要系统集成商等利益相关方进行更加详细的定义，例如：

（1）物理层特性。包括传输速率的支持范围，传输介质使用电缆还是光纤，传输介质和连接器的选型等。

（2）交换机复位时间、性能和进入地面状态的条件等。

（3）交换机物理端口的数量。

（4）端系统的 SkewMax 和 MaxJitter 等参数的定义。

（5）数据封装的策略。

（6）网络管理协议的版本、管理信息库的结构。

（7）网络健康监控与诊断功能。

（8）网络的高完整性要求。

（9）网络的时钟同步功能。

通过对业界标准的细化和修改，最终形成系统的专用网络规范文件，作为网络部件、网络平台的开发和验证的依据。网络协议在通常情况下应尽量使用开放的规范和标准，不建议自定义网络协议。因为相对于自定义网络协议，开放的标准定义的协议往往是经过了工业界和学术界大量的研究、试验、分析而产生的，协议内容更加完备、可靠，且成本上可能更具优势。

3.1.3　机载网络开发过程

3.1.3.1　网络系统和部件开发

在系统级开发过程中，基于系统规范以及相关的网络标准和工业标准，将系统的功能分配到网络，之后再将网络系统的功能分配到交换机、端系统、网关等网络部件以及网络管理等网络组件，如图 3-2 所示。因此，系统开发过程划分为 3 个层次：机载系统、网络系统和网络部件。与其他机载系统的研制过程一样，网络系统和网络部件的研制可以按照 ARP 4754 标准要求进行。

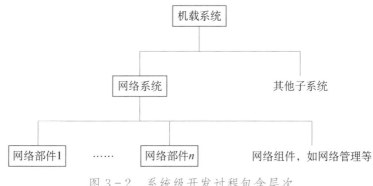

图 3-2　系统级开发过程包含层次

ARP 4754 和 ARP 4761 是机载系统开发中普遍采用的标准,于 1996 年正式发布,对机载复杂系统开发及安全性评估提出了基本要求,对机载复杂系统开发具有重要的指导意义。2010 年,ARP 4754 发布了新版本 ARP 4754A。

ARP 4754 定义了系统研制生命周期过程,包括策划过程、开发过程、基础过程。ARP 4754 定义的系统研制过程模型如图 3-3 所示。其中,开发过程中的飞机功能定义和飞机功能分配两个子过程,机载网络设计通常不需要参与。

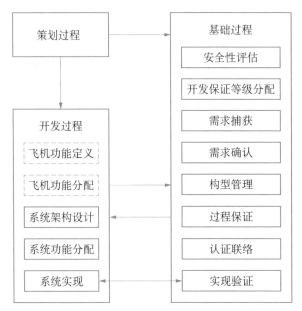

图 3-3   ARP 4754 标准定义的系统研制过程模型

在安全性评估方面,可以采用 ARP 4761 定义的方法。需要注意的是机载网络仅仅作为数据传输的支撑,并不直接对应到机载系统的安全性。但机载系统使用网络传输数据,则需要网络具备相应等级的完整性和可用性的数据传输能力。

1) 策划过程

在网络系统/网络部件研制中,系统策划过程定义系统的开发方法,通过这些方法的实施保证网络系统满足机载系统的需求,网络部件满足网络系统的需求,并保证其安全性与系统等级相匹配。

结合 ARP 4754A 对系统策划过程的定义,网络系统/网络部件在策划过程的要求如下:

(1) 基于上一层级的系统需求以及开发保证等级,定义系统开发过程、基础过程以及相关的活动。

(2) 确定系统研制生命周期过程之间的交互内容,包括过程之间的关系、执行顺序、反馈机制和转换准则等。

(3) 选择系统研制生命周期环境,包括用于每个系统研制生命周期过程活动的方法和工具。

(4) 将上述活动纳入文档化的系统计划中,并保证计划之间的协调一致。

策划过程的输出是完整的系统计划,包括安全性工作计划、开发计划、验证计划、确认计划、认证计划、构型管理计划、过程保证计划、需求管理计划等,用于指导系统进行系统化、规范化的开发活动。

2) 开发过程

网络系统和网络部件的开发过程包含系统架构设计、系统功能分配以及系统实现等子过程。

(1) 系统架构设计与系统功能分配是两个紧密耦合的过程。系统架构设计确定系统交联关系以及系统工作模式等,系统功能分配依据系统架构设计,将飞机级系统功能分配到软件以及硬件组件中。

a. 对于网络系统设计,要与机载系统一起确定网络的架构和组成,将系统功能分配到网络部件(如交换机、端系统)和网络组件(如网络管理软件)。该过程输出网络系统架构、网络系统需求、网络系统的功能分配、相关部件/组件之间的接口。

b. 对于网络部件设计,要确定网络部件的架构,并将网络部件的功能分配到软件和硬件组件。该过程输出网络部件的系统架构、网络部件需求、网络部件功能分配、相关组件之间的接口。

（2）系统实现过程完成各个部件的集成、网络系统的集成以及网络系统在飞机上的集成等。该过程输出各个层级的集成程序和集成报告等。

3）基础过程

基础过程包括安全性评估、开发保证等级分配、需求捕获、需求确认、实现验证、构型管理、过程保证和认证联络等。

（1）机载系统的安全性评估过程包括系统功能危害度评估（SFHA）、初步系统安全性评估（PSSA）以及系统安全性评估（SSA）。但是由于机载网络并不直接对应到机载系统的安全性，因此只是通过 FMEA 和 FTA 等方法对网络的完整性、可用性进行分析，为机载系统的安全性评估过程提供支撑。

（2）开发保证等级分配是根据系统中最严重的失效条件来确定，包括功能开发等级和组件开发等级。功能开发等级是应用 ARP 4754 标准进行系统功能开发的保证等级，组件开发等级是应用 DO－178 和 DO－254 标准进行相关软件/硬件组件开发的保证等级。

（3）系统需求捕获是整个开发活动的基础，它伴随着系统研制全生命周期过程，是一个不断迭代进化的过程，通常包括安全性、功能、运营维护等多方面的内容，产生网络系统需求、网络部件需求。

（4）系统需求确认对需求捕获识别的网络系统需求、网络部件需求进行确认，保证需求的完整性和正确性，使其满足用户、使用人员、维护人员、局方以及飞机、系统、软件/硬件开发者的要求。

（5）系统实现验证的目的是保证最终实现的网络部件、网络系统符合经确认的需求。为了尽早发现并剔除设计错误，减少产品缺陷，验证工作应该在整个研制过程中持续开展，每个过程的验证工作都会提高设计的正确性。

（6）构型管理根据策划过程和构型管理计划的要求为整个研制生命周期提供定义的和受控的构型项，活动包括构型项标识、基线的建立和追踪、问题报告、更改控制、档案管理等。

（7）过程保证通过独立的监控、评审、审计等方法，对研制生命周期过程以及输出的文档、数据进行评估，以保证研制过程满足各项目标要求，保证发现的缺陷能够得到有效评估、跟踪直至解决，保证产品及其研制生命周期数据符合认证要求。

（8）认证联络为申请人与局方建立沟通渠道，为适航审查提供支持。认证联络过程中建立认证的审定基础和符合性方法，并与局方沟通达成共识，提供研制生命周期过程形成的满足计划的证据，向局方提交需局方批准的资料并提供局方关注的资料。

3.1.3.2　网络软件组件开发

在机载网络系统级以及设备级的开发过程完成对网络的软件组件功能分配后，正式进入网络软件组件的开发过程，按照 DO-178 标准要求开展网络软件组件开发工作。但这并不意味着网络软件团队此时才开始工作，事实上为了更好地获取网络软件需求，保证网络系统、网络部件和网络软件的有效衔接，在网络系统、网络部件的架构设计及功能分配过程中，网络软件团队应尽可能参与其中。

DO-178 是在机载软件开发中普遍采用的标准，于 1982 年 1 月正式发布，最新的版本是 2013 年 12 月发布的 DO-178C。DO-178 定义了完整的机载软件研制生命周期过程，包括策划过程、开发过程、基础过程，标准对每个过程应达到的目标、开展的活动、相关设计考虑以及满足目标的证据等方面都进行了规范。DO-178 定义的软件研制过程模型如图 3-4 所示。

1）策划过程

策划过程定义软件开发方法，并通过这些方法保证软件的品质与其开发等级相匹配。DO-178 对于软件策划过程的基本要求如下：

（1）基于网络系统、网络部件的需求以及软件的开发等级，定义软件开发过程和基础过程。

（2）确定软件过程之间的交互内容，包括过程之间的关系、执行顺序、反馈机制和转换准则等。

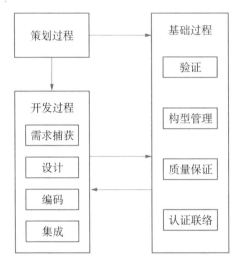

图 3-4　DO-178 定义的软件研制过程模型

（3）选择软件研制生命周期环境，包括用于每个软件过程活动的方法和工具。

（4）明确解决特殊问题的方法，例如如何复用未按现行有效的 DO-178 标准开发的软件产品、工具鉴定、现场可加载软件及用户可修改软件的相关考虑，拟采用的其他符合性方法等。

（5）定义与待开发软件所在系统安全性目标一致的软件开发标准。

（6）将上述内容纳入文档化的软件计划中，并保证计划之间的协调一致。

软件策划过程形成研制保证等级对应的完整的软件计划和标准，例如软件开发计划、软件验证计划、软件构型管理计划、软件质量保证计划、软件认证计划、软件需求标准、软件设计标准、软件编码标准等，指导软件的开发活动。

2）开发过程

开发过程包含软件需求捕获、软件设计、软件编码、集成过程等。

（1）软件需求捕获过程根据系统、部件分配给软件组件的需求，开发软件层面的需求，也即软件高层需求，包括功能、性能、接口以及安全性相关的需求。软件需求过程的目标是开发软件高层需求并保证其中的派生需求经过系统团队的安全性评估。

（2）软件设计过程根据软件高层需求,开发软件架构和用于实现软件代码的软件低层需求。软件架构和软件低层需求应符合软件设计标准,并具有追踪性、可验证和一致性。

（3）软件编码过程根据软件架构和低层需求编写软件源代码,源代码应符合软件编码标准。建立源代码与软件设计之间的追踪关系。

（4）集成过程包含软件的集成以及软件与硬件的集成,基于源代码和链接,定位程序产生可执行目标码,并将可执行目标码加载到目标机中构成功能部件。

DO-178特别强调各设计过程输出之间的可追踪性,包括系统需求与软件高层需求之间的可追踪性,保证系统需求实现的完整性,并清晰地表明派生需求形成过程;建立软件低层需求与软件高层需求之间的可追踪性,保证高层需求实现的完整性,并清晰地表明派生需求形成和架构设计的决策过程;建立源代码与软件低层需求之间的可追踪性,保证软件低层需求实现的完整性,并保证所有源代码均有相应的文档作为实现依据。

3）基础过程

基础过程包含软件验证、软件构型管理、软件过程保证、认证联络等。

（1）软件验证过程检测和报告在软件开发过程中引入的错误,包括验证分配给软件的系统需求已开发成满足这些系统需求的软件顶层需求,软件顶层需求已开发成满足这些软件顶层需求的软件体系结构和低层需求,源代码实现了软件架构和低层需求,可执行目标码满足软件需求,且为实现上述目标所采用的方法对给定软件级别在技术上是正确的、完整的。验证的方法包括测试、评审、分析等。

（2）软件构型管理、软件过程保证、认证联络过程与系统的相应过程类似,这里不再赘述。

3.1.3.3　网络硬件组件开发

在机载网络系统级以及设备级的开发过程完成对网络部件的硬件组件功

能分配后,正式进入网络硬件组件的开发过程,按照DO-254标准要求开展网络硬件组件开发工作。同样地,这并不意味着网络硬件团队此时才开始工作,事实上为了更好地获取网络硬件需求,保证网络系统、网络部件和网络硬件的有效衔接,在网络系统、网络部件的架构设计及功能分配过程中,网络硬件团队应尽可能参与其中。

DO-254是针对机载硬件开发的标准,于2000年4月发布。2005年6月,FAA发布咨询通告AC 20-152,认为ASIC、FPGA以及PLD等复杂电子硬件可以采用DO-254作为其适航符合性方法[13]。但DO-254标准的应用对象还包含LRU和LRM等电子硬件。

DO-254定义了完整的机载电子硬件研制生命周期过程,包括策划过程、开发过程、支持过程,标准对每个过程应达到的目标、开展的活动、相关设计考虑以及满足目标的证据等方面都进行了规范。DO-254定义的硬件研制过程模型,如图3-5所示。

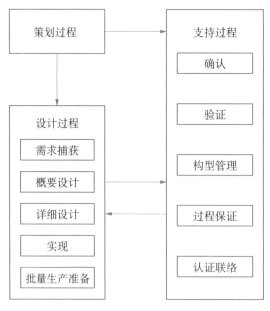

图3-5 DO-254定义的硬件研制过程模型

1）策划过程

策划过程定义了电子硬件的开发方法，支持将机载网络部件的功能需求和适航需求转化为硬件实体并证明该硬件实体能够安全地实现其预期功能，并通过这些方法保证硬件的品质与其开发等级相匹配。DO‐254 对于硬件策划过程的基本要求如下：

（1）定义硬件研制生命周期过程、过程转换准则以及活动之间的关系。

（2）定义并说明应遵循的设计方法，包括硬件设计和验证方法。

（3）明确采用的硬件设计标准以及可接受的偏离。

（4）明确硬件设计过程与支持过程之间协调的方法，尤其是与系统/部件、软件、认证相关活动之间的协调。

（5）定义硬件开发过程及相关的支持过程活动，并保证硬件开发过程及相关的支持过程受控。

（6）选择设计环境，包括用于开发、验证和控制硬件及其生命周期数据的工具、程序、软件和硬件等。

（7）定义执行与计划偏离的处理过程，用于对不可避免且对审定有影响的偏离进行处理。

（8）描述标识、管理和控制硬件、相关的基线以及硬件研制生命周期数据的方针、过程、标准和方法。

（9）对于以外包方式完成的硬件的全部或者部分生命周期过程，在计划中应明确实现设计保证目标的方法。

（10）将上述内容纳入文档化的硬件计划中，并保证计划之间的协调一致。

软件策划过程形成研制保证等级对应的完整的硬件计划和标准，例如硬件开发计划、硬件确认计划、硬件验证计划、硬件构型管理计划、硬件过程保证计划、硬件认证计划、硬件需求标准、硬件设计标准、硬件验证与确认标准、硬件档案标准等，指导硬件的开发活动。

2）设计过程

设计过程包含硬件需求捕获、硬件概要设计、硬件详细设计、硬件实现、硬件批产准备等。

（1）硬件需求捕获过程根据系统、部件分配给硬件组件的需求，识别和记录硬件需求，包括功能、性能、接口、硬件结构、工艺、环境以及安全性相关的需求，产生的派生需求反馈到系统/部件相应的过程。

（2）硬件概要设计完成硬件的架构设计，并评估基于该架构产生的硬件是否满足需求。对于 LRU 等电路的设计，概要设计包括功能框图、设计和结构描述、电路板外形等；对于 FPGA 等逻辑的设计，概要设计包括功能块框图、设计描述等。

（3）硬件详细设计在硬件需求和硬件概要设计的基础上形成详细设计数据。对于 LRU 等电路的设计，详细设计对功能架构中每个功能块提出具体的实现方法，并形成详细的设计数据；对于 FPGA 等逻辑的设计，详细设计对各功能模块进行详细说明，包括地址分配、接口信号详细定义、时序说明以及详细实现方式等，形成逻辑的设计说明。

（4）硬件实现过程使用详细设计数据构造物理硬件。对于 LRU 等电路的设计，实现过程完成电路模块的制造以及调试；对于 FPGA 等逻辑的设计，实现过程对 HDL 代码进行逻辑综合和布局布线，生成可编程逻辑器件的编程文件，并完成逻辑调试。

（5）硬件批产准备过程检查硬件制造数据、测试设备以及整体制造能力，保证批产制造的可行性，相关活动包括批产数据准备、批产验收测试程序定义以及批产过程设计保证等。

3）支持过程

支持过程包含硬件确认、硬件验证、硬件构型管理、硬件过程保证、认证联络等。

（1）硬件确认过程是对硬件需求的正确性、完备性和一致性进行确认。需要注意的是，DO‐254 强调对派生需求的确认，网络系统和网络部件分配的需求的确认是在系统开发过程中进行的。

（2）硬件验证过程保证硬件的实现是满足其需求的。DO－254 定义的验证过程不包括软件验证、软件/硬件集成验证和系统集成验证，但是这些验证也是硬件验证的一种有效手段。验证的方法包括测试、评审、分析等。

（3）硬件构型管理、硬件过程保证、认证联络过程与系统的相应过程类似，这里不再赘述。

3.2　机载网络评估

机载网络的评估是指研究机载网络的特点和属性对系统安全可能产生的影响，从而在设计过程中采取适当的措施，并开展相应的验证工作，保证系统安全性满足预期的指标要求。评估应该贯穿整个机载网络研制过程。

一系列的技术文件，例如 CAST－16 立场文件（position paper）《数据总线评估准则》[14]、咨询通告 AC 20－156《航空数据总线保证》[15]、AR－09/24 和 AR－09/27 等，都为机载网络的验证、评估提供了指导，以支持其通过认证。其中 AR－09/24 以及 AR－09/27 从网络各个层次的要求做出了详细的介绍，形成了 36 条准则，内容非常全面。而且这些评估准则同样也是机载网络在开发过程中需要关注的内容，对于机载网络的设计和评估都有指导意义。因此以下结合这两份报告，对这些准则进行简单的介绍。

3.2.1　物理层

多数网络参考模型，其协议栈定义的最底层（第一层）都是物理层。物理层的功能是通过网络介质发送和接收通信信号，它定义了介质的机械特性（如连接器的要求）、介质特性和信号特性等，网络通过通信介质传输数据位。根据奈奎斯特定理和香农定理，在给定的物理介质上，信号的传输速率和信号质量都有上限,网络的设计目标是在给定的约束条件下,尽量使物理层数据传输速率和信号质量最大化。

评估物理层需要考虑如下几方面:

(1) 连接器几何尺寸、接头和管脚定义。

(2) 介质的物理连接和它们的特性。

(3) 介质拓扑。

(4) 介质特性(衰减、延迟失真、阻抗、噪声等)。

(5) 信号的传输速率。

(6) 全双工或半双工传输。

(7) 串行或并行传输。

(8) 考虑到信号特性的符号定义(如振幅和时序等)。

(9) 握手。

(10) 物理故障。

考虑到物理和成本上的约束,物理层的定义必须做出一些妥协和取舍。安全关键应用的用户在使用数据网络时,必须了解物理层这些设计选择是如何影响系统的安全性的。

物理层是所有其他协议层的基础,任何故障都会影响上面所有层。物理层需要确认各种故障发生的概率,并采取合适的故障缓解策略。物理层的故障有两大来源:位错误和部件故障,这两者都会受到环境的影响。

3.2.1.1　环境

网络部件必须满足 RTCA DO－160[16] 所述的航空电子环境的需求,包括机械环境(振动、冲击等)、自然环境(温度、湿度、气压、盐雾、霉菌、沙尘等)、电磁环境、供电环境等,在选定的环境下网络部件必须能够正常运行。这些环境要求应该在系统级开发过程中分配给网络和网络组件。

3.2.1.2　误码率

物理层通常会给出误码率(bit error rate,BER),即每一个数据位出错的概率。这个数字基本在 $10^{-15} \sim 10^{-6}$ 范围内。误码率的来源是信噪比（signal noise ratio，SNR），SNR 和 BER 的关系如下：

$$BER = \frac{1}{2}(1 - erf)\sqrt{\frac{Eb}{No}} \qquad (2-1)$$

式中，erf 为错误函数；Eb 为一个位的能量；No 为噪声的能量谱密度（每赫兹带宽内包含的噪声功率）。Eb/No 是 SNR 的一种表达方式。每个位的能量 Eb 通过携带的能量除以位速率得到，单位是焦耳（J）。No 单位是功率每赫兹，即焦耳，因此 Eb/No 是无量纲的，只是一个简单的数字比值。

BER 的数值依赖于使用的调制和编码机制，这些机制与介质的物理特性相关，因此建立网络传输信号的"眼图"非常重要。图 3-6 为一个典型的眼图，由多个符号和它们附加的信号噪声交叠而成。眼图的范围由最小上限、最大下限和信号发送最小间隔所限定。图中两条水平虚线是接收端的最大和最小的输入门限，用来判断接收到的信号是高电平还是低电平。两条垂直的虚线代表接收端对输入进行采样的时间变化。接收端判断接收信号落在图中 4 条虚线包含的灰色区域数值。输入信号的眼图与灰色方框区域的距离确定了接收端的噪声容限。

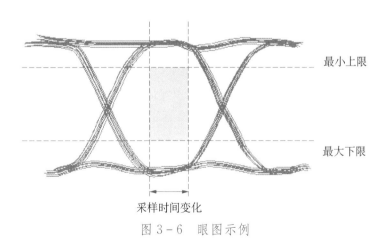

图 3-6　眼图示例

眼图大小由调制、编码机制以及噪声决定。眼图所包含的区域越小，发生错误的概率越高。

网络误码率必须满足系统需求。BER 要求应该是在最坏应用环境下的数值。测试必须使用最坏情况下的调制方法和编码机制、最差的信号路径（包含所有电感和电容的影响）以及由于阻抗不匹配导致的最差反射情况。必须定义好设计、安装和维修的规则，以免出现比测试中使用的更差的情况。

准确测量一个网络部件的 BER 必须使用相同的调制和编码方案、噪声幅度、驱动和接收设备、通信信道阻抗，以及在最坏情况下的时钟质量。网络部件厂商所声称的 BER 数值通常是由 BER 测试设备生成的，多数 BER 测试设备是使用线性反馈移位寄存器产生伪随机位序列，这些伪随机位序列和网络的实际通信内容并不一致。因此，在实际测量过程中需要使用实际的通信位序列进行测试，或者能够提供可证明的声明表明测试中使用的位序列是实际通信中出现的最坏情况。

网络错误的原因包括码间干扰（inter symbol interference，ISI）、反射、短时脉冲干扰、时钟抖动等。

（1）网络的错误处理设计和网络可靠性分析经常基于一个错误概念，即认为网络上传输的每一位都是独立于其他位的。然而，网络物理层存在 ISI 的现象。ISI 可能由临近位的时间抖动、基线漂移（baseline wander），或者阻抗不匹配引起的反射等原因造成。ISI 会导致网络中一些位影响其他位。一个位可以受到其他相对近的位（由于水平漂移）或相对远的位（由于距离反射）的影响。如果考虑 ISI 现象以及它导致的影响，那么位出错就不是独立的。

眼图两侧的转变会受到临近位的影响。由于通信路径中积累的不均衡的直流电流分量进行电容和电感充电引起的基线漂移，会进一步影响眼图。这些电容和电感包含信号必须通过的部件（如变压器）、介质的固有特性、其他任何连接到介质的部件（如每一个接收和发送节点都会给介质增加寄生电容）。基线漂移会提高或降低每个位的眼图，并且根据接收端的输入阈值偏移进行漂移。只要基线相对正常值有所漂移，这个偏移就会导致接收端对输入值的不正确判断。100BaseTX 以太网在设计中存在名为"killer packets"的数据包，这些数据包中包含了特定的数据格式，从而导致基线漂移足够大进而引入误码。多数的以太网 PHY 芯片会主动对基线漂移进行一定程度的补偿。使用100BaseTX 以太网时，应该提供一些措施来防止网络上出现 killer packets，或者使用能进行基线漂移补偿的 PHY 芯片。

（2）另一个会导致误码的不利因素是阻抗不匹配引起的反射。当介质或介质周围的电气属性发生变化时，就会产生阻抗不匹配。只要介质出现分割（如对于连接器和接头），当信号在接收器和发送器之间经过连接器时，或者屏蔽不充分的介质经过具有不同特征参数的材料附近时，会发生阻抗不匹配的情况。

（3）与阻抗不匹配引起的反射类似，"线或（wired-or）"短时脉冲干扰也会导致误码问题。一些为实现某种逻辑功能，在介质设计上使用基于显性位信号的位仲裁的数据网络更容易受到这种问题的影响。例如 CAN 总线，当两个或多个发送节点向介质上发送位信号，并且其中一部分发送节点停止发送该信号的时候，就会发生线或短时脉冲干扰。为了防止接收端将这些短时脉冲波形错误理解为信号状态的变化，接收端的设计应该能够容忍这些短时脉冲波形，或者遵循设计规则将这些短时脉冲波形的持续时间降到可以容忍的程度。

（4）发送时钟抖动和接收时钟抖动的总和会影响接收数据的误码率。数据速率越高，网络对这个抖动越敏感。通常接收端使用由外部的时钟源驱动的锁相环（phase locked loop，PLL）来产生接收时钟，由于高速数据网络对抖动的严格要求，因此必须使用高质量的外部时钟来驱动 PLL。与接收端输入采样时钟抖动有关的设计因素是时钟周期与输入信号最小变化间隔的比率。这个对眼图中灰色区域有很大的影响。采样时钟频率越高，这个区域水平尺寸越小，并且会导致该区域位于眼图的中间位置。采样时钟太慢的话会导致灰色区域靠近眼图的边缘接收端误码率增加，以及出现非对称故障（称为拜占庭故障）。

然而，以上所述只是位发生错误的一个方面和最低限度。还存在很多其他原因会造成位发生错误,包括外部的噪声源(包括串扰)、发送端和接收端内部的时钟抖动和漂移、接收端的亚稳态和其他的硬件失效等。

试图容忍外部噪声导致的故障非常困难,因为外部噪声源(如串扰、雷击,以及高强辐射场(HIRF))会以不可预知的概率引入任意的错误。解决外部噪声源干扰影响最好也是最广泛的方法是使网络对干扰免疫,这些方法包括将介质与外界噪声源进行屏蔽、使用更健壮的编码方案(如留有较大余量的差分驱动器)、增加部件来过滤噪声等。但是技术的发展又减弱了这些保护措施,采用复合材料的飞机外壳对隔离飞机外部的噪声源所起的作用更小了;新的高速网络使用信号电平余量较小;高速网络的高带宽使得噪声的过滤变得更加困难。

3.2.1.3　电子器件失效概率

尽管航空电子系统在可靠性评估技术方面已经发展了很多年,但是复杂集成电路的随机错误行为很容易被忽略。包括一些简单的模拟器件也会有意想不到的错误模式。例如一个没有故障的 RS 485 总线驱动器,在输入一直为高电平的情况下可能会输出一个方波。因此,必须考虑到电路会以产生随机错误行为的方式失效。

随着高速网络的出现,对于信号很小的损伤都可能会造成问题。这引起了对连接器、介质和驱动器质量(包括老化效应)的关注。随着网络传输速度的增加,SNR 不仅容易在网络介质上减小,而且容易在电子设备中减小。SNR 的减小导致电子设备更容易受到单粒子翻转(single event upset,SEU)和亚稳态的影响。SEU 分析应该作为环境评估的一部分进行。

亚稳态是一个电路设计问题。随着时钟速度的增加,电子器件的性能越来越高,单个时钟域能够驱动的电路数量在减少。这就产生了更多的时钟域,以及在不同时钟域边界上的同步逻辑。每个同步逻辑都有一定的亚稳态的失效率,该失效率由以下公式给出:

$$\alpha * f_{\text{data}} * f_{\text{clock}} * e^{-\beta t} \tag{2-2}$$

式中,对于每一个同步逻辑来说,α 和 β 是与具体逻辑相关的常数,唯一合理的

能够精确确定 α 和 β 值的方法是测试；f_{data} 为数据的频率；f_{clock} 为时钟的频率；t 为 f_{clock} 的倒数。网络传输速率的增加使得 f_{data} 和 f_{clock} 也相应地提高。因此，基于系统速度 S，同步逻辑亚稳态的失效率与 S^2e^S 成比例。更高的时钟频率需要更多的同步逻辑，并导致失效率进一步增加。为了保证同步逻辑的亚稳态失效率测试有效，需要根据实际的同步逻辑设计来进行测试。

尽管有大量统计数据用于确定电子器件的故障率，但是对于计算由故障引起的不同类型的行为的发生概率，这些统计数据是不充分的。通常，仅分析可预期故障是远远不够的，因为实际上会发生非预期的故障，因此在进行安全性概率分析（如 FTA 和 FMEA 等）时必须考虑非预期故障。在没有充分依据的情况下，分析中不应忽略这些非预期故障行为。特别地，在所提供的电源参数范围内，集成电路必须考虑可能产生任意输出。越复杂的设备其故障行为可能越复杂。例如对于网络节点，不能假设 Babble 故障模式只会产生不能被接收端理解的噪声，该噪声也可能会被理解为一次合法的传输。

网络中的电子器件应确定其失效率（永久的和瞬时的）和特性，以进行 FMEA 和故障树计算。还应分析任意或者所有电子器件故障行为对网络协议的影响。

老化可能会引起在航空电子系统生命周期中的某些时间点网络不能满足 DO - 160 或其他环境需求。网络信号的余量设计应该有足够的鲁棒性，能够适应连接器、介质和驱动器的老化影响。

网络中电子器件的每个同步逻辑应进行有效的亚稳态失效率测试，并确保其在可接受的上限范围内。

3.2.1.4　电气隔离特性

整个系统发生故障的原因可以划分为 3 大类：冗余全部失效、单点故障和缺乏故障隔离。其中，最常出现的一部分是缺乏故障隔离。故障隔离的一个重要方面是在冗余部件之间进行电气隔离，如电源过压的故障不会传播超出设定的故障边界。电气隔离标准是网络不应该提供电气故障越过故障隔离区传播的通道。针对电气故障传播必须有充分的保护措施。数据网络的物理层应该允许冗余部件间的电气隔离,如果网络节点的故障引起在隔离的一端出现最高的电压,那么隔离设计应该能阻止另一端受到损害。如果为了防止故障传播,一个网络应用要求只从介质上接收数据,则应有足够的措施保证这些只接收数据的连接能够防止介质上的故障传播。

在针对可能出现的电气故障传播的系统设计检查中,可以使用以下的分析方法,假设如下情况:

(1) 每一个冗余的电源都有一个唯一的着色。

(2) 每一个离开电源的电子都有与该电源一样的着色。

(3) 每一个电子进入的部件或者导体都有与电子一样的着色。

(4) 如果有颜色冲突,则表明可能存在电流上的故障传播路径。

为了防止网络成为一个电气上的故障传播路径,这些网络信号传输路径通常会被衰减器、电阻、光纤、光隔离或变压器隔离开。其中,一些隔离方法对物理层信号驱动有一些要求。例如变压器需要直流均衡的信号驱动,可采用曼彻斯特或者 8B/10B 编码。一些隔离措施可能无法使用冲突检测,或者采用显性信号以及隐性信号来完成一些逻辑功能。

部分网络诸如 USB 总线、以太网供电(power over Ethernet,PoE)以及 IEEE 1394 等在电缆中传输电源。这些电源的使用需求对于电流隔离而言是一个重要问题。

一些容错的体系结构包含有“只接收”节点。这些节点可以接收介质上传输的信息,但不允许它对共享的介质产生任何影响。在这些体系结构中,需要保证这些“只接收”节点不能影响数据网络。

3.2.1.5 物理的可组合性

随着网络中节点、链路、终端访问点(terminal access point,TAP)/连接器/Y 形器的数量以及链路长度等的增加,网络的性能、信号质量都会受到影响。物理层的一些属性可能会受到不利的影响,包括信号余量的降低、时延或传播延迟的增加,由于阻抗不匹配而导致的反射的增加,以及由于信号反射的叠加而引起的信号幅值过高问题的概率增加等。设计良好的数据网络会预期到网络规模增长所带来的影响，并可以在限定范围和规模内任意状态下正常工作。对一个数据网络的描述需要包含必须遵从的设计准则，以保证当网络规模变化时能够有足够的物理层质量的余量。这些设计准则可以包含拓扑约束（如总线上节点之间的距离不能小于指定的值），信号传输速率与传输距离之间的约束，或在数据网络的部件上设置影响网络性能的某些参数（如在给定拓扑条件下，基于最大往返延迟设定消息间隔大小或者竞争次数）。

准则中必须包含设计规则对数据网络扩展的影响和限制。应该考虑逻辑和物理的可组合性，例如数据网络是否具有一些特性或设计规则，能够保证在明确给定的最大范围内任何网络规模下都能可靠工作？由于数据网络可以有各种不同的拓扑或拓扑变化，网络应该具有保证在设计准则范围内所有可能的变化中都能可靠工作的特性或设计规则（包含足够的设计余量）。还应考虑网络规模（如时钟同步算法中成员的数量）的变化对于认证的影响，集线器、中继器等设备的使用对于网络传播延迟以及电气负载的影响，在最坏情况下某特定网络距离能保证支持给定的传输速率等。

3.2.2　数据链路层

在多数通信参考协议栈模型中，数据链路层是紧接着物理层的上一层，提供网络节点之间用于建立、维护和释放数据链路连接的功能、流程和协议。数据链路层的功能如下：将位注入发送器以及从接收器提取位；地址和控制域解释；命令/响应生成、传输和解释；同步；差错控制以及流量控制。

数据链路层分为两个子层：介质访问控制（media access control，MAC）子层和逻辑链路控制（logical link control，LLC）子层。MAC 子层控制网络中的节点如何获得传输数据的许可。MAC 协议通常试图提供在访问介质时的优先级或公平性，以及试图保持介质利用率最大化和保证请求者得不到访问权限的概率最小化。LLC 子层控制帧同步、流量控制和错误检测。从层次上来说,LLC 子层在 MAC 子层之上。

3.2.2.1　MAC 子层

对于实时系统,MAC 子层是数据网络协议中非常重要的一部分。MAC 子层中简单的问题可能会导致实时系统所需的数据网络的服务灾难性丧失。这些问题包括无法访问、不能充分访问或者在错误时间的访问等。这些问题的原因之一是协议自身的设计,且与客户端的访问需求和时间相关,包括故障客户端不遵循数据网络规范所预期或要求的行为。

其他问题可能是由直接控制或访问网络介质的硬件的故障(包含永久和瞬时故障)引起的。需特别关注 MAC 子层协议可能存在脆弱性(缺乏鲁棒性),即 MAC 子层协议是否会放大由小故障和错误所带来的影响,使之变成大的问题?

在可信的实时系统中,数据网络可能使用商用货架数据通信网络的硬件,由于这些数据通信网络的 MAC 不完备,因此可信实时系统的数据网络通常会在商用货架产品硬件基础上使用一个替代的 MAC。有多种这样的网络是基于 IEEE 802.3 以太网实现的。

系统设计者也必须考虑在非预期的情况下那些没有使用的硬件是否会引起问题。

MAC 设计中应考虑一个或多个网络节点的行为是否会增加延迟和抖动,从而使网络传输超出了其他网络节点所期望的时间?　如果协议中使用了冲突方式,那么它引入的时延是否有界?　一个网络节点的错误行为是否会干扰其他的网络节点?　MAC 子层协议是否放大了一些小故障和错误从而导致 MAC 子层协议服务的丧失?　特别是 MAC 子层协议是否允许瞬时故障和错误比当前传输持续时间更长?　MAC 子层协议是否说明了物理上的单点失效点,例如总线上专门的协议主节点?　是否说明了逻辑上的单点失效源,例如基于令牌协议中持有令牌的节点故障,多个令牌,Babble 故障节点声称其具有高优先级的消息要发送?　在网络最大负载的情况下,MAC 子层协议是否有带宽最坏情况的边界?　MAC 子层协议是否会影响消息的传输顺序?

以下介绍各种类型 MAC 存在的问题。

1）主从结构

最简单的 MAC 机制是指派一个节点作为主控制器,这个节点将具有唯一的权利来对数据网络介质访问进行授权。航空电子系统中采用这种类型 MAC 协议最常见的例子就是 MIL - STD - 1553B。集中的介质访问控制有很多缺点,其中最明显的就是单点失效。即当控制器功能失效或功能错误时,整个通信系统将会失效。这个问题可通过在控制器内部增加容错,或者采用多个控制器的容错方式来缓解。然而,设计这样的容错机制是非常困难的,因此在民用飞机中不推荐使用。

2）位仲裁

基于位的仲裁是一种较古老的 MAC 机制,在电报技术中应用已有百年历史,CAN 总线也使用了这种方式。位仲裁使用两种(或更多)具有显性特征的信号,当多个信号同时出现在物理介质上时,只有(最)显性信号会被接收器感知并接收。每条消息以表征该消息优先级的位序列开始,并且最重要的位在前。每一位被传输时,每个发送节点会同时检测介质上的信号值。如果一个节点发送的信号值是隐性的,但是介质上的这个信号是显性的,则节点会认为其他正在传输的节点优先级更高。一旦节点发现其发送消息的优先级较低,则立即停止发送操作。当前传输完成后,发送低优先级消息的节点可以再次尝试发送。

这种仲裁方法有较多物理层的问题,包括每个位的持续时间必须大于信号在介质上往返延迟的最坏情况值的限制要求。基于该限制,必须考虑本地时钟抖动所产生的影响,采样时间间隔错误以及由一些相对较长位所产生的直流分量而导致的信号抖动。

这种仲裁是非公平的,存在一个节点占用网络的全部带宽而其他节点得不到服务的可能性。系统设计者必须在这些协议的顶层设计中增加公平性措施。

3）CSMA/CD

载波侦听多路访问/冲突检测(CSMA/CD)是 IEEE 802.3 以太网使用的

MAC 协议。节点发送消息之前首先侦听介质,如果介质忙则等待;如果介质不忙则节点将尝试传输消息。当同一时刻多于一个节点尝试发送数据时,这些节点就会检测到冲突,停止发送并稍后进行重试。

这种 MAC 的问题主要包括如下几方面:

(1) 非确定性,例如时序上微小的变化可能导致帧次序的变动;并且存在传输节点之间再次冲突的可能,尽管概率极小。

(2) 没有公平性的保证。

(3) 消息调度难以确定和达成一致。

(4) 系统时钟同步。

4) 时分多路访问

时分多路访问(time division multiple access,TDMA)使用预先确定的传输次序来发送消息。这种类型的 MAC 需要一些特定形式的时钟同步。例如时间触发协议(TTP)总线,节点之间首先建立时钟同步,然后基于全局统一的时钟进行消息的传输。

5) 令牌传递

在令牌传递的 MAC 机制中,当前拥有介质访问权限的节点必须持有一个令牌。其他节点要访问介质时,当前节点必须将令牌传递给该节点。波音 777 中的 FDDI 网络采用双环令牌传递的网络拓扑结构,在网络通信中使用定时的令牌传递机制。

6) 微时隙

采用微时隙机制的通信,MAC 测量每次传输结束后的时间。当测量出的时间超过了该节点对应的门限值(每个节点的时间门限值都不相同),并且没有其他节点在传输数据时,允许该节点传输数据。采用微时隙机制的一个问题就是它不具有公平性。ARINC 629 使用了这种 MAC 机制的变种,并通过添加额外的定时器来解决这个不公平性问题。定时器用于保证节点在一个周期内发送不能多于一次,并且这个周期足够长以允许其他节点公平地访问介质。然而,这种方式并不能阻止一个或多个节点进行长时间的发送,以至于其他节点无法传输。

3.2.2.2　编码

编码是在数据网络中将逻辑数据进行物理方式表示的一种方法。BER 受网络编码方案所产生眼图的影响非常严重,除了影响数据网络自身的信号质量,编码也可以通过信号辐射干扰到其他设备。因此,判定编码辐射的频谱是否具有可能对其他设备产生不利影响的频率分量是非常重要的。

在真实的编码(如曼彻斯特和 8B/10B)以及最坏情况下的网络数据、消息大小、传输速率、脉冲宽度等条件下,应当进行电磁兼容性测试(DO‐160 的第19~22 章)。

3.2.2.3　帧格式

LLC 子层的成帧部分在链路上传输一组位流,包含控制和地址信息、错误检测(如 CRC 校验)信息或者前向纠错信息,帧具体大小和组成由协议定义。在通常情况下,帧的内容有前导码、起始符、源地址、目的地址、路由信息、长度、流控信息、MAC 信息,以及检错/纠错信息和结束符等。

前导码应足够长,以将直流电平恢复到正常的值,并使得位采样时钟与接收数据流同步。在接收前导码的过程中,直流电平可能不是正常值,接收节点会发现前导码中的错误。不太好的接收器设计是假设这些错误总是出现在前导码的开始位置,因此仅在前导码前部做容错处理。鲁棒性更高的设计是能够容忍前导码中出现任意错误,除非该错误使得前导码看起来像是帧的前部,例如当前导码的错误使其等同于起始符时,可能被错误地识别为起始符。

帧格式设计还要考虑,当帧中的部分信息出现错误,是否会导致多于一个帧的丢失。这个问题不仅包括当消息在驱动器、介质、接收器等传输时产生的位错误,还包括源节点或者中间环节产生的错误数值,例如在基于令牌传递的MAC 中令牌被破坏或伪造。

帧格式的效率也是需要关注的内容。低效率将导致传输更多的位,使得出错的概率更高。因此,对于有些数据网络,部分信息在某种协议帧中包含而在另一种协议帧中不包含。例如,在表驱动协议中,寻址、长度等信息被存放在有错误保护的存储器中,而不是通过网络传输。还有一些协议使用冗余的信号线来进行错误检测和纠正(error detection and correction,EDAC),取代了在帧后部添加校验位。结合这两种方式,可以设计出一种完全没有开销的数据网络(如 SAFEbus),帧中的每一位都是数据位。

在帧格式的评估过程中,必须检查格式的各个部分出现错误的影响,特别是一个错误引起多个帧丢失的情况。帧格式的定义必须保证只有完整的、正确同步的帧可以被客户端接收,而不正确的同步能够在有限时间内恢复。

帧格式定义中应考虑是否在帧头或者帧尾采用了可区分的位序列(包括分隔符)来划分帧?是否有足够的汉明距离(HD)和位滑动容忍机制,用以防止可预期的错误条件下普通的帧数据被解释成帧的前导码?接收器能否容忍前导码中任何位出现错误,除非该错误使得前导码看起来像是帧的起始符?起始符的位序列和任意的前导码位序列的移位之间的 HD 是否总大于 1?数据网络的帧结构是否脆弱(如简单的故障可能会导致多个帧的丢失)?帧中的一部分出错,是否会导致多个帧的丢失?对于预期帧长和实际帧长的匹配,是否有两个独立检查来进行,例如一个长度域和一个明确的结束符?如果是隐式令牌协议(CSMA 或微时隙)或 TDMA,帧中是否有足够的信息来确认帧的时间位置能被正确处理,避免由于时序不准确而导致帧的错误处理?

3.2.2.4 错误检测

数据链路层的错误检测能力对于网络的整体安全性有着重要的影响,有效的错误检测会直接影响到数据的完整性。错误检测机制是否有效的关键因素在于链路失效模式的假设,通常认为链路失效的主要原因是位发生跳变。除非已经采取了屏蔽等相关的措施,错误检测还应该考虑多方面的因素,包括线缆串扰、HIRF 等关联的错误。

数据链路层错误可能发生在传输介质、驱动器、接收器,或者中间节点上

（如中继器）。数据链路层必须为帧提供足够的错误检测保证能力。错误检测应该考虑对于最坏情况错误模式的需求（突发错误、最大 BER、临时的通信中止），网络是否满足完整性要求（未检测出错误的概率、HD）？在预期的错误概率下，网络是否能在有界延迟内以足够的概率发送有效帧？在最坏情况的错误概率和分布下，网络是否满足可用性的需求？由于数据在物理层的编码而引起的潜在影响及其关联的错误检测覆盖率是否被量化？例如，错误分析中是否考虑位填充格式的破坏？帧是否容易受到长度域破坏的影响而导致接收端错误判断帧中的帧校验序列（frame check sequence，FCS）位置？如果是网络需要提供的服务，在出现故障的情况下接收端能否正确识别发送端？

1）协议违反

数据链路层的错误检测应该包含对网络协议状态机的评估，来检测语义上的错误。例如帧格式中的域可能包含了任意的取值。协议和协议状态机的实现应该能够检测出由无效的取值而引起的协议违反。否则，错误帧就会被以非预期的方式处理，从而影响到安全性。

2）帧校验

帧校验是通过校验码来检查帧是否存在错误，在通信传输位流过程中是否产生了差错。在分析校验的覆盖范围时通常假定位错误是相互独立的，但是在 ISI 存在的情况下该假设是不正确的。由于位之间的相关性，错误检测概率的计算应该做适当的调整。

无线网络中更容易出现错误，因为它基本上对外界影响没有任何屏蔽措施。在航空数字电子领域中，对于此类网络进行最坏情况分析成为现实的挑战。利用架构的方式如 3 余度数据通道进行表决，仅仅在通道之间完全独立的情况下能够检测链路上的错误。由于缺乏屏蔽等保护机制，无线网络极其容易受到共模故障的影响。

错误检测机制不仅影响完整性（即未检测出错误的概率），而且还对可用性产生影响。BER 对于描述环境影响是非常有用的，完整性机制对于错误检测非常有效,而错误检测又关联到终端节点数据的可用性。任何检测到错误的帧都不能被应用使用,导致了可用性的降低。帧长度越长,越可能因为错误导致不可用,从而影响安全性。

3) 编码与错误检测

在评估系统的安全性时,不能忽略编码对于错误检测能力的影响,这种影响必须按最坏情况进行考虑。通过数据计算出 CRC(或类似的错误编码机制)后,会进行编码以在物理层传输,编解码的变换使得错误检测的属性发生了改变。因此,物理层一个位跳变会导致数据链路层多个位的跳变。突发错误也是类似的,编解码的原因使得 CRC 能够检测的突发错误的长度低于预期。如果不考虑这个影响,则编码和错误检测之间的这种关联会使错误检测分析的结果不正确。

对于采用位填充的网络协议,编码和物理层之间也有类似的影响。整个帧,包括 CRC 或者其他错误检测域,都要进行位填充。然而,帧中少量的位跳变可能使得填充位被认为是数据位,或者数据位被认为是填充位,从而导致一系列的错误。在这种情况下,可能使得错误超出 CRC 的检测能力。

网络中包含电子器件的中间节点可能影响到错误检测机制(如 CRC),因为电子器件的潜在失效模式是任意的。

假设的均匀分布的错误模型不适用这种情况,因为电子器件的失效可能会改变错误检测值,所以导致在最坏情况下 FCS 不能指示出错误。

3.2.3 网络层、传输层和网络管理

在 OSI 模型中,网络层提供交换和路由,为节点间的数据传输建立逻辑路径(称为虚拟电路)。网络层的功能包括路由和转发、编址、网络互联、错误处理、拥塞控制和数据包排序。在网络层之上,传输层提供端系统之间或主机之间数据的透明传输,并负责端到端的错误恢复和流量控制。它保证了完整的数据传输。在嵌入式系统中,功能上的这两层也经常合并成一层。此外,在一些新协议中(如时间触发协议 TTP 和 AFDX™),增加了网络管理层来描述硬件

或软件服务。

3.2.3.1　地址信息故障

如果一个网络采用了节点地址或消息标识等信息,那么需要评估地址或标识机制的失效模式,这种机制容易受到部件故障或传输损坏的影响。这种失效模式的一个例子是伪装故障,即一个网络节点伪装成系统中的另外一个节点。在包含了很多飞机功能的综合化模块化航电系统中,地址信息或标识信息的故障非常重要,因为这些机制的失效会导致不可控的数据流传输失效,使得在应用层几乎不可能进行隔离故障。

如果网络数据包格式中包含了寻址或其他信息,则很显然在传输过程中当这些域被破坏时网络很容易受到影响。不同数据网络受到技术缺陷的影响各不相同,这取决于网络的实现。对于可靠的网络来说,必须有处理这些问题的机制,并且对这些机制做覆盖能力的评估。网络的完整性机制(如 FCS)能检测出传输错误,但其覆盖范围也是有限的。对于通信信道,任何故障处理机制都必须证明能够覆盖到所有可能的失效模式。中间节点(如监护等)基于地址或标识的消息路由或拥塞处理也要进行评估,确保能提供足够的覆盖范围。

软件对网络地址信息的影响也同样存在问题。这种软件控制的访问使网络容易受到地址信息破坏的影响。

除了消息在传输过程中受到动态错误的影响,一些网络需要配置表来协助完成网络的路由和寻址逻辑,但配置表容易受到静态错误的影响。保证这些配置表设计正确性和运行时完整性的机制,也需要进行评估和证明。

在一些网络技术中,可能在运行时建立路由信息和逻辑拓扑,例如 IEEE 1394b 的树标识过程。应针对相关的部件失效或数据损坏的影响来评估这些机制。重新建立路由信息和逻辑拓扑的机制,对导致其执行中出现错误的问题,也应进行分析,因为这样的问题可能导致网络运行严重降级。类似地,需要对网络错误处理逻辑进行分析以建立调用错误处理逻辑及其对网络性能的影响的边界。

因此,针对网络中地址信息的失效,必须定义一些机制来保证在故障情况下网络仍然能够正确地转发、路由或转换。网络设计中必须考虑,网络是否使用消息地址或消息标识域? 网络是否实现了检测或缓解消息地址或标识域错误的机制? 是否建立了这些机制的故障覆盖? 消息地址或标识域是否容易受到主机软件错误的影响? 网络是否使用表来进行消息寻址和路由? 网络是否实现足够的检查机制以保证路由表在运行时的完整性? 网络是否在运行时建立路由信息? 建立路由表的算法和相关机制是否容易受到破坏? 哪些网络行为会引起网络路由表的重建? 网络节点的软硬件错误是否会导致在创建表时出现错误? 网络路由时间是否有合理的上界? 寻址或路由错误是否会引起数据包或分片的丢失,以及大量消耗可用带宽? 如果使用多层寻址(如数据链路层和网络层),那么必须考虑各层寻址的错误和伪装故障。

3.2.3.2 流量故障

与网络地址故障一样,对网络中的流量规整逻辑也应进行评估。由于现有协议的复杂性,很难明显地判断出一个故障可能导致错误行为。建议通过协议层的 FMEA 进行分析。

3.2.3.3 中间节点

如果一个网络包含中间缓冲或中间节点,那么应根据网络行为来评估这些中间节点的行为、实现和影响。这里所说的中间节点,可以是中继器、网关、路由器、交换机、集线器等。不同的网络实现中,这些中间节点的行为也差别很大。在简单情况下,它们只是信号的传递。而在一些复杂情况下,它们还包含了存储转发和路由逻辑。在关键网络中,这些中间节点通常实现了错误检测或故障隔离机制。

1) 故障

在使用了中间节点的网络中,中间节点的影响非常大。例如在使用集线器的网络中,集线器会影响到所有通过它的数据流。因此,必须对中间节点的可用性进行分析,以保证能够满足网络可用性的需求。如果使用了多个中间节点,则必须对这些中间节点失效的独立性进行分析和证明。如果这些中间节点之间需要信号交互,还应分析这些信号和逻辑的失效以及可能的故障传播。此外,协议共模对中间节点可用性的影响也要进行分析。

中间节点完整性相关的机制必须进行详细分析和评估。这个分析的一个难点是界定中间节点的失效模式。中间节点故障相关的完整性问题非常依赖于网络的实现和架构。例如,对于 SPIDER 架构(三个独立的通道进行表决)的 ROBUS 总线,很容易检测出单个中间节点的失效,并在接收节点中进行有效的屏蔽。

如果所开发的网络中间节点能够通过自检测、监控等手段实现故障完全覆盖,那么它的故障模式可能不影响安全(例如故障-停止,且假定失效分析中故障-停止是可接受的)。然而,必须要合理证明自检测或监控措施的覆盖范围。

通常网络采用直接检测的完整性机制,例如 CRC、奇偶校验等。在这种情况下,中间节点的失效模式愈加重要,因此网络完整性依赖于这些校验码的覆盖范围。对于复杂的中间节点逻辑,很难界定这些设备的失效模式,并且比较简单的失效模式可能会对直接检测的覆盖技术产生非常大的影响。例如,考虑中间节点的缓冲区的上溢或者下溢错误的场景,如果导致了中继的曼彻斯特流的一个码元的插入或者删除,从而引起中继的流中码元的移位,使得接收节点收到的数据被破坏。当这种失效没有被编码或成帧单元检测出来时,其可能会通过 CRC 检测。这些时候,网络的数据完整性受限于中间节点的失效率。严格的措施和错误检测机制可能提高数据完整性,并且定量化评估这些方式是很困难的。错误检测在哪里执行也非常重要。例如,如果只在接收端进行,而不在中间节点进行这种检测,那么中间处理过程可能会降低接收端检测的有效性(如中间节点对输入的错误信号进行处理而产生一个编码上没有错误的输出流)。因此,也应该对中间节点的处理过程进行分析。

除了逻辑的硬故障和瞬时错误,中间节点还可能受到规范之外的其他因素的影响。例如时钟漂移也可能导致上述类似的溢出情况。网络评估时应该对这些错误以及其他的一些可能问题进行分析。这些因素还可能是多方面的,例如晶振的长期漂移和在老化及温度变化时的性能,或者是本地瞬时的影响,作用在晶体上的加速度或重力,或者 PLL 的供电不稳定等。显然,中间节点缓冲的大小要适应这些变化。

对于采用存储-转发技术的中间节点情况更为复杂,应该对中间的缓冲存储器瞬态错误(如 SEU)进行分析,最好是设计一些保护措施。如果仅仅采用了奇偶校验等错误检测,则需要分析中间节点对这些错误的响应。例如奇偶校验错误引起复位或者机器检查异常(machine check exception,MCE),那么复位过程会影响到中间节点的可用性。因此在分析网络通道的可用性时,必须考虑 SEU 和随后的重新初始化时间对中间节点的影响。应当注意,使用软件实现的交换机也需要进行类似的分析,因为其中使用了基于 RAM 存储数据以及校验。

如果中间节点的缓冲存储器无奇偶校验或者 EDAC 机制的保护,则应分析其对端到端的完整性的影响。所以,必须在中间节点进行完整性校验和如 CRC 的重新计算和检查,降低缓冲存储器导致错误的概率。

除此之外,还应采用类似的方式对中间节点的配置、路由表进行分析。如果没有保护措施,则应详细分析错误的控制流和路由信息等对网络的影响,以及检测到的错误对于中间节点的可用性的影响。

还应考虑中间节点控制和缓冲逻辑的永久性故障。对于简单的转发逻辑,其可能会影响到数据的完整性。此外,当采用了缓冲操作时,需要分析转发错误消息的影响,并从网络性能上分析和评估转发旧数据帧和次序错误帧的检测机制,除非中间节点采取了相应故障模式的覆盖措施(自检测、监控等)来保证。

对于在传输中包含了控制流信息的协议,例如 ARINC 664P7 中的帧序号,网络冗余管理中需要考虑单个通道的网络错误。冗余管理机制可能是潜在的逻辑故障传播路径,因此在网络可用性分析时要考虑。例如,考虑 ARINC 664P7 中的一个场景,Babble 故障的交换机一直发送相同序号的帧。这个故障可能是交换机的地址线错误引起的,重复发送同一帧。冗余管理在其中一个通道接收到这样的帧时会复位对应 VL 的帧序号,导致错误通道至少干扰一次相关的正确通道的序号和数据接收。在 ARINC 664P7 中,由于完整性机制,帧序号复位只被考虑一次,因此对于帧接收的影响是有限的。对于一些更加复杂的、能够影响 ARINC 664P7 端系统完整性检查的故障模式,如果不能证明其发生的概率足够低,则必须对其进行分析。

由于中间节点处于网络的中心位置,故障影响可能涉及系统的很多地方。因此,需要详细评估这些中间节点行为的共模影响。此外,需要分析中间节点的缓冲机制和协议交互,从而缓解队头阻塞相关的问题。

2) 故障传播

应该分析故障的端节点对于网络的中间节点的故障传播。这些故障传播可能与错误的控制数据或者错误的时间行为相关。例如,考虑一个中央监护重新整合到一个 TDMA 调度中,如果 TDMA 的位置是通过侦听包含在数据流中的 TDMA 序号来确定的,并且中间节点的整合逻辑不能容忍错误的信息,则故障的节点可能会延迟或阻止中间节点的恢复。

除非采用了适当的错误遏制策略,错误的流量管理会对中间节点的性能造成影响。例如 Babble 故障的端节点,或者其他的 Babble 故障中间节点,可能会影响这个中间节点的缓冲区的可用性并导致溢出。应详细分析缓冲区管理策略以及相关的缓冲区大小等,不论节点正常或者错误都须保证网络的性能。分析中间节点中响应错误端节点流量和行为的错误处理逻辑,保证中间节点的性能降级等影响是有界的。

3) 设计与评估

中间节点必须保证足够的可用性和完整性,以及与其他互为备份的中间节点之间有足够的逻辑和物理上的独立性。中间节点的设计和评估中应考虑中间节点的可用性指标是否足以满足网络通道的可用性需求? 网络不同通道上的中间节点之间是否独立? 不同通道上的中间节点之间是否需要信号连接?

信号通路是否引入故障传播，是否有共模影响？网络中间节点是否具有足够的故障检测能力和覆盖？能否证明中间节点的故障行为是故障-停止？中间节点是否采用了直接检测的完整性检查机制？中间节点的行为是否会引入逃过网络帧检查或者完整性检查逻辑的故障模式？中间节点对错误信号如何响应？中间节点是否忽略错误帧，清除并整形错误的数据流？中间节点对于规范未定义的错误如何响应？中间节点是否采用了存储-转发机制？中间节点是否重新计算完整性检查？针对瞬时错误，缓冲存储器是否有适当的保护措施，这个保护措施仅仅是检测还是能够纠正？这个措施是否会降低中间节点的可用性，例如错误时导致中间节点复位或者重新整合？中间节点是否有机制来检测错误消息的转发，例如转发旧消息或发送消息到错误地址？中间节点错误是否会影响到更高层级的冗余管理，从而降低整个网络的可用性？中间节点是否会引入队头阻塞问题，采用什么措施来缓解其影响？节点的 Babble 或者其他错误是否会影响中间节点的性能，例如导致缓冲区溢出？中间节点的重启、重新整合所用时间是否有界且满足要求？中间节点的重启、重新整合是否会被互为备份的其他通道上的中间节点打断？是否有完整的 FMEA 分析中间节点的故障假设？故障的监护是否会导致不可恢复的网络故障？

3.2.3.4　网络配置数据

多数网络需要通过配置和路由表来支持网络运行。因此，这些表的设计的正确性对于网络有效运行是非常重要的。配置表在运行时的完整性也很重要。所以，应该对配置表的存储、操作和加载的完整性机制进行评估，检查运行时保存配置表的存储器的保护措施，例如奇偶校验和 EDAC，以及缓冲区的保护和恢复。

在网络系统中，不同节点上运行的配置表之间的一致性也是一个重要的问题，应该对保证配置表一致性的协议机制进行评估。然而，这种一致性检查机制对于可用性的影响也需考虑。当系统中网络配置表和系统或者应用软件是紧耦合时，特别是当网络配置表和应用软件独立进行配置时，应提供保证软件/

网络兼容性的机制。

　　加载配置表和路由表的机制也很重要。首先,需要保证加载机制的完整性,使加载过程中配置数据不会出错。其次,如果配置表加载与正常的网络数据流使用相同的路径,则应建立网络路径的分区。例如一些网络采用专用的加载协议。需要对这些协议中使用的互锁机制、模式选择逻辑进行分析,以保证错误地启用这些协议不会降低网络的可用性。此外,网络配置表可能需要在"在线操作模式"中更新,例如网络运行最小的流量以支持门、灯和基本的配电功能。在线操作模式中,应详细地评估用于处理模式更改以及配置表切换的机制。

　　网络维护和查询协议有时在网络最上层运行,如简单网络管理协议(simple network management protocol,SNMP)。这些网络维护协议同样可能引入安全性问题,需要分析这些协议的操作对网络的影响。例如如果这些维护接口可以带来软件异常,则异常处理对正常应用功能带来的影响应该限制在一定范围内。

　　因此,网络拓扑和网络部件的配置数据必须和应用的容错以及性能需求相匹配,需要考虑配置表的生成、加载、操作中的错误、运行时的环境影响(如辐射)以及维护活动。

　　网络配置数据的设计和评估中应考虑网络配置表的存储是否有足够的完整性? 网络配置表是如何加载的? 网络配置表在加载时采用何种机制来防止数据错误? 网络配置加载与正常通信是否使用相同的网络路径? 是否使用特定的加载协议进行网络加载操作? 网络是否有足够的互锁以防止下载等协议的错误调用? 在线网络操作模式下,配置表是否会进行更新? 运行时网络模式和网络配置表版本是否匹配? 在线网络操作模式下,是否运行网络维护或查询协议? 网络是否有足够的互锁以防止这些协议的错误调用?

3.2.3.5　启动和恢复

　　网络的启动和恢复机制很重要,在一些关键环境中,系统启动和恢复的时间是系统的一项关键性能。因此,网络启动性能也是一个需要详细评估的属性。

在启动过程中,网络通常更易受到故障的影响,除非设计的启动算法能够容忍故障,或者设计的网络硬件具有足够的故障隔离能力,否则难以保证网络启动的正确、及时。

在这种情况下,需要对网络通道的可用性进行重新评估,以考虑对错误启动行为的潜在影响。例如这样的场景,在一个 TDMA 的协议中,协议的初始帧包含了配置表版本的标识符。这个可以采用显式或者隐式的传输,例如包含在网络帧的 CRC 中。启动时第一个节点发送的帧包含错误的配置表标识符,其他节点接收到这个帧并退避一段特定的时间时,错误节点即拖延了网络的启动。如果该节点继续发送,则网络的启动就会被延迟不确定的时间。这个例子说明了可用性和完整性机制之间的交互关系,经常出现在网络顶层实现完整性措施的情况下。

另一个与启动相关的问题是网络实现可能受飞机其他系统的限制,例如加电次序。网络可能假设网络部件的加电是在一个特定的时间范围内或者以一定的次序完成。在时间驱动的网络中,网络部件启动的先后可能严重影响网络的启动。因此,网络评估时需要注意这些约束条件。对于安全关键的网络,确保这些网络假设行为的实现可能会导致其他系统复杂性和成本的显著增加。然而,这些假设又关系到网络本身及其可用性。

一些网络技术的寻址和路由信息是在新节点加入网络时创建的,例如 IEEE 1394b。应该详细分析这种行为对网络启动时间带来的影响,启动最慢的节点会限制网络的启动时间,例如故障节点连续重启也需要进行考虑(取决于节点实现的故障隔离和覆盖范围)。如果不能证明足够的覆盖范围,则故障节点可能通过发起连续的网络重启来降低网络的可用性。这种情况下,在进行网络的可用性分析时,要考虑所有可能导致这个失效的部件。

身份鉴别是启动过程中另外一个要考虑的问题。特别是在 TDMA 网络中,网络运行中可能使用消息的时间顺序来协助鉴别。刚开始启动时,网络尚未建立时间基准,这时鉴别无法进行,因此网络更易受到鉴别故障的影响。因为其在每个通道上的表现可能不同,所以对于双通道的网络更是如此,缺少合适的鉴别可能导致故障节点影响多个传输。如果网络的相关算法只能容忍单个故障,那么出现两个错误时可能打破网络协议的假设从而使得网络无法正常工作。对于使用监护的网络更是如此,因此监护可能不具备鉴别的能力。监护的强度是另一个需要考虑的属性。

通常,网络的协议机制和算法在启动阶段的性能需要详细地评估。例如网络正常运行时,可能时钟同步算法可以容忍拜占庭错误。但是在启动阶段,需要保证最小数量的节点已经完成启动,然后容错机制才能正确运行。需要分析在少于最小数量时算法的执行情况。例如,需要四个时钟才能容忍拜占庭故障的时候,只有两个可用时钟的影响是什么? 对网络的性能和安全性进行评估时,必须将这些影响限制在一定的范围内。网络的重新整合机制也应进行分析,以明确其对于错误的协议控制流信息的容忍,这些错误可能会延迟或阻止节点的及时整合。

很多算法和机制至少在满足最少数量的可用资源时才能够正确运行。然而,启动的开始阶段似乎所有的东西都不正确。所以一个好的设计一定能够通过这个节点并且引导自身启动直到完全运行。但是网络设计经常假设网络在启动过程不会遇到故障容忍的那些条件。相应地,系统经历了比设计的故障数目上限还多的故障,一旦故障数目降低到设计限制之内时,必须能够在限定的时间内返回到正常的工作模式。

因此,在满足可信性需求、环境和部署限制,与不同系统和应用的交互(如应用级的时序影响和电源架构影响)条件下,网络部件以及网络的整合、启动、恢复必须在限定的时间内完成。

网络启动和恢复的设计和评估中应考虑即便在出现故障的情况下,网络是否能在限定的时间内启动? 网络的启动和整合机制是否能够容错? 假设的故障是否与覆盖范围以及 FMEA 一致? 如果网络启动需要一定的加电次序,是否能够保证所要求的加电次序,以满足网络可用性要求?启动是否依赖于单一的网络部件?考虑到故障的场景,这种依赖的影响是什么?如果需要主机节点参与网络整合、启动或恢复,分析中是否考虑了这些主机节点的行为?在协议的故障模型中,是否存在一个主机或其他节点,其行为会导致重复地整合、启动或恢复,从而导致网络无法在限定的时间内进入正常操作,即使每一次的整合、启动或恢复都是在限定的时间内完成?如果存在多个静态指定的网络主设备,对于最坏情况在假设故障模型中的所有故障条件下,网络主设备的表决过程是否保证在有限时间内完成?如果硬件故障导致系统启动被禁止(如冗余总线上出现网络故障阻止了启动),系统在飞行中重启后,其不可用的风险是否得到缓解?

3.2.3.6 全局同步

数据网络可能需要在节点之间进行时钟同步,支持协同的网络访问或应用层的服务。这里所说的时钟同步,其中一部分也适用于冗余管理中的逻辑时钟(计数器)同步。

时钟同步算法包括若干个步骤。第一步是获得初始时钟,同步节点从其他一个或多个节点获取当前时钟值或计数器值,可以通过基于配置表的消息传输或者通过基于请求的触发来实现。节点周期性地获得与其他节点的时间差。还有一个方法是记录接收正常数据帧的时间(如预期到达时间和实际到达时间)从而推算出发送节点的时钟。计算出时钟偏差信息后(消除传播延迟的影响),第二步是各个节点计算需要修正的时钟值。这个步骤也称为集中功能,因为通过集中分布的节点时钟来产生一个共同时钟。第三步是根据时钟修正值来调整本地时钟,使得网络上所有节点的时钟都同步。

如果不采取一定的措施,那么一些属性和影响会导致时钟同步算法不稳定甚至失败,进而对系统安全造成影响。

时钟同步算法依赖于网络中的传输时延。不同节点之间的不同传输时延,或者不同节点上不同的数据获取延迟,可能会导致对实际传输时延的衡量不一致或不准确,而传输时延又用于计算不同节点之间的时钟偏差,最终影响到时钟同步算法的稳定性。时钟同步中最常见的难题是拜占庭故障，即不同节点对于其他节点的时钟值有不同的看法。拜占庭故障发生的概率很难量化。考虑到时钟同步算法经常测量同步帧的预期到达时间和实际到达时间的偏差，同步帧到达时间的不同会导致与拜占庭故障类似的场景。如果系统不能补偿传输时延的偏差，那么对时钟值的看法就会出现显著差异。对传输时延的补偿会减小这个差异，但是并不能消除差异。对时钟值看法不同的问题，如果稳定性分析中不做考虑，可能会引入安全性的威胁。稳定性分析通常要求其在一定的精度范围内。

时钟数据值也可能因为端节点故障或者传输原因而包含一些错误。修正值的计算可能需要容忍某些特定的错误模式以满足精度要求。可能的一个问题是，将来自同一数据源通过不同通信路径的时钟值进行合并。在有三个冗余通道的情况下，不同通道上到达的时钟值可以进行表决。而对于两个通道则无法进行表决。在特定的拓扑下，中间节点可能会影响到经过的时钟，例如星型TTP的中间节点出现短路可能会影响不同源发出的各个时间值。对于嵌入式实时系统中常采用的双通道星型拓扑，如 TTP、ARINC 664P7 等，因为端系统基于两个通道无法进行表决，所以中间节点的故障可能导致端系统的失效。不同余度通道之间的选择过程，决定了一个通道失效对同步精度的影响程度，并且可能会影响到系统的可信性。

计算本地时钟修正值的算法，应该考虑需要容忍的故障条件以及故障节点的数目，以满足精度的要求。精度的分析还应考虑潜在的伪装故障的影响。

对于主从式的同步策略，同步中从一个主设备切换到另一个主设备所用的时间可能需要包含诊断故障主设备的时间。在这个诊断时间内，从节点可能仍与故障主设备同步或没有同步。两种场景都会影响到同步精度。

当节点将修正值应用到本地时钟时，任何依赖于本地时钟的任务都需要考虑时钟修正对任务执行时间的潜在影响，例如时钟的修正过程可能会影响到任务执行的可用周期。时钟同步的精度可能会缩短节点的可用执行时间，从而对任务的可用执行时间产生影响。

时钟同步算法必须考虑时钟修正所用的信息。例如，如果时钟同步算法的修正功能在计算修正值的过程中对于同一个收集到的时间值使用了两次，这个算法会变得不稳定。这种场景可能会发生在系统的启动过程。任何验证时钟同步稳定性的工具或分析该特性的人员都应该考虑这种影响和不同的配置。此外，还应该对时钟同步配置的兼容性和一致性进行检查。

当时钟同步依赖于单个节点的故障覆盖率时，时钟同步的启动可能会有可用性的影响。类似地，启动过程中，由于可用的时钟源较少，因此时钟漂移的时间更长。在稳定性的分析中也要包含这个因素，并最终影响到同步精度。

因此，如果系统需要时钟同步，则必须保证同步机制在定义的所有条件下都能够正确工作，包括故障情况下。时钟同步算法和机制必须进行正确性的形式化证明，并且对形式化证明中所用的假设进行评估。时钟同步的性能，包括精度、抖动、单调性等，都必须满足系统的需求。可能产生的派生需求如下：

（1）时间触发的操作系统和通信的缓冲管理可能无法容忍较大的抖动或者非单调时间，不能因时钟修正导致时间的回调。

（2）使用时间差的应用。

时钟同步的设计和评估应该考虑如下问题：是否在不同的环境和预期的故障条件下对算法的稳定性进行了分析，包括节点上电后的稳定以及在所有预期的网络配置下的稳定？是否在正常条件下以及预期的故障条件下对同步精度进行了分析，并且保证其在允许的范围内？是否分析了时钟同步对与同步关联的参考数据的影响，例如未同步或者同步故障？这种关联性是否基于所需的安全性等级进行了适当的缓解？在稳定性分析中，由于传输时延不同或者时间获取时延不同等因素，是否分析了相关的影响？在稳定性分析中，由于不同的路径和传输时延，是否考虑了多个路径数据的合并以及可能的数据差异？在使用多时钟源的算法中，基于假设的故障条件和源覆盖机制，是否对时钟源的使用或选择进行了考虑？从假设的或选择的时钟源发出的用于同步的数据错误时,是否有适当的机制进行处理,例如同步算法不能受到伪装故障的影响? 是否对时钟修正的影响进行了分析,例如时钟修正对于任务执行时间的影响?

3.2.3.7　故障诊断

一些网络技术包含了提供故障诊断服务来识别和隔离故障的成员节点。这些服务可能自主地运行在网络硬件中,或者由运行在网络顶层的软件应用组成,由网络层提供诊断信息。这些服务与组成员关系服务、交互一致性服务有很强的相关性,通过使用故障诊断服务来管理网络状态相关的应用处理以及保证消息的一致性分发。

组成员关系服务会向其他节点发送网络中部分或者所有节点的运行状态,指示节点运行状态是否一致,而交互一致性服务提供各种值的一致性。因此,组成员关系服务或者其他类似的服务是交互一致性服务的一个子集。

组成员关系信息指示了节点的健康状态,表明节点是否正常工作。然而,节点发送出的这个信息可能并不能反映节点的当前状态,例如,组成员关系描述的节点运行状态不能保证消息是正确的(违反完整性),除非假设节点和通信有着足够的错误检测覆盖。

组成员关系服务通常是通过是否正确接收到一个节点的消息来判断的。如果消息正确,则组成员关系服务认为这个节点是正确的。反之,如果接收的帧不正确,则组成员关系服务可以将其归为通信路径上的一个瞬时或永久的故障。在机载系统中,电源的压降、HIRF 或雷击等都可能会导致瞬时的错误,应该详细分析用于区分瞬时错误和永久故障的诊断功能,确保诊断结论与真实情况一致。诊断产生的持续的警告也应进行分析,保证导致网络可用性的降低是在合适的范围内。

网络可以使用诊断信息为冗余的管理提供额外的服务,或者仅仅用于确认,需要和应用的预期一致。这些服务包括如下内容:

(1) 从应用的角度,组成员关系使用成员关系信息进行正确数据的选择。

(2) 交互一致性,为所有节点一致性提供数据。

组成员关系通常基于接收到的消息,并且在时间上会有一些滞后,直到更新了状态的变化。评估过程中应该考虑这个时间的滞后。

在任意故障的情况下,已经证明组成员关系不能同时保证正确性和一致性,其中正确性是指所有正确的节点被其他所有正确的节点认为是正确的(但是故障节点也可能被认为是正确的),一致性是指所有正确的节点在所有正确的节点看来都是正确的。组成员关系实现时,对于某些故障模式,如果覆盖不足或通信周期不足,可能会牺牲可用性或者是牺牲完整性。

对于使用网络提供的成员关系服务的应用,应该进行如下分析:

(1) 基本的假设。

(2) 组成员关系的一致性和正确性保证,及其对应用层的影响。

这些分析应该包括时域方面的考虑,因为诊断信息和成员关系在时间上都是滞后的。

在数据网络重新整合和启动阶段,由刚刚启动或者完成整合的节点提供的组成员关系信息,可能包含了一些与系统状态相关的信息,而这些信息网络本身并未观察到或者未能从其他节点获取到。详细来说,整合节点可以观察到网络在一个周期时间上的运行状态,或者整合过程中很快地接收到其他节点对于网络运行状态的判断。对于后一种情况,对其他节点提供信息的使用应该与应用层对成员关系信息的假设一致。例如,如果整合节点采用了其他节点的组成员关系状态,并且应用层假设成员关系状态信息包含了应用状态信息的一致性和可用性,也可能需要去获取应用的状态信息,这个状态信息关联到组成员关系中的一个位。

因此,在网络的故障诊断方面,任何的诊断、检测、系统级一致性机制必须证明相关的故障假设,并且考虑诊断行为的效果。

故障诊断的设计和评估中应该考虑,诊断信息的来源是什么?信息来源的完整性如何,且是否与假设一致?故障部件、雷击、HIRF 以及其他外部因素对诊断数据和诊断算法的影响是什么?这些影响是否进行了分析并满足定量的要求？诊断是否假设了一些故障模式？诊断信息（如组成员关系）的一致性和正确性保证是否与应用的使用匹配？假设和属性是否定量到要求的等级？应用是否使用诊断信息，应用的使用是否符合诊断信息的保证和假设？对应用层是否有影响？组成员关系信息（如节点是否工作）是否与应用层使用的假设对应，例如成员关系仅表示工作状态时，应用是否假设消息的正确性？针对基于组成员关系建立节点健康状态的机制，评估中是否分析了这个机制的覆盖率？是否分析了系统启动、整合等过程中成员关系的安全使用？是否定量评估错误检测和诊断中的时间滞后？诊断和组成员关系分析中是否包含启动和整合？

3.2.3.8 客户端影响

作为系统中的互连技术，数据网络通常要么本身即是主要的故障隔离机制，要么是主要故障隔离机制中的重点设备。因此，数据网络不能被它所服务的客户端影响，不论客户端的错误行为多么严重。

然而，很多数据网络允许其客户端通过多种方式影响它们的运行。

首先是在启动过程。很多数据网络允许客户端通过影响它们的节点的时序来影响网络启动的时序。节点启动时间的变化可能是由于不同的主机加电次序、不同的自测试机制等。一些客户端需要使能节点来加入网络，例如 TTP 总线中，主机需要打开控制器。节点不同的加电时间，不应导致启动重试的次数用尽。如果节点在启动过程中使用了一些错误的方式，可能会导致数据网络启动时间特别长，也可能导致其没有启动。如果使用这样的网络，那么应该对更高协议层（如软件实现的层）的性能进行分析来保证合适的启动时间，以避免上述的故障。

在数据网络运行期间，一些协议允许客户端控制寻址、路由、优先级等来影响协议的运行。有些系统需要不同安全关键等级的应用来共享网络，这时网络必须进行鲁棒的分区，使得安全关键等级较低的应用不会影响安全关键等级较高的应用或客户端对网络的使用。

还有一个可能性是客户端通过无保护的测试或者网络管理影响数据网络。

总之,在网络设计中要分析客户端对于网络操作的影响。应考虑的方面如下:假设的故障行为是什么? 如果假设了客户端的故障模型,如何证实其故障行为? 客户端分析是否包含了启动、整合等场景,并且考虑了客户端的时间影响,例如软件响应时间太长? 客户端的操作或者数据是否会影响网络寻址,例如客户端控制标签或地址等消息标识符的写入? 使用什么样的网络机制来确保这些操作或者数据不会破坏网络的运行? 网络是否允许客户端影响协议层的控制流,例如模式更改? 是否有哪种协议操作(如启动)需要网络客户端的行为或对于行为的限制? 如果有,在系统设计中是否保证了这些行为的需求或者限制?

3.2.3.9 确认

确认机制通常包括肯定确认(positive acknowledgement,ACK)和否定确认(negative acknowledgement,NAK),ACK 表示确认收到数据包,而 NAK 则表示发现有数据包丢失,请求重传相应数据包。对于使用确认机制的网络协议,必须认真分析其逻辑行为,特别是考虑到接收消息的不一致问题,一些节点接收消息或确认,而另外一些节点没有接收到。不能假设任何确认机制自身来提供消息的一致性接收(也称为原子广播)。并且,消息的发送端可能在重发消息之前发生故障。例如,采用 NAK 机制的方案需要一个途径来指示该确认,如果不能指示则可能出现不一致问题。确认导致消息接收不一致的一个例子是 CAN 总线发送错误标记的 NAK 算法。如果倒数第二位接收出现不一致,则部分节点会接收这个消息,而其他的节点不接收。在这种情景下,发送节点会重新发送这个消息,导致一些接收者收到消息的多个复制件,而其他接收者只收到一个复制件。结果是发送语义已经从"只有一次"变为"至少一次"。接收节点可能无法区分收到的是正常传输的第二条消息还是冗余的消息,并且对不同节点消息的发送时间不同。如果发送节点出现故障而不能重新发送,则出现永久的接收不一致问题。因此,需要基于整个系统以及其安全性需求,分析不一致的消息发送、对不同应用发送次数不同等情况。

在使用确认向量或者确认位的网络中,不一致的接收也可能产生系统级的影响。如果确认机制只是基于部分节点的行为,那么设计会导致不一致的发生。例如,隐性的或者显性的物理层确认,一个接收器即足够标识一个显性状态,确认活动仅仅是一部分接收器的行为。或者基于部分接收器的接收状态进行确认的机制,如后续一个或两个节点的接收状态,也可能受到不一致性接收的影响。

由于收到 NAK 或者未收到 ACK 而进行消息重传,可能影响网络的性能以及最大负载,但是应保证不会导致网络超出带宽和时间上的要求。因此为了限制网络负载,应该对重传的次数进行分析,通过对重传进行计数或者限制在一个时间范围内,保证重传次数有界。

确认错误会影响应用层错误处理或异常机制,例如错误程序的调用导致处理器额外的开销,应分析所增加的工作对安全性的影响。

因此,确认机制应该在各种故障场景下都能适当地工作。确认机制应考虑如下问题:确认机制的影响是什么? 是否支持容错? 是否基于假设的故障模式(非一致性、拜占庭问题等)对确认机制进行分析? 这些故障的影响是什么? 针对这些影响是否采取了适当的补偿措施? 性能分析中是否对 NAK 和消息重传进行了分析? 是否基于重传对性能的影响分析定义了重传次数的上界? 确认错误对应用的影响是什么? 这些影响是否有适当的边界,例如对于处理器负载影响的边界? 如果不支持确认,那么对于超过至少一个周期没有接收到的周期性消息,协议是否支持新旧标识?

3.2.4　应用服务

当前的数据网络技术包含了众多可以被使用的应用服务。所有服务都应根据安全性评估的要求进行分析。例如最简单的,缓冲管理机制相关的属性应与应用的假设相一致。新一代的网络还采用了表决或者余度管理的技术,如 ARINC 664P7。

3.2.4.1　主机接口管理

缓冲管理需要考虑消息对网络的访问次序、分区需求、网络接口缓冲的性能以及对主机的影响等。

1）客户端缓冲队列管理

缓冲管理可能会对系统产生影响，例如在消息有优先级的情况下，可能发生系统级的优先级翻转，CAN 总线即可能出现这个问题。CAN 总线有一个保存了大量消息的优先级消息队列，以及一个只是用来保存两个最高优先级消息的中间缓冲区。保存最高优先级消息的中间缓冲区用于进行总线仲裁，从该缓冲区取出消息进行并串转换以及发送到总线上，称为发送缓冲。发送缓冲通常是双端口存储器，其中的一端用于消息发送，另外一端用于写入从优先级消息队列中选择优先级最高的消息。考虑如下的情况，一个高优先级的消息（优先级为 3）到达优先级消息队列，发送缓冲中一条消息正在发送，另一条是低优先级消息（优先级为 4）。发送缓冲中的优先级为 4 的消息需要被这条优先级为 3 的消息替换。上一条消息发送结束时，如果替换操作还在进行中，那么就会使另外一个更低优先级的消息（优先级为 5）赢得仲裁。可以证明，即使将发送缓冲修改为能够缓冲 3 个消息，类似的情况仍然存在。因此针对这种情况必须分析系统级以及安全性的影响。

本地的缓冲管理也会出现类似的现象，例如基于 FIFO 的优先级仲裁，如果仅仅是队头（head of line，HOL）消息竞争通信资源，那么 HOL 阻塞造成的性能下降是非常显著的。在最坏的情况下，节点可能不能访问网络，进而无法发送数据。在网络技术设计和评估中，需要考虑客户端缓冲队列管理机制对访问网络以及对主机的影响。

2）缓冲管理分区

在一个鲁棒的分区系统中，节点上运行的软件分区严格按照配置执行。如果节点上接收到网络数据时采用 DMA 控制器进行处理，则 DMA 控制器可能经常地打断运行分区的执行，影响软件任务的执行时间。除非在软件任务的执行时间计算过程或者在节点的体系架构中考虑这一点，否则软件可能超出执行期限。

缓冲区管理还可能导致分区违反。当系统中的节点运行多个不同安全性等级的应用并且共同访问共用的通信缓冲区时，对这个通信缓冲区的错误访问可能会导致严重的后果。软件分区可能会覆盖其他分区的消息，也可能使用了其他分区的网络资源，甚至一个分区伪装成其他分区进行数据的发送，除非严格控制对这个共用的通信缓冲区的访问。举一个简单但是可能不安全的例子，所有分区都能访问一段共用的地址空间，但是每个分区基于分配的缓冲范围定义了网络的源地址。对其他分区对应地址空间的错误访问，可能导致网络的错误寻址、伪装故障、数据覆盖等安全性问题。

另一个访问缓冲区的控制是网络和软件或主机处理器之间的协调，应该分析缓冲区管理并保证互斥访问。当状态区的交互由网络更新，而软件端更改或者读控制信息时，除非对数据区和控制区都进行访问控制，否则这种交互可能导致非预期的结果。例如消息发送时的原子写操作，在消息没有完全写入缓冲区之前不能开始发送，否则可能导致发送出的消息既包含当前消息的内容也包含上一个消息的内容。常用的双端口存储器更易受到这个问题的影响。

主机需要访问接收缓冲区，从网络接收输入的帧时必须限制或者控制主机的访问，否则可能出现数据不一致的问题。当主机读缓冲区时，如果帧接收发生阻塞，则可能产生系统级的影响，例如发送端请求重发。当网络收到帧并写入接收缓冲区时，如果主机端发送阻塞，则可能会增加软件的执行时间。采用双缓冲区的设计使得网络接收帧并写入一个缓冲的同时，主机可以从另一个缓冲读出帧，即乒乓缓冲，但需要考虑数据可用性方面的时延以及帧接收后的切换逻辑。

单个节点上设计良好的数据网络接口能够解决上述接收缓冲区访问的问题，但是对广播帧可能会有架构方面的问题。接收缓冲区的互斥机制在每个接收器上也许能够正确工作，但是由于缓冲区时序或者访问问题导致的网络数据不一致时主机不会接收消息，因此广播的原子属性可能会丢失。也就是说，接收器之间的时序差异可能导致不同接收器上的缓冲区处于不同状态，即便是从网络上接收到完全相同的帧序列。在必须提供原子广播(atomic broadcast)的系统中,网络还需要提供接收缓冲的一致性。这里的原子广播又称为全序服务(total order service),对于广播通信中的所有成员节点,信息按照相同的次序交付到节点上。

对于可能导致主机软件异常的网络错误也应进行考虑,确保不会干扰到主机软件的分区机制和时间分配。

3)缓冲管理的性能考虑

在网络选择过程中,应考虑缓冲管理的性能。传统的低速航空总线,如ARINC 429 和 ARINC 629,对于缓冲管理的性能要求不高,因为存储器访问时间和存储总线访问时间通常比数据复制和协调工作需要的时间快好几个数量级。随着航电系统中高速通信的出现,普遍对缓冲管理提出了性能要求。性能评估应当考虑网络和主机两端对网络的访问需求,存储器和存储总线访问时间,硬件提供的特殊支持,如内存的突发访问。

对于需要软件功能来协助数据流(如数据解封装、数据复制等)的网络技术,特别是独立配置、加载网络配置表与应用软件的条件下,需要考虑软件对改变网络配置的影响并且控制其在一定的范围内。在理想情况下,软件执行时间有合理的上界并且满足网络数据流最坏情况的假设。

4)主机接口设计与评估

通过以上的分析,在主机接口管理的设计与评估方面,网络协议对主机的接口应该提供保证的优先级、时延等特性,对于所支持的服务类型必须能够防止消息的丢失。

具体应该考虑的内容如下:是否分析了缓冲管理的影响,例如组合的优先级和缓冲管理引起的队头阻塞或优先级翻转?在混合关键的系统中,是否为每个分区提供通信的缓冲区,并且保证对其他分区不可访问?是否考虑了缓冲管理导致的潜在的伪装故障影响,例如一个软件分区伪装成其他分区?如何控制对缓冲区的访问,包括不同软件分区间的控制以及网络和主机软件间的访问控制？是否分析了不同关键分区对安全性的影响？是否分析了阻塞缓冲访问的系统级影响，例如增加软件执行时间和增大缓冲区？是否根据网络的需求对缓冲性能进行了分析，如网络速度和缓冲管理速度之间是否匹配？是否采取了措施来保证接收到的消息在被读走之前不会被写覆盖，或者这种写覆盖是可检测的并且能被系统合适地处理？

3.2.4.2 对应用层冗余的支持

1）主动冗余

网络可以向应用报告接收的状态，支持应用进行表决或者选择正确的值。这些机制应该基于其正确性进行评估，当状态指示出现错误时，会限制这些值的使用。

应用层的成员关系服务是一个在应用层进行冗余管理的机制。与网络节点层的成员关系服务类似，应用层的成员关系算法也要进行评估。典型的例子是 FlexRay 总线的网络管理向量。

在一些网络中，节点层和应用层的成员关系常常结合起来使用，支持消息的一致性处理和冗余管理，为应用的主动冗余策略建立基础。例如，NASA 的 SPIDER 架构中所用的 ROBUS 协议为网络接口提供表决后的消息数据，包含了对网络中错误数据的可见性。而 TTP 总线的一个版本中所采用的消息一致性策略，要求与大多数节点成员关系向量不一致的节点必须重新整合。这两种总线的成员关系在提供系统层面成员关系的一致性视角方面都是有效的，但是在报出错误时对系统资源的影响不同。例如拜占庭故障，SPIDER 架构的网络层能够有效地屏蔽，而 TTP 总线中基于监护所提供的拜占庭故障隔离程度，同样的错误可能导致多个节点重新整合。因此，需要对这些策略的边界效应以及对应用的影响进行分析。

在一些网络中，网络主机接口采用生命标记机制来支持应用层的成员关系和健康诊断。生命标记机制需要应用进行特定的操作来判断应用是否正确。根据这个操作的正确性，应用可能会被从成员关系向量中移除。因此，应该基于其在检测故障的有效性方面来评估生命标记的操作。考虑到正常运行时要求这个操作尽量简单，所以其能够检测的错误也是有限的。

2）被动冗余

一些网络采用了被动冗余的策略，例如多个冗余的网络节点共用网络带宽。网络向客户端通知被动冗余的状态也是需要进行评估的，如当前哪个应用在控制以及有多少个备用的应用在线。这些信息有助于检测可能出现的无备用应用。备用应用状态的同步服务也需要进行评估，以保证不会引入潜在的故障传播路径。通常网络需要一定的透明度来支持冗余节点之间的切换，并且应证明网络满足了所需的透明度。

3）提高完整性

一些网络的主机接口支持自检测对的主机配置，自检测对的数据要进行对比，一致则认为是正确的。基于自检测对的输入数据在计算之前即进行对比，否则即便两个都是正确的，自检测对的计算结果很可能出现偏差。自检测对还应评估其供电、共用存储器、共同的设计缺陷等是否相互独立。

4）应用层冗余的设计与评估

基于以上的分析，在对应用层冗余的支持方面，网络必须完全满足所声明的冗余管理机制的需求。应考虑的内容如下：应用的组成员关系服务是否分析了相关故障条件下的性能、可用性和完整性目标？成员关系或者类似服务的故障是如何覆盖的？在确定覆盖率时做了哪些假设，以及这些假设如何验证？应用层组成员关系服务的正确性和完备性假设是否与系统层假设一致？是否在系统层面分析了更新应用的时延影响？所提供的服务是否符合应用的需求？用于表决或者比对的冗余的各个部分之间是如何保证同步的？表决或者选择策略是否会导致某些故障模式下不同观察者看到不同结果？这些结果的不同是否在安全性分析中有考虑？是否存在可能影响选择逻辑的其他机制？针对这些机制是否分析了可能的非预期的交互？网络实现是否容易因为伪装故障而导致可能的冗余失败？被动冗余策略时，是否分析了故障条件下的控制移交,以及故障部分的状态是如何通知应用的?自检测对通信接口的两个部分是否在用于计算之前进行两个余度接收数据的对比?这种对比设计是否能够容忍拜占庭故障?自检测对的两个部分是否具有适当的独立性,例如独立的供电以及独立的存储器或者存储区?如果余度的总线上进行同样消息的发送,则这些余度复制之间是否交叉检查,或者是使用第一个认为有效的消息?如果余度的总线上进行同样消息的发送,则这些复制是否在相同的时间发送,或者交错开来以缓解相关网络干扰的影响?

3.2.4.3　时间服务

数据网络可能会支持时间应用服务,包括时间戳和时间中断。当数据网络的时间服务设计鲁棒性不够时,时间服务的质量会受到负面的影响。数据的时间戳使应用能够确定数据的新旧。也有些时候仅需要消息的先后次序,也就是说应用需要知道哪个数据比较新。应用还可以使用时间戳来计算两个数据采样之间的时间间隔,这会影响使用时间差的计算。一些应用会用到数据网络提供的时间中断,代替本地的实时时钟进行任务的调度。使用这个时钟源的优势在于它可以不受一些软件故障的影响,并且能够支持多个处理器之间任务调度的同步。

如果数据网络中的这些服务发生故障,不论是网络的内部故障或者是从客户端传播过来的故障,时间戳服务可能会导致计算过程使用错误的时间值作为输入,或者作为主机的任务时钟时可能会导致任务没有足够的时间来执行。

因此,时间服务应保证提供的时间戳、时间中断具有足够的可信性和鲁棒性。应考虑的内容如下:是否基于潜在的影响分析了时间服务的鲁棒性,例如时钟差异的影响?是否合适地缓解了时间戳和时间中断服务的故障影响,或者在应用数据算法的鲁棒性分析中包含了时间服务的考虑?如果协议采用了集中式时间服务,那么是否支持对时间主节点的失效切换?如果采用了分布式时间服务,那么在出现拜占庭时间故障等情况下,是否能够维持时间功能?

3.2.5 容错机制

一些网络技术具有容错机制来缓解网络部件的失效,例如监护和监控策略。在机载系统这样要求网络具有高可用性和完整性的应用中,这些机制是非常重要的。

3.2.5.1 拓扑容错

网络拓扑对于网络故障隔离区域或者空间相邻的故障有很大的影响,例如物理损伤可能会影响到飞行器的某个区域。

如果网络使用总线型拓扑,则总线路径上的任何故障都可能会破坏网络的可用性,即便网络信号不需要经过总线路径上故障的部分。与此类似,网络终端的故障可能会导致可用性的丧失,也可能使得网络容易发生拜占庭故障。当使用冗余的多个总线来提高网络可用性时,总线对于区域故障的易损性就显得特别重要。如果所有的节点都连接到所有的总线,那么在不同节点的接口的位置,所有总线都需要物理上相近。这个接口位置的失效,可能会破坏所有余度的总线通道。同样,当一个节点发生某些失效时,例如火灾,也可能会破坏所有与该节点接近的总线。因此,在评估总线型网络的适用性时,必须采取措施保证网络技术或者网络架构能够缓解区域故障的影响,要么将总线隔离,要么将网络节点的接口隔离。隔离设计还必须分析所带来的副作用,考虑其对物理层性能以及可能的拜占庭故障等的影响。

网络使用中间节点时,可能在区域的容错方面表现更好,因为在这种拓扑中通过点对点的传递减轻了物理层的影响。然而,必须要考虑这些中间节点的放置以及数据路径的规划,因为网络技术会关联到飞行器的架构,例如不需要将两个冗余的中间节点放置在同样的位置。

因此,在拓扑容错方面,余度的网络部件必须物理上隔离,防止由于物理设备损坏、电源丧失以及介质故障等造成的相关网络故障。应考虑的内容如下:网络是否容易受到空间相近故障的影响,例如在一定距离内的物理损坏? 单个设备的故障是否会将故障传播并毁坏整个网络,例如一个故障能否导致在冗余网络路径上同时发生 Babble 故障？在端设备出现 Babble 或短路等故障的情况下,通信路径是否能够保证足够可用性？交换机等公共网络资源的放置,相互之间是否有足够的距离,以保证不易受到物理损毁、空间相近等故障的影响？系统中冗余的资源是否连接到不同的电源？

3.2.5.2　监护策略

一些网络技术通过监护策略来遏制节点故障,这些监护能提高网络的可用性,但监护本身的实现以及性能必须进行详细的评估,验证其适用的覆盖范围以及独立性。

监护有多种实现形式,可以是在节点本地的协议芯片上实现,或者是独立的芯片。此外,监护也可以通过网络的中间节点来提供。监护首先需要考虑的属性是其能够提供的覆盖范围,如监护能够遏制节点的哪些故障模式。出于成本等方面的考虑,监护通常关注节点故障的一个子集。例如,在低成本的 TTP 等 TDMA 网络中,本地的总线监护机制仅仅是针对时间窗口。提供的保护范围也限制到特定的网络模式,例如没有覆盖到网络的启动。由于时间窗口的监护并不能防止协议出错,因此必须采用其他的监护措施或者容错协议逻辑来缓解这些故障。

除了监护机制的覆盖范围,监护的独立性是另一个必须详细考虑的属性。在面向低成本的网络中,由于监护功能通常和通信控制器实现在同一个芯片上,因此难以证明其独立性。并且,监护机制与通信控制器存在一些共模故障,导致监护功能丧失或者降低。可以通过使用独立的时钟和晶片等方式来减少共模故障,在失效模式分析中对失效的独立性进行分析。电源也是一个相关性的因素。采用完全独立的物理监护的网络技术,需要做的分析会较少,认证的风险也更低。

除了物理上的独立性,还应考虑逻辑上的独立性。例如,如果监护功能依赖于主机控制器提供全局时间或者协议状态的同步,则会减小监护的覆盖范围。TDMA 的时间监护依赖主机提供调度的同步,当主机故障不能接收网络流量而一直尝试重启时,如果符合正确的启动过程,则监护会认为故障主机的操作是正确的。但事实上,它会一直干扰协议的执行,因此在评估网络和监护技术的时候必须考虑这些相关性。

为了弥补简单本地监护机制的缺点,有些网络技术提出了智能的中央监护机制。中央监护的智能程度取决于网络技术,包括从简单的时间检查到全协议层的管制等,例如协议的语义检查或者类似的消息管制。采用中央的保护机制使得监护更加智能,实现的成本也更低。但是,对监护机制的实现也需要进行评估,以保证这些机制能够提供足够的独立性和故障覆盖。对于监护不覆盖的协议故障和节点故障,必须使用其他的方式进行保护,包括容错的协议逻辑、客户端节点上实现的其他故障检测等。

使用基于中间节点的监护会引入目标系统上额外的限制。例如对于中央监护的双星型网络,如果中间的监护实现时缺乏足够的故障检测覆盖,那么就会很难界定监护的故障模式。因此,需要建立协议执行中监护出现故障的影响。例如当其他正常的监护都在不可用的状态时,一个监护故障是否会引起不可恢复的协议流错误,最终导致形成了多个 TDMA 派系? 如果是这样,则需要系统级的上电次序来保证在节点通信前至少有一个好的监护。此外,瞬态故障(如 SEU)对于监护机制的影响应该是有界的,因为这种故障可能导致正常的监护有足够长的时间不在线,所以在此期间故障的监护可能导致不可恢复的错误。

使用基于中间节点的监护时,应该评估其整合和启动的逻辑,以保证它对于端节点故障具有一定的容错能力。如果在不同网络通道上的监护使用共同的信号或者协议状态信息,则应评估在这种机制下单个通道上监护的失效影响。类似地,智能监护的自检测等也需要进行评估。

不论监护如何实现,为监护功能增加适当的容错能力有助于提供一些设计余量。如同协议的其他关键参数,这些容错必须考虑监护相关器件最坏情况的老化以及生命周期中的降级问题。建立适当监护参数的准则还应进行形式化证明以及验证。

　　总之,在监护策略方面,必须使用一些技术来确保单个客户端的单点故障不会导致整个网络的瘫痪。应考虑的内容如下:网络是否定义监护? 监护所需提供的覆盖范围是什么,即监护可以检测或遏制什么故障模式? 如何满足监护声明的覆盖范围? 是否考虑了系统的边界情况,例如启动或整合? 如何保证监护的独立性,包括电源、时钟、逻辑上的关联因素以及物理上的关联因素? 是否考虑了监护,特别是中央监护,潜在的边界效应? 监护对于在线监测的覆盖率是否有影响? 对于监护和被监护设备间的差异,例如不同的晶振,是否建立和量化了容忍的余量?

3.2.5.3　协议逻辑容错

　　网络中还可能包含协议流和算法的故障容忍策略,例如对协议状态信息或所需要的协议行为进行表决。这种表决可以有效遏制一个节点或者网络设备的协议状态故障的传播,例如前文所述容错的全局时钟同步。类似的策略可以应用在其他协议行为中,包括启动、重新整合和模式更改等。应该基于网络实现提供的覆盖率来评估这些协议机制的强度。例如,如果所有的节点都进行自检测,则只需要较低的协议状态容错能力,因为所有的协议错误都遏制在源端。类似地,如果监护机制能够遏制协议流错误,那么也会降低协议状态容错能力的要求。而如果没有建立合适的故障隔离或者覆盖,那么就必须要评估错误状态和地址信息对协议层的影响。

　　如果实现了协议逻辑的容错,则还需要分析其对协议算法的影响。任何协议级的机制都需要保证协议状态的一致来满足完整性的要求,以及需要冗余来满足可用性的要求。在双通道的系统中,可用性和完整性通常是一个矛盾的目标,提高协议完整性的机制可能会降低协议的可用性,例如在启动阶段遏制错误的逻辑可能会导致协议不能启动。

　　因此,在协议逻辑容错方面,协议必须保证协议逻辑和协议状态中的错误不会导致不可接受的完整性和可用性的降低。需要考虑的内容如下:协议启动阶段协议逻辑和状态是否会出现不匹配？如果出现不匹配，那么解决该问题的时间是否有界？网络协议逻辑是否依赖单个信息源，或者依赖于来自不同数据源的一致数据？针对潜在的节点故障，协议相关性是否依赖不同数据源来提高算法的鲁棒性？协议逻辑的完整性和可用性等级是否满足要求？

3.2.5.4 传输监控与自检测

网络可以通过监控或者自检测服务来提高故障检测和容错的能力。与监护类似，这些策略的有效性取决于实现的独立性和其覆盖范围。例如，CAN 总线具有错误检测机制，如果控制器的传输没有得到合适的确认，那么总线将被切换到被动状态。由于这个机制与通信部分是在同一个集成电路中，因此共模故障可能降低错误检测的作用。另外，这个方案还可能会引入故障传播，当一个节点接收到故障节点错误发送的 NAK 时，可能会进入被动状态。因此，在网络评估中必须要分析这类问题。

也有一些网络采用本地的回环策略，即节点通过本地的接收器监控自己的发送操作。这种策略需要分析拜占庭故障的影响，因为本地监控电路可能认为回环的信号是正确的，但是传输线缆上远端的节点可能认为信号是错误的，所以回环信号的状态有时候不能表示网络的状态。

利用多个网络接口电路相互同步并且交叉检查，自检测的配置也是一种监控实现方法，例如 ARINC 659 总线。当评估这种机制提供的覆盖范围时，对执行交叉检查和错误遏制表决的位置必须进行认真的分析。在 ARINC 659 总线中，检查和表决是在每个接收器上进行的，因此假设整个传输路径都被覆盖了。ARINC 659 的检查是独立进行的，以提高网络的可用性，两个控制器之间相互检查网络传输。与监护类似，应该对这种交叉检查的机制进行分析，使其有足够的余量来满足或者禁止这个检查，保证不会出现因传输被打断而导致的拜占庭问题。

因此，在网络协议的传输监控和自检测方面，协议必须能够可靠地检测节点以及消息传输过程中瞬时和永久的故障。需要考虑的内容如下：网络是否有本地的健康监控策略来检测节点状态？网络的这些监控策略是否有适当的独立性？网络的监控策略是否容易受到故障节点发送的错误状态的影响？网络是否使用了传输回环？基于传输回环是否分析了拜占庭故障问题？网络是否采用自检测对的配置？是否分析了自检测配置的覆盖范围和独立性？

3.2.5.5 重构和降级运行

网络技术可能会支持网络重构或者以降级的模式继续工作，例如一些物理层能够在差分通信通道失效一半的情况下允许网络在降级模式下继续通信。在降级模式下，需要对其性能（如 BER）进行评估，以保证能够满足一定的网络要求。检测和控制这种降级模式的协议机制，也应进行评估，验证其是否能够提供及时和准确的诊断。

IEEE 1394b 等协议在出现物理层或者节点路径的故障时，会重新制定网络路由来缓解。当系统采用这种协议时，必须评估这种机制的实现概率大小，以保证重构的时间是有界的。错误调用这种逻辑的相关问题，也要进行分析。包括这种逻辑的恢复机制，要确保节点在响应本地瞬时错误时，不是被永久孤立的。

因此，网络的重构和降级运行要保证在一定数量和类型的故障条件下网络必须提供足够的能力来满足需求。需要考虑的内容如下：故障节点是否会导致系统配置中正常节点被剔除，或者网络降级到一种比当前更差的模式？网络是否提供降级的运行模式？降级模式下，网络性能是否能够满足要求？网络降级模式的运行是否通知到网络的客户端？网络是否采用动态重构的方式设定路由？重构过程的时间是否有界？如果支持在线的重新整合，使用什么机制来处理间歇故障并且保证重新整合节点的健康？

3.2.5.6 潜伏性故障检测

在机载系统中使用的故障检测、隔离和恢复功能通常需要进行周期性测试，保证检测和恢复操作的有效性。而对于正常操作模式来说，这些检测和恢复功能通常都是透明的，因为没有故障就没有可见的动作。因此，如果不对这些功能进行测试,当它们出现失效时网络会在不知道的情况下失去保护,将这些机制的故障称为潜伏性故障。在网络评估过程中必须对网络潜伏性故障的检测机制进行分析。

考虑这样的情景:中间节点的监护功能出现短路,并且网络流量能够经过短路的监护而进行正常传输,这时系统无法察觉到监护的状态,另一个网络部件出现故障即可能导致系统的失效。类似地,网络部件的 CRC 计算电路出现故障并总是报正确时,所有的接收帧都被认为是 CRC 正确。

因此,在网络设计中建议使用一些模式和机制来帮助检测网络部件的潜伏性故障。但是,还应该对这些机制进行分析,以确保它们不引入故障,因为检测潜伏性故障可能会影响正常的网络性能。用于保证这些测试仅发生在安全的系统状态所采用的互锁、保护机制等,也需要进行评估。此外,还需对网络测试程序的覆盖范围进行分析,保证所有关键的网络机制都得到了适当的验证。

总之,对网络的潜伏性故障检测,必须保证潜伏性故障不会累积直至产生网络失效(可用性或完整性)的风险。需要考虑的内容如下:潜伏性故障的累积是否会破坏网络的容错能力? 一个潜伏性故障,例如故障检测电路不能报出检测到的故障,是否会导致网络失效? 网络是否支持对潜伏性故障的检测,特别是在网络客户端之中出现协议状态不匹配的情况下? 如果由每个客户端的协议来维护状态变量,在检测到第一个状态变量出错前,是否会有多个不相关的状态变量出错? 对于建立所有关键网络保护功能的健康状态,网络潜伏性故障检测的覆盖范围是否合适? 在网络技术中,是否采用适当的互锁机制来防止无意地激活测试模式?

3.2.5.7 冗余管理与选择服务

网络中可能会采用一些冗余管理和选择机制来简化应用层的容错,例如前文所述的自检测对配置就是一个例子,通过增加网络部件的余度来提高网络的完整性和可用性。在自检测对配置中,一对控制器协调一致地工作和发送消息,也就是在相同的时间点进行发送。根据所需的可用性目标,自检测可能需要两个或者多个自检测对。

网络冗余的另一种形式是基于三模冗余(triple modular redundancy, TMR)的表决机制。相对于自检测对配置的一对节点在相同的时间点发送消息,TMR 的节点总是在不同的时间点发送数据。因此,TMR 实现了一种时域的冗余。TMR 机制中的端节点在表决前,首先要将不同时间发送的消息关联起来,而自检测对配置中的端节点会选择完整性首先有效的消息,即一对控制器对比通过的消息。

网络选择应该考虑冗余机制是否适合它的需要。一方面,自检测对机制可能需要特殊的硬件支持来同步发送的消息,但是表决的时候简化为接收第一个有效消息。另一方面,基于 TMR 的系统可能不需要额外的硬件,在每个端节点上实现表决机制,以及对不同时间从不同主机收到的消息的管理(保存),然后再进行表决。

双余度要么提高可用性,要么提高完整性,即在出现单点失效时能够保证连续的网络服务,所提供数据的完整性包含了节点的源完整性,以及通信的完整性。此外,如果冗余是为了提高完整性,那么端节点应该对两个数据进行对比,一致则完整性满足要求,不一致则表明出现完整性丧失且应通知应用。而可用性方面,达到的可用性包含了发送/接收部件的可用性以及通信路径的可用性。网络提供的表决算法应该要与应用的假设进行对比,以避免不安全的操作。在 ARINC 664P7 中,冗余管理的目标是可用性,选择第一个语义上正确的帧,并且假设通信链路上的错误都会被完整性检测机制(如 CRC)检测出来。第一个语义正确帧的完整性受通信源端完整性的影响。双余度的接收如果出现了避过完整性检测机制未检测出的错误,可能会因为这个选择第一个有效帧的策略而导致数据的完整性问题。伪装故障是指故障节点假装是另外一个节点,它能够避过冗余管理,因为表决和选择操作所使用的多个输入可能来源于同一个故障区域。所以在网络的实现和机制中,需要分析伪装故障的影响。

网络也可以支持被动冗余的策略,例如多个冗余的节点共享同一个发送时间槽。当一个节点停止工作时,其他冗余的节点会接管控制权。在这种机制中,必须要考虑检测部件故障所需的时间。当一个冗余部件监控到其他部件发送消息过程中出错时,一部分的消息已经发送出去了。因此,接收节点会等待下一个发送消息。另外,对于主-备的网络机制,必须评估其在故障情况下取得控制权的能力,释放控制权的有效性主要取决于所采用的监护或者覆盖的策略。

总之,在冗余管理和选择服务方面,网络协议必须具备确定哪些节点作为有效网络节点的能力。需要考虑的内容如下:网络是否直接支持选择服务?网络是否为应用软件提供足够的机制来实现选择服务?这些选择服务是针对完整性还是可用性?选择服务的开销是不是可接受的?是否评估了选择过程中对于时域的影响?追踪成员关系变化的时间值是否足够快,以满足应用要求?成员关系或者选择服务中所做的假设是否合理?当成员关系中有效节点数目不一致时,有什么影响?

3.2.5.8 拜占庭故障

拜占庭故障以及拜占庭将军问题(BGP)从它的提出到现在已经有多年的历史,在容错技术的专业领域内也有大量针对拜占庭容错的算法和架构。随着安全关键的控制功能对于电子硬件和软件的依赖性越来越强,以及在控制系统中采用分布式处理的发展趋势,意见的一致性成了一个必要条件,必须对拜占庭相关的问题进行深入理解。对于这些类型的系统,容忍拜占庭故障是判断系统设计是否可信的重要依据。

拜占庭故障是不同的观察者看到不一样的现象。类似于亚稳态的问题,拜占庭问题是不可避免的,只能避免故障导致系统的失效。拜占庭故障可能发生在幅值域,例如一个数字驱动器产生的值为中间状态,生产工艺的偏差使得一些数字电路认为值为 0,而另一些认为值为 1。拜占庭故障也可能发生在时间域,例如在一个同步的冗余系统中,不论冗余通道上的同步精度有多高,总会存在一些时间偏差。在某个时间点,一个输入到达多个通道时,有些通道会认为这个输入是在某个时钟刻度之前到达，而另外一些通道可能会认为输入是在这个时钟刻度之后到达。如果这些冗余的通道在这个时间刻度对输入的值进行表决，那么一些通道会使用老的值，一些通道会使用新的值，从而表决器认为一些通道出现了故障，即便事实上并未出现任何问题，这就是设计引入的拜占庭故障。

BGP 是由拜占庭故障引发的系统失效。如果多个观察者不需要任何相互的协调，那么就不会发生 BGP。而一旦观察者需要通过某种方式进行协调，或者由于容错的需求，它们的行为需要通过表决等进行对比，则可能会产生 BGP。

大多数传统的故障隔离技术都无法解决拜占庭故障的问题。已经证明，为了容忍 f 个拜占庭故障，需要 $(3f+1)$ 个故障隔离区（FCR）。因此，简单的 3 余度系统不能容忍 1 个拜占庭故障，不论这个设计多么优秀。而为了容忍 2 个拜占庭故障，系统需要 7 个 FCR。

消息的一致性交互是数据网络提供的一个服务，用来保证出现拜占庭故障时的一致性接收。拜占庭故障表现为不同节点对于消息通信有不一样的观点，不管是没有消息还是消息有不同的数值。除非网络提供了针对故障隔离的源端覆盖，否则无法诊断出现拜占庭故障的节点。

端节点上的任何表决机制都可能会有不同的输入集，原因可能是拜占庭故障导致数据不同，或者节点本地的瞬时故障导致了错误但未检测出数据。任何表决、TMR 或者其他的逻辑都可能会选择或者表决出不同的值，包括可能是从正确节点发出的值。应用评估时必须要考虑这些问题的影响。

即使使用了某些源端的覆盖措施，例如自检测，表决或者选择机制仍然可能会导致不同的选择结果。类似地，采用主-备设计的网络实现，可能会因为节点故障或者瞬态故障而发出一个错误的帧。从主节点切换到备份节点也可能会出现故障，因为有些节点正确接收了主节点发出的帧，而另外一些节点没有接收到。如果备份节点正确接收到主节点的帧，那么可能不会发生控制切换。

这些情况也必须要考虑。

有些设计采用 CRC 或者密码签名等编码技术来解决拜占庭问题。这些解决方法假设某些故障行为不会出现，但是必须能够提供相应的原理或者机制来保证这一点。

需要容忍拜占庭故障的网络可以通过拜占庭过滤来缓解拜占庭故障。拜占庭过滤将拜占庭输入信号转换成一致的错误或者正确信号。在这样的系统中，拜占庭过滤的特性及其影响是一个关键的问题。

网络协议必须基于声明的故障模型进行评估，并且故障模型必须符合系统的架构要求。在拜占庭故障方面需要考虑的内容如下：网络是否声明可以容忍拜占庭故障？网络是否针对容忍拜占庭故障进行了分析？容忍拜占庭故障对完整性和可用性的影响是什么？如果使用混合的故障模式，是否分析了在不同故障场景下不同类型故障（如拜占庭故障、遗留故障等）发生的相对比例？是否合理分析了拜占庭容错算法并证明了其覆盖范围（拜占庭故障隔离属性）？是否证明了拜占庭过滤的覆盖范围？是否分析了故障模型对所有服务的影响，包括可能没有使用的那些服务（可以不包含确定不使用的服务）？

3.2.6　设计保证

3.2.6.1　标准和符合性

在机载网络的设计中，如果使用了开放的规范和标准，则可能会让认证局方更加容易接收。网络规范的质量也直接影响网络的关键技术属性。机载网络设计推荐使用开放的规范和标准，因为这些协议机制是经过了学术界、工业界的充分分析和讨论，包括形式化验证。然而，对于不是专门为安全相关环境设计的网络技术，应用时还是要注意详细审查规范的完备性。这样的标准通常仅列出了正常的操作模式，而对于协议错误行为、降级运行模式等方面考虑不够。网络规范的评估应该包含完备性的分析。

在完备性方面采用 COTS 协议的另一个问题，是在协议规范下的实现途径和方法选择。因为 COTS 供应商之间出于竞争的考虑,对于 COTS 的解决方案可能不会完整地进行描述。所以一些关键的实现选择可能不会公开,进而对机载网络的研制造成影响,因此必须详细理解和分析协议每一层的交互。在进行网络评估时,需要考虑适用设计信息的可用性。

采用开放的标准和规范,对于协议的符合性测试也是有利的。特别是多个供应商提供网络技术的时候,能够帮助确定互操作上的问题。这些考虑,以及规范的完备性,都关系到符合性测试的完备性。例如,是不是所有的操作模式都覆盖了? 是否包含了异常和错误响应?

除了完备性,规范的正确性也是非常重要的。使用形式化方法,以及针对协议算法开发符合性证明,能够完全地验证算法行为,能提供有效的保证手段。然而,审查符合性验证时,需要根据真实的异常和行为对支撑符合性证明的假设进行完整的分析。类似地,还应分析符合性验证的组合性,以保证不同协议算法之间的交互,例如成员关系服务和时钟同步。对于 TTP 等协议,形式化证明还需要评估协议中的相关性。协议算法的形式化证明能够提高协议正确性的信心,使得网络更具吸引力。

非形式化的验证,例如随机的故障注入,可能也可以提高对于网络架构的信心。但是,故障注入测试得到的结论需要进行详细的检查,深入分析故障注入的效果与网络实现的关系。例如,在存储器有奇偶校验以及没有奇偶校验的情况下,分别对通信控制器进行重离子的故障注入。无奇偶校验时,这样测试能够检查系统架构的性能。在 TTP 的故障率(failure in time,FIT)研究中,这个测试已经验证了拜占庭故障对于架构的影响,因为指令存储器中的位翻转导致传输时间的轻微偏差。但是对于控制器中所有 RAM 采用了奇偶校验的情况,同样操作的效果可能就不会这么明显。这是因为,奇偶校验的检测机制可能导致了校验错误导致的故障-停止,从而盖过了其他的设计缺陷。

总之,在标准和符合性方面,网络技术和网络协议必须进行明确的定义和分析。需要考虑的内容如下:网络技术是否采用开放的规范? 经过标准化的规范对于开放的工业协会是否可用？网络规范是否完备？网络技术是否描述了网络所有的操作模式,包括故障节点操作和相关的故障恢复行为？网络规范对于所需的协议行为是否进行了足够详细的说明？网络技术是否具有公开发布的符合性测试准则和方法？符合性测试准则是否覆盖了所有的网络协议行为,包括故障诊断和故障恢复？网络技术的关键协议机制和算法是否经过了形式化验证？用于支撑形式化验证的假设是否经过了审查,以保证这些假设与真实环境相一致？协议的机制以及相关的形式化证明是相互独立的还是相互关联的,是否可组合？网络技术是否采用了其他的确认活动？对于所有重要网络机制的关键行为,故障注入是否包含了足够的可见性？在这些活动过程中出现的异常和故障是否进行了适当的缓解？

3.2.6.2　设计余量

在前文讨论的物理层和数据链路层,对于所选择的网络技术,也需要一些设计保证措施来建立适当的设计和安全性余量。在系统的整个生命周期,都需要建立和证明这样的设计保证措施,并从若干个域来建立安全余量的评估,例如最坏情况的设计参数和网络负载下信号的时域、值域。

对于物理层的属性,这意味着需要根据它们的余量和对安全性余量的贡献来对相关的影响因素进行分析。物理层的这些属性可能包含采样余量,这个余量应当假设在最坏情况下的负载、器件老化(如时钟长时间的稳定度)、环境温度的范围等条件,在整个产品的生命周期内收发器的偏移。

总之,针对设计余量方面的要求,应该提供可审查的证据。在最坏情况下,是否建立了网络的设计余量？是否标识了网络设计余量相关的所有因素？

3.2.6.3　配置表

除了网络实现的设计正确性,网络配置参数的设计正确性也是需要关注的一个内容。特别是在配置表的参数会影响网络协议的算法级行为的时候,例如时钟同步的时序参数以及传输时延的参数。在这种情况下,参数会严重影响协议的性能。这些参数配置的错误可能会使算法正确性的形式化证明无效。类似地,可能会使用一些工具来建立网络管制策略的参数,例如消息传输速率的限制以及最大的消息抖动。由于这些参数的正确性会严重影响网络性能的假设,因此在评估一个网络是否适用的时候,必须要考虑用来保证网络配置参数正确的严密方法。在理想情况下,网络操作的所有关键参数都有详细的正式需求和能够追踪到网络功能行为、假设和需求的不变量,其追踪性可以帮助检查所提供的指南是否完备。

网络也可能提供用于帮助网络配置和相关验证的工具。考虑到现代网络技术的规模和复杂性,通常这些工具是非常必要的,同时还能够生成二进制的配置表。如果在网络配置数据的生成和验证过程中使用了网络工具,那么在评估网络技术的适用性时,也需要对工具的开发进行检查。如果工具生成的协议配置参数在后续的过程检查中不会进行验证,则生成工具必须按照 DO - 178 对于开发工具的指南进行鉴定。而如果工具仅仅是简单地对网络配置参数进行验证,则要求不那么严格,只要符合 DO - 178 对于验证工具的指南即可。网络配置数据流生成、验证的路径需要进行评估,保证工具链中具有适当的独立性,避免出现共模的工具失效。在理想情况下,需要根据通过审查的网络相关功能数据流的需求以及形式化的网络配置约束和不变量来定义配置检查工具。

对于现代的一些异步网络,如 ARINC 664P7,网络配置的规模很大,且端到端的时延、抖动等性能难以分析和确定上界。端节点之间网络层的交互、交换的实现以及网络管制策略等都非常复杂,导致对网络性能的分析也很复杂。尽管如此,还是要有能够分析性能的上界、网络最坏情况下的行为等的程序或者工具,以满足认证的要求。因此,在评估这样的网络时,必须详细考虑可用的分析工具的能力和成熟度。类似地,包含复杂 MAC 交互的网络技术也可能涉及复杂的端到端性能的计算。此外,还需要考虑网络交互和相关的逻辑,如重试、排队机制等。而错误的节点行为以及诊断的时延也要进行分析,确定故障节点行为对于网络性能的影响。

对于高度集成、多供应商的系统,网络的工具可以帮助进行网络配置表的增量改变,允许增加新的功能和相关的数据路径并对之前的功能产生最小的影响。这一点是很有吸引力的,因为它能够减轻增量认证的工作。

因此在网络配置表方面,必须提供配置表正确性以及性能的证据。需要考虑的内容如下:是否建立了正确的网络参数和配置的准则?网络的配置准则是否能够追踪到网络功能、网络顶层需求或者网络规范?是否有工具支持网络的配置和验证?工具是否按照DO-178中对工具的指南进行了鉴定?是否建立了网络最坏情况性能分析的程序和准则?在最坏情况性能分析准则中,是否详细描述了MAC层的交互以及最坏情况的故障检测和重构?网络技术是否提供自动化的工具来进行最坏情况的性能分析?中间节点的缓冲区大小以及端节点的队列大小是否合适?性能分析的工具是否按照DO-178中对工具的指南进行了鉴定?网络技术以及相关的工具是否支持增量的配置更改?

3.2.6.4 监控和测试设备

随着现代网络越来越复杂,网络监控和观察的能力对于设计验证的支持非常重要。同样地,在网络各层注入故障的能力也是很重要的,能够测试网络冗余管理机制、网络顶层运行的应用的故障响应等。因此,网络测试设备的能力、可用性也是网络设计和评估中的一个重要考虑内容。在理想情况下,这些测试设备能够观察到所有网络节点的所有行为,包括网络的启动和故障恢复。测试设备的便携性也要进行考虑,因为经常需要用这些设备支持飞行测试。

如果测试设备需要应用于飞行测试,那么还应评估它是否能够保证其不干扰系统,并考虑其在有限的测试访问条件下监控整个网络行为的能力。相对于简单的总线,在一些现代的交换技术中,这样的测试访问要困难得多。因此,一些新的交换技术正在开发网络层面的可控制性和可观察性,以此来测试这些新的、更复杂网络的维护。同时,要尽量把测试设备所连接这些网络带来的入侵问题和保障的复杂性最小化。

因此,在网络监控和测试设备方面,应保证有足够的测试设备、网络访问点、机制、程序等,来保证网络正确的配置和正确的运行,包括在出现故障的情况下能够满足预期行为的要求。通过网络监控和测试设备的使用来建立认证的信心，这个过程不应导致观察到的数据无效，并且应表明监控和测试的操作符合网络运行的条件。需要考虑的内容如下：测试设备对网络技术是否可用？测试设备是否能在网络的所有运行模式下进行观察？网络测试设备是否具备足够的故障注入能力，来充分测试网络的故障检测机制？网络测试设备的使用是否保证不干扰飞行测试？监控整个网络的行为，需要多少个网络测试访问点？是否能够保证监控和测试设备不干扰网络运行？在不进行监控的时候，是否能够保证网络行为不变，即是否能够从监控或者测试的结论来推导出网络的正常行为？

参考文献

［1］AR - 09/24：Data Network Evaluation Criteria Handbook［S］. FAA，2009.

［2］AR - 09/27：Data Network Evaluation Criteria Report［S］. FAA，2009.

［3］ARP 4754A：Guidelines for Development of Civil Aircraft and Systems［S］. SAE，2010.

［4］ARP 4761：Guidelines and Methods for Conducting the Safety Assessment Process on Civil Airborne Systems and Equipment［S］. SAE，1996.

［5］DO - 178B：Software Considerations in Airborne Systems and Equipment Certification［S］. RTCA，1992.

［6］DO - 254：Design Assurance Guidance for Airborne Electronic Hardware［S］. RTCA，2000.

［7］DO - 297：Integrated Modular Avionics（IMA）Development Guidance and Certification Consideration［S］. RTCA，2005.

［8］田莉蓉.机载电子产品适航工程方法［M］.北京：航空工业出版社,2016.

［9］ARINC 664P2：Ethernet Physical and Data Link Layer Specification［S］. ARINC，2003.

[10] ARINC 664P3: Internet-Based Protocols and Services [S]. ARINC, 2009.

[11] ARINC 664P5: Network Domain Characteristics and Interconnection [S]. ARINC, 2005.

[12] ARINC 664P7: Avionics Full Duplex Switched Ethernet (AFDX) Network [S]. ARINC, 2005.

[13] AC 20 - 152: Advisory Circular on DO - 254 [S]. FAA, 2004.

[14] CAST - 16: Databus Evaluation Criteria [S]. FAA, 2003.

[15] AC 20 - 156: Aviation Databus Assurance [S]. FAA, 2006.

[16] DO - 160G: Environmental Conditions and Test Procedures for Airborne Equipment [S]. RTCA, 2010.

4

典型机载网络介绍

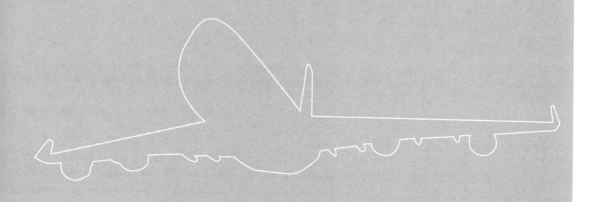

机载网络自出现以来已经广泛应用在各型飞机中,并且出现了很多不同类型的机载网络协议。这些网络各有优缺点,分别适用于特定的场合。尽管近年来基于成本等方面因素的考虑业界提出了统一网络的概念,但是目前为止空客A380 和波音 787 等先进飞机都没有真正实现统一网络,而是针对系统架构以及业务特点等要求采用了多种类型的机载网络。本章从最早出现的机载总线MIL‐STD‐1553B 开始,介绍一些常见的机载网络技术,包括通航飞机所使用的数据总线,逐个说明其协议特点和典型的应用。

4.1 MIL‐STD‐1553B 总线

4.1.1 概述

美国于 1973 年推出 MIL‐STD‐1553 协议《机载时分制指令/响应型多路传输数据总线》,标志着机载总线的出现。1975 年形成初始版本 MIL‐STD‐1553A,1978 年修订并于 1980 年进行补充形成 MIL‐STD‐1553B[1](以下简称 1553B 协议)。至今,1553B 协议已成为西方第三代战机的航空电子系统的通信基石,并成功应用到 F‐16、F‐18 和 B‐1 等美国的主战飞机之中,是军用飞机分立式航电发展到联合式航电的标志性特征之一。1987 年我国颁布了与 1553B 协议要求相同的 GJB289—1987 标准数字式时分制指令/响应型多路传输数据总线[2],又于 1997 年修订并颁布了 GJB‐289A—1997[3]。GJB‐289A—1997 在国内三代战机中取得了广泛的应用,大大提高了这些型号飞机的总体飞行与作战能力。

1553B 是一种可靠性高、抗干扰性强的数据总线,为军机各系统之间的数据和信息交换提供媒介,1553B 协议规定了机载数字式的时分制指令/响应多路传输数据总线的技术要求,以及总线的操作方式和总线上的信息流格式,同时对总线上设备接口特性和信号特性做了严格的规定。为了满足应用对总线实时性和可靠性的要求,需要在 1553B 协议的基础上增加应用层协议,如改进型静态总线控制(improved static bus controller,ISBC)协议,用于管理总线消息序列;1553B 总线由总线控制器(bus controller,BC)和远程终端(remote terminal,RT)组成,每个节点上包含 A 和 B 两路总线。采用主从模式,总线上所有消息的收发均由 BC 组织,结构如图 4-1 所示。此外,总线上还可以由总线监控器(bus monitor,BM)来监测总线通信,但是不允许发送消息。

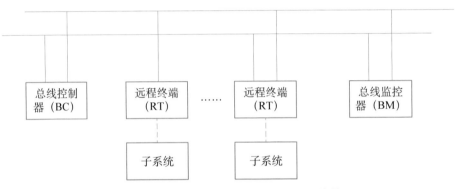

图 4-1　MIL-STD-1553B 总线结构

MIL-STD-1553B 总线的主要技术特点如下:

(1) 命令响应型数据总线,总线控制器根据预先定义的通信表组织整个总线的通信,保证确定性。但是与此同时,总线控制器的故障会导致整个总线的失效,因此在民用飞机中适用于控制系统的子总线而不是航电主干网。

(2) 单条总线采用 A 和 B 通道冷备份方式,即默认消息在一个通道传输,消息错误后在另外一个通道重试。且可以通过使用多条总线的方式进一步提高可用性和完整性。

(3) 除奇偶校验外,通信过程中以消息为单位进行错误检测,错误类型包括消息超时、非法字错误、间隔时间错误、字计数错误、同步头错误、非法命令等;错误检测由协议完成,由传输层进行错误处理。

(4) 理论和经验表明,未被检出的位差错率预计为 10^{-12}。如果个别信号需要比奇偶校验更好的位差错率,那么可在消息中增加额外数据字,对信号源和信号接收装置进行差错编码和解码。

（5）1553B 协议未规定时间服务特性，在实际使用中，一般通过扩展使用广播消息的方式，由总线控制器将时间信息作为数据字，广播发送给各远程终端。

由于 1553B 总线使用一个专用的控制器决定数据总线上的信息传输，对于民用飞机而言，人们感觉 1553B 总线的集中式控制原理不合适，难以适航取证[4]。因此，不适宜作为航电主总线使用。但是近年来，波音、空客等公司都在研究民用飞机中使用 1553B 总线的技术，例如在一些控制系统中，本身就是集中式的架构。相对于之前所采用的 ARINC 429 总线等技术，1553B 总线在性能、连接方式等方面更具优势。

4.1.2　协议介绍

4.1.2.1　字格式

1553B 总线规定每次传输一个消息的完整过程应包括指令字、数据字（或指令字和状态字）几个部分。每种字的一个字长为 20 位，有效信息位是 16 位，每个字的前三位为单字的同步头，而最后一位是奇偶校验位，采用奇校验的方式。有效信息（16 位）及奇偶校验位在总线上是以曼彻斯特码 II 型双相电平码的形式进行传输。每位占的时间为 1 μs，码速率为 1 Mbps。同步头占 3 位，或先正后负（指令字、状态字），或先负后正（数据字）。正/负电平各占 1.5 μs，即占同步头的一半。字格式如图 4-2 所示。

1）指令字

指令字只能由当前工作的 BC 发送，它的内容规定了该次传输消息的具体要求：其前 5 位是终端地址字段，指明 BC 要与哪个 RT 对话。T/R 位表明命令该终端是发送信息还是接收信息。子地址有 5 位，指明这批要传输的信息是从终端的哪个数据通信缓存区取出（T/R＝1），或是送至哪个数据通信缓存区（T/R＝0）。根据子地址的位数可知，接收缓存区和发送缓存区各有 32 个数

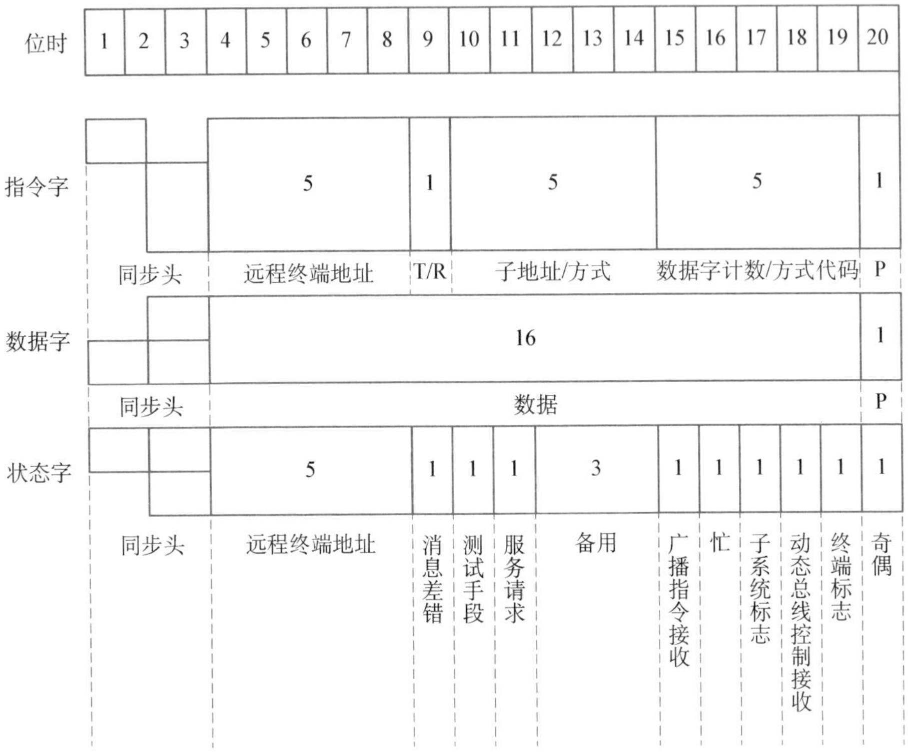

位时	1	2	3	4	5	6	7	8	9	10	11	12	13	14	15	16	17	18	19	20

指令字

| 同步头 | 远程终端地址 (5) | T/R (1) | 子地址/方式 (5) | 数据字计数/方式代码 (5) | P (1) |

数据字

| 同步头 | 数据 (16) | P (1) |

状态字

| 同步头 | 远程终端地址 (5) | 消息差错 (1) | 测试手段 (1) | 服务请求 (1) | 备用 (3) | 广播指令接收 (1) | 忙 (1) | 子系统标志 (1) | 动态总线控制接收 (1) | 终端标志 (1) | 奇偶 (1) |

图 4-2 MIL-STD-1553B 总线字格式

据缓存区。指令字中的最后 5 位是数据字字数字段,指明了指令字所规定的这一次数据传输所包含的数据字块长度。当指令字中的终端地址字段 RT=11111b 时,此指令字所命令的数据传输是对总线上的全部 RT,即以广播的形式传输,此时 T/R 位总是等于 0,要求各个终端同时接收由 BC 发出的数据。

2) 数据字

数据字既可以由 BC 传输到某个 RT,也可以从某个 RT 传输至 BC,或者从某个 RT 传输到另一个 RT。由指令字和相应的消息格式决定。

数据字是以同步头标志开始,后面是 16 位数据字,以最高位在前,最低位在尾的顺序排列。最后一位是奇校验位,覆盖范围为前面的 16 位数据字。

3）状态字

状态字只能由 RT 发出，是一个对 BC 发出的有效命令的回复信号，也是以同步头标志开始。由于在数据总线上，总是由 BC 发出指令字，而 RT 去判别其指令字。或者相反，是由 RT 为响应指令字的要求而发出状态字，而 BC 去判别其状态字。BC 与 RT 的分工自然决定了状态字与指令字的区别，因此两者采用相同的同步头并不会影响系统的判别和正常工作。当然，如果系统中存在一个第三者，例如由监视器来判别，仅仅由同步头就不能区别到底是指令字或者是状态字了。在这种情况下，还需要同步字以外其他位的特征来区别指令字和状态字。

状态字包含如下内容。

（1）终端地址位：状态字中的前 5 位，反映了响应指令字的 RT 地址。

（2）总线信息错误位：信息错误位置成"1"表明这次通信前 RT 所接收到的消息中有一个或多个字没有通过有效性测试，即上次通信中存在传输错误。

（3）测试手段位：用于供监视器区别指令字和状态字。

（4）服务器请求位：用于通知总线控制器，与之通信的终端请求异步服务。

（5）广播指令接受位：当前面的有效命令字是广播指令时 RT 地址为 31，要将此位置成"1"。标识上一广播指令是否已被终端所接收。

（6）忙位：忙位置"1"是向总线控制器表明该终端不能按照总线控制器的命令向子系统发送数据或者从子系统读取数据。

（7）子系统特征位：此位置"1"表明子系统存在故障情况。

（8）动态总线控制接收位：这一位是为系统控制之中总线控制器权力转让时而设置的。

（9）终端特征位：此位置"1"表明终端内部存在故障。

在状态字的有效性信息之中，共定义了以上共 13 位的具体含义。还有 3 位备用位的使用未加定义。

4.1.2.2　消息格式

在1553B总线中,共定义了10种可能的消息传输格式。如图4-3所示。

BC至RT传输
接收命令字
数据字#1
数据字#2
……
最后一个数据字
接收到的状态字

RT至BC传输
发送命令字
接收到的状态字
接收到的数据字#1
接收到的数据字#2
……
接收到最后一个数据字

RT至RT传输
接收命令字
发送命令字
发送RT状态字
数据字#1
数据字#2
……
最后一个数据字
接收RT状态字

不带数据的模式代码
模式代码命令
接收到的状态字

发送带数据的模式代码
发送模式代码命令
接收到的状态字
数据字

接收带数据的模式代码
接收模式代码命令
数据字
接收到的状态字

广播
广播命令字
数据字#1
数据字#2
……
最后一个数据字

RT至多个RT(广播)传输
接收广播命令字
发送命令字
发送RT状态字
数据字#1
数据字#2
……
最后一个数据字

不带数据的广播模式代码
广播模式代码命令

带数据的广播模式代码
广播模式代码命令
数据字

图4-3　MIL-STD-1553B总线消息格式

4.1.2.3　方式指令

当指令字中子地址为0或31(即0b00000,或0b11111)时,此指令不再是一般的数据通信,而是方式指令,即对系统进行诊断故障或系统管理的指令。此时指令字中的数据字字数字段定义为表示方式指令的方式代码,定义如表4-1所示。

表 4-1 1553B 总线方式指令

T/R 位	方式代码	功　　能	带数据字否	允许广播指令
1	0b00000	动态总线控制	否	否
1	0b00001	同步	否	是
1	0b00010	发送状态字	否	否
1	0b00011	启动自测试	否	是
1	0b00100	发送器关闭	否	是
1	0b00101	取消发送器关闭	否	是
1	0b00110	禁止终端标志位	否	是
1	0b00111	取消禁止终端标志位	否	是
1	0b01000	复位远程终端	否	是
1	0b01001	备用	否	TBD
↓	↓	↓	↓	↓
1	0b01111	备用	否	TBD
1	0b10000	发送矢量字	是	否
0	0b10001	带数据字的同步	是	是
1	0b10010	发送上一指令字	是	否
1	0b10011	发送自检测字	是	否
0	0b10100	选定的发送器关闭	是	是
0	0b10101	取消选定的发送器关闭		
↓		关闭	是	是
1 或 0	0b10110	备用	是	TBD
↓	↓	↓	↓	↓
1 或 0	0b11111	备用	是	TBD

其中所列的各个方式指令的作用如下。

(1) 动态总线控制:用于当前工作的 BC 把控制权出让给某个备份 BC 的控制权转让。

(2) 同步:这是一个不带数据字的同步指令,通常用于复位 RT 的定时器,如大周期同步。

（3）发送状态字：RT 发送与本指令字前（上一个有效指令字）有关的状态字，本指令字不变更状态字的状态。通常是在广播指令之后，BC 了解 RT 接收广播指令的情况。

（4）启动自测试：用于启动 RT 内部自检测电路。

（5）发送器关闭：用在双余度的总线结构中，使得与余度总线相关的发送器终止其发送能力。

（6）取消发送器关闭：用在双余度总线结构中，使得终端与此总线成余度关系之前已关闭的发送器重新启动。

（7）禁止终端标志位：使状态字中的终端标志位设置到一个强制的非故障状态（"0"状态），而不管终端的实际工作状态如何。

（8）取消禁止终端标志位：取消了之前方式指令的禁止终端标志位功能，允许 RT 在状态字的响应中反映出其故障情况。

（9）复位远程终端：令被寻址的 RT 复位到加电初始化的状态。

（10）发送矢量字：在 BC 工作过程之中，从状态字中获知 RT 要求的特定服务请求，以便为之服务。

（11）带数据字的同步：BC 不仅发出方式指令，而且还带有一个数据字。该数据字往往表示一个时间刻度的具体信息，如小周期信号，以便整个系统同步协调地工作。

（12）发送上一指令字：用于系统的故障处理和程序恢复，使 RT 返回一个状态字和一个数据字，而数据字内容实际上是此方式指令之前上一次收到的有效指令。

（13）发送自检测字：令 RT 向 BC 报告状态字和自测试的结果。

（14）选定的发送器关闭：用在多余度（冗余度大于2）的总线结构中，令被选定的发送器停止在总线上的发送。

（15）取消选定的发送器关闭：与前一个方式指令的作用相反，用在多余度的总线结构中取消关闭选定的发送器。

4.1.2.4 消息控制过程

在数据总线上,信息是按时间逐次进行传输的,构成有效信息的基本单元是"消息"。前面介绍过,1553B 总线有 10 种消息传输格式。大部分消息是按"同步"的方式进行传输。所谓"同步",是指那些以固定的顺序周期出现的消息。在典型情况下,一个主帧是由若干个小帧组成的,而一个小帧又包含若干个消息。大多数航空电子子系统间的数据交换是按固定的时间表进行的,采用同步的数据通信。

相对于"同步"通信,还有一种"异步"的信息传输,它是指那些不是必定在固定周期或在固定相位上要发生的信息通信。异步传输一般是由系统中随机出现的事件(如飞行员驾驶操作中的按键动作或者出现随机的故障)所启动或由其他事件请求所引起(如远程终端处的异步请求)。

4.1.3 物理特性

4.1.3.1 编码方式

1553B 总线信号以串行数字脉冲编码调制(pluse code modulation,PCM)的方式在数据总线上传输,在总线上传输的数据码为曼彻斯特Ⅱ型双相电平码,逻辑 1 为双极编码信号 1/0(即一个正脉冲继之以一个负脉冲)。逻辑 0 为双极编码信号 0/1(即一个负脉冲继之以一个正脉冲)。过零跳变发生在每一位时的中点,如图 4-4 所示。

4.1.3.2 总线连接

1553B 总线上的各个节点之间通过耦合器和总线进行连接,总线的两端有终端电阻,构成总线型的结构,如图 4-5 所示。

所有的主电缆及短截线均应是带护套的屏蔽双绞电缆,其线间分布电容不应超过 100.0 pF/m,每米应不少于 13 绞,电缆的屏蔽层覆盖率应不低于75.0%。在正弦频率 1.0 MHz 作用下,数据总线电缆的实际特性阻抗 Z_0 应在

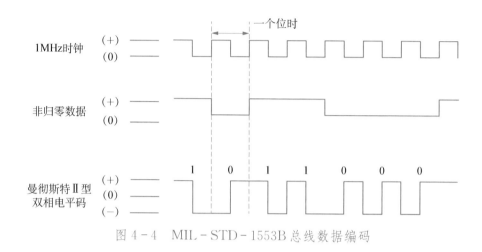

图 4-4 MIL-STD-1553B 总线数据编码

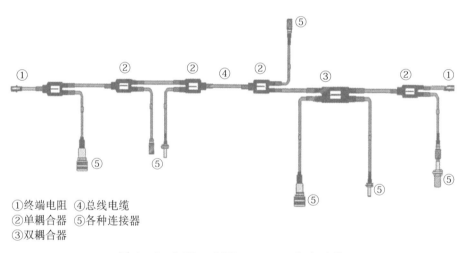

①终端电阻 ④总线电缆
②单耦合器 ⑤各种连接器
③双耦合器

图 4-5 MIL-STD-1553B 总线连接

70.0～85.0Ω 范围内,电缆的功率损耗不应超过 0.05 dB/m。主电缆的两个端头应各接一个阻抗值等于 $Z_0(1\pm2.0\%)\Omega$ 的电阻器。

电缆应采用耦合器与终端耦合,耦合器与终端之间的连接称为短截线,要避免使用过多的短截线,且短截线的长度应尽量短,不超过 6 m。耦合变压器匝数比应为 1:(1.41±3.0%),且较高匝数边在总线一侧,较少匝数在终端一侧。当频率为 1.0 MHz 时,耦合变压器的共模抑制比应大于 45.0 dB。

4.1.4 典型应用

在空客 A350 的飞控系统中实现了 1553B 总线在民用飞机上的应用。飞控计算机通过 1553B 总线连接作动器以及速率陀螺/加速计单元(RGAU),系统架构如图 4-6 所示。

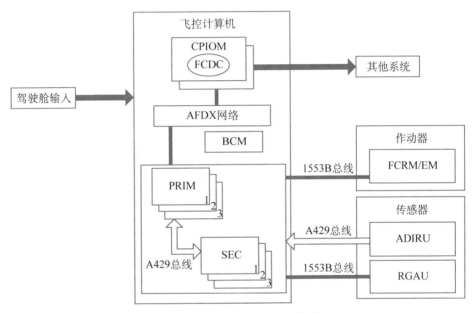

图 4-6 空客 A350 的飞控系统

ADIRU:大气数据/惯性参考单元;BCM:备份控制模块;CPIOM:核心处理 IO 模块;FCDC:飞行控制数据集中器;FCRM/EM:飞行控制远程模块/电子模块;PRIM:主飞控计算机;RGAU:速率陀螺/加速计单元;SEC:次飞控计算机

此外,TTP 协议的物理层也在研究 MIL-STD-1553B 总线技术,形成了 SAE AS6003/1 规范,但是尚未正式发布。将 MIL-STD-1553B 总线物理层应用到 TTP 总线中,可以支持鲁棒性的分布式系统开发,最多节点数为 32 个,总线长度最大超过 100 m。

4.2 ARINC 429 总线

4.2.1 概述

ARINC 429 总线协议是一个简单的点到点协议,由美国航空电子工程委员会(Airlines Electronic Engineering Committee,AEEC)于 1977 年 7 月提出,同时发布并获得批准使用,其全称为数字式信息传输系统(DITS),目前最新的版本是 2004 年发布的 ARINC 429 – 17[5]。该协议规定了航空电子设备及有关系统间的数字信息传输要求。国内于 1986 年发布了航空标准 HB 6096 SZ – 01 数字信息传输系统[6]。

ARINC 429 总线是第一个为民用飞机规定和使用的标准数据总线,20 世纪 70 年代末和 80 年代初应用于波音 757、767 以及空客 A300、A310 飞机上。它采用单向数据通信,设备之间使用双绞线进行连接,具有结构简单、性能稳定、抗干扰性强等优点。ARINC 429 总线的主要技术特点如下:

(1) 单发送器多接收器结构,传输无冲突,确定性好。需要接收器反馈或者确认时,必须另外建立总线连接。

(2) 每一个端到端的链路都是独立的,终端的故障不会相互传播。

(3) 必要时,可以通过两个或者多个总线构成余度的网络结构进行数据传输,提高可用性和完整性。

4.2.2 协议介绍

4.2.2.1 协议特征

ARINC 429 总线采用单向传输方式。信息只能从通信设备的发送端输出,经总线传输传至与它相连的需要该信息的其他设备的输入接口。当两个通信设备间需要双向传输时,每个方向上各用一个独立的传输总线。每条总线上可以连接数量不超过 20 个的接收器。

4.2.2.2 字格式

在 ARINC 429 总线协议中传输的基本单位是字（word），每个字由 32 位比特组成。双极型归零码信号中携带有位同步信息。发送每个字后有 5 位的时间间隔，以便于发送下一个字，即以 5 位的零电平时间间隔为基准，紧跟该间隔后要发送的第一位的起点即为新字的起点，这个间隔也作为字同步。

ARINC 429 字格式根据数据类型进行定义，例如通用 BNR 字的格式，如图 4-7 所示。一个字包含 5 个组，分别为标号 Label、源/目的标识 SDI、符号/状态矩阵 SSM、数据以及奇偶校验 P。

图 4-7　ARINC 429 通用 BNR 字格式

在传输过程中，除了标号外，其他字段都是最低位首先传输至总线，而在标号中则是最高位首先传输至总线，因此字在总线上传输的位序如下：

$$8, 7, 6, 5, 4, 3, 2, 1, 9, 10, \cdots, 32$$

各部分描述如下：

（1）标号 Label。标号定义了数据类型，用于识别二进制（binary number representation，BNR）和二-十进制（binary-coded decimal，BCD）数字内包含的信息，或者识别作离散、维护和 AIM（即应答、ISO 5 号字母表和用 ISO 5 号字母表表示的维护）数据用的字。标号一般用八进制数表示。

（2）源/目的标识 SDI。源/目的标识用于当需要将特定字发送给多系统设备的某一特定接收系统时，或者多系统设备的源系统需要根据字的内容被接收器识别时，对源/目的的标识功能。在两种情况下该字段不表示源/目的标识：一种是字母和数字（ISO 5 号字母表）数据字；另一种是根据分辨率需要，把该字段用作有效数据的 BNR 或 BCD 数据字。

（3）符号/状态矩阵 SSM。SSM 用于记录硬件设备状态（故障/正常），运行模式（功能测试），或者数据字内容（验证的/非计算数据）的有效性。

（4）数据。数据字段是总线上实际传输的有效数据，在 ARINC 429 标准中根据数据类型和标号定义了传输的数据的单位、范围、分辨率、传输间隔、有效数字、有效位数和填充位等。

（5）奇偶校验 P。奇偶校验用于检查发送的数据是否有效，校验计算包括该字的标号和信息共 31 位。在一般情况下，ARINC 429 总线选择奇校验方式。

4.2.2.3 数据类型

数据字是 ARINC 429 数据的基本信息单元，分为 BNR 数据、BCD 数据、离散数据、维护数据和 AIM 数据。

（1）BNR 数据和 BCD 数据。每个信息可根据系统要求采用两种数字语言编码的任一种：以 2 的补码小数记法表示的 BNR；或者依据 ISO 5 号字母表的数字子集的 BCD。也可以同时采用这两种数字语言编码。当使用两种数字语言编码的信息时，对每一种都必须分配各自的标号。

（2）离散数据。离散数据有两种表示方法。一种是使用数据字段的未用位来表示，其位分配的规则如下：首先给定第 11 位，接着按升序给定第 12 位等，直到离散数据结束为止，如图 4 - 7 所示；另一种是使用一个字来表示离散数据，通过通用离散字或者专用离散字进行表示。通用离散字占用 7 个标号（270~276），这些标号按升序使用，即从 270 开始用，直到 276 为止。

（3）维护数据。通用维护字占用 5 个标号（350~354），其使用也是按照升序，即只传输一个维护字时用标号 350；当传输超过一个维护字时，首先用 350，再按升序使用，直到维护信息结束为止。通用维护字内可包含离散数据：BCD 或 BNR 数据，但不包括 ISO 5 号字母表信息。

（4）AIM 数据。在 AIM 数据的三种应用中，都可以传输多于 21 位的数据包，源系统把要传输的信息分成几组，包含初始字、控制字、中间字、结束字等，每个字仍有 32 位组成。应答数据字的标号为 355，ISO 5 号字母表的数据字的标号为 357，含有 ISO 5 号字母表中维护信息数据字的标号为 356。

AIM 数据传输的特点是标号始终不变。

4.2.3 物理特性

ARINC 429 总线用的电缆是屏蔽双绞电缆，完成发送和接收设备之间的信息传输，传输介质固有的完整性保证几乎没有信息漏失。电缆线的两端和所有断开点都应该屏蔽接地。要求屏蔽双绞电缆两端及所有中断处接地，屏蔽层与靠近机架插座的飞机地线连接，以保证可靠接地。

传输速率分高低两类，高速工作状态的位速率为 100 kbps。系统低速工作状态的位速率应用在 12 kbps～14.5 kbps 范围内。选定后的位速率的误差应在 1% 范围内。高速和低速不能在同一条总线上传输。

在信号传输中，采用双极性归零制的三态码调制方式，即调制信号由"高""零"和"低"状态组成的三电平状态调制。对于信号的发送电路和接收电路的电平均有一定的要求。

4.2.3.1 电平

当发送器开路时，指定输出端（发送器对地处于平衡状态）给出的不同的输出信号应符合表 4-2 的规定。

表 4-2　ARINC 429 输出电平

特　性	高/V	零/V	低/V
A 端对 B 端	+10±1.0	0±0.5	-10±1.0
A 端对地	+5±0.5	0±0.25	-5±0.5
B 端对地	-5±0.5	0±0.25	+5±0.5

接收器输入端出现的差分电压取决于传输线长度、支线配置和连接的接收器负载个数。在没有噪声的情况下，接收器输入端（A 和 B）的正常电压范围："高"为 +7.25～+11 V，"零"为 -0.5～+0.5 V，"低"为 -7.25～-11 V。

实际上,这些额定电压将受到噪声和脉冲失真的干扰。在此情况下,接收器输入端的电压范围:"高"为$+6.5 \sim +13$ V,"零"为$-2.5 \sim +2.5$ V,"低"为$-6.5 \sim -13$ V。

4.2.3.2 阻抗

发送器输出阻抗应为$(75 \pm 5)\Omega$,并在线 A 和线 B 之间均分,使输出阻抗平衡。发送器的"高""零""低"输出状态以及这些电平间的瞬变过程期间都应该有输出阻抗。

接收器的输入端应具有如下特性:

(1) 差分输入电阻 $R_i = 12\,000\ \Omega$(最小值)。

(2) 差分输入电容 $C_i = 50$ pF(最小值)。

(3) 对地电阻 R_h 和 $R_g \geqslant 12\,000\ \Omega$。

(4) 对地电容 C_h 和 $C_g \leqslant 50$ pF。

(5) 包括 R_i、R_h 和 R_g 并联效应的接收器总输入电阻的最小值应为 $8\,000\ \Omega$(20 个接收器负载的最小电阻为 400 Ω)。

数据总线上连接的接收器数量不超过 20 个,并且每个接收器应采取隔离措施以确保当本接收器发生任何故障时,不会造成其他接收器的数据损失。

4.2.3.3 容错

当接收器挂到一条正常工作的传输总线上时,应能承受加在终端上的下述稳定电压而不受到持续损坏:加在 A 和 B 两端之间的电压为 30 V 的交流电压有效值,或者加在 A 端和地之间的电压为± 29 V 的直流电压,或者加在 B 端和地之间的电压为± 29 V 的直流电压。

外部故障电压造成的发送器故障不应使其他发送器或者该传输系统中的其他电路的工作状态超出正常范围甚至失效。

发送器应能承受加在电路上的短路负载,而不遭受损坏。短路负载情况如下:A 端和 B 端之间短路,或者 A 端和地之间短路,或者 B 端和地之间短路,或者 A 端、B 端和地之间短路。

4.2.3.4 故障隔离

每个接收器应采取隔离措施，以确保当接收器内部的外场可更换组件或外部传输总线上的其他接收器发生故障时，不应使输入总线运行在超出总线标准的限制范围内（欠电压或过电压）。

每个发送器应采取隔离措施，以确保当外场可更换组件发生故障时，其输出电压不超过限制范围：A 和 B 两端之间的电压大于 30 V 的交流电压有效值，或者 A 端和地之间的电压大于 ±29 V 的直流电压，或者 B 端和地之间的电压大于 ±29 V 的直流电压。

4.2.4 典型应用

ARINC 429 总线的首次应用是在 20 世纪 80 年代早期，用于空客 A310、波音 757 和 767。大约有 150 条单独的总线连接计算机、无线电设备、显示器、控制器和传感器等，为这些飞机提供数据传输。这些总线大多数是低速工作的，只有少数以高速工作，以此来连接关键的导航计算机。

在双发动机的空客 A330 和四发动机的空客 A340 中，广泛采用高速率的 ARINC 429 总线，连接燃油控制、起落架控制、飞行控制、舱压控制、发电机控制、FADEC、飞行告警、中央维护等设备，实现飞机功能系统相互之间以及飞机功能系统与航空电子系统、显示器之间的数据通信。

国内 ARJ21 和 C919 中也都采用 ARINC 429 总线。

4.3 ARINC 629 总线

4.3.1 概述

虽然 ARINC 429 总线所采用的单发送器多接收器结构具有连接简单、确定性好的优点，但是同时也导致了系统复杂，并且在设备增多时电缆和连接器的数量、重量急剧增加。因此,波音公司针对7J7项目研究了一种新的数据总线——数字自主终端访问通信(DATAC),并被 ARINC 定义为 ARINC 629 总线。ARINC 629 总线是一种在航空系统各电子设备之间进行数字数据传输的航空工业标准。ARINC 629 标准包含两个部分:Part1 是技术描述;Part2 是应用指南。最初于 1989 年发布,最近的版本是 1999 年发布的 ARINC 629P1 - 5[7]。ARINC 629 总线采用总线型拓扑代替了 ARINC 429 总线的单发送器多接收器结构,使得系统的扩展能力大大提升,同时也将传输速率提高到 2 Mbps,具有更高的传输能力。另外,与 1553B 总线采用的集中控制策略不同,ARINC 629 是一种无主控机多发送器的广播式串行数据总线,支持的终端数目更多,一条 ARINC 629 总线最多可以支持 128 个终端。

ARINC 629 总线由一条传输总线和并行连接在总线上的多个机载设备组成,在总线上连接的每个机载设备都通过其内部的总线终端耦合到全局总线上。终端包含两个部分:串行接口模块(SIM)和终端控制器(TC),总线结构如图 4-8 所示。

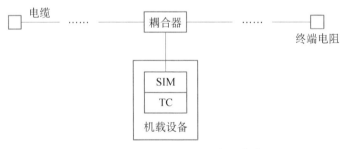

图 4-8 ARINC 629 总线结构

ARINC 629 总线的主要技术特点如下:

(1) 定义了一套通信机制,保证总线上所有用户终端能够基于通信配置实时有序地发送数据,避免总线冲突,而不是使用数据总线控制器对总线进行控制。总线通信具有确定性。

(2) 支持多条总线构成的余度架构,例如波音 777 中使用的三余度

ARINC 629 和四余度 ARINC 629,从而提高可用性和完整性,满足系统的安全性要求。

(3) 在 BP 协议中,支持基于小周期和大周期的消息传输,符合机载系统周期性传输的特点。

(4) 易于更新、改装或增加设备,总线最多可连接 128 个设备。

4.3.2　协议介绍

ARINC 629 标准定义的通信体系结构是以 OSI 参考模型为基础,主要实现 OSI 对应的物理层信号指令、数据链路层的介质访问控制子层(MAC)功能,不包含高层的协议。规范定义的具体内容包括总线的物理接口、总线的数据协议规定、数据字结构、数据帧结构、子系统状态描述原则。ARINC 629 总线通信层次结构如图 4-9 所示。

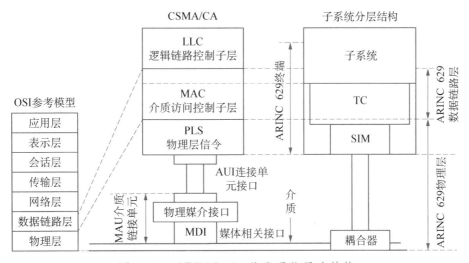

图 4-9　ARINC 629 总线通信层次结构

在 ARINC 629 终端中,SIM 和 TC 是关键的两个部分。其中,SIM 位于物理层;TC 具有编码、解码、接收、发送、故障诊断及码型转换等功能。ARINC 629 终端连接包括局部端和全局端,局部端与用户相连,而全局端通过总线耦合器连接在总线上,实现与其他终端的通信,如图 4-10 所示。

图 4-10 ARINC 629 总线终端结构

在数据发送过程中,从存储器中提取并行数据送入局部端,在全局端进行转换标识,并进行串行编码发送,最后通过耦合器耦合至数据总线上发送。总线上其他终端检测到总线上信息后,译码信息帧标签判断是否包含本终端需要的消息,若是,则数据被送入本地存储器空间;若不是,则数据被忽略。

4.3.2.1 帧格式

MAC 层的信息串由字串组成,一条消息帧可包含 1～31 个字串,每一字串由一个标志字及其后的 0～256 个数据字组成。物理层必须保证每一个字串连续编码字的位电平间没有间隔,这样一个消息帧最短就是一个标志字,而最长有 31 个标志字,30 个 4 位宽间隔,$31 \times 256 = 7\,936$ 个数据字。总线传输的消息帧由几个字串和字串间隔组成,而一个字串又包括 0～257 个字,其中首个字是 1 个标志字,紧随其后的有 0～256 个数据字,标志字和数据字都是 20 位字。

1) 字结构

标志字的长度为 20 位,由 3 位标志字同步格式码、16 位信息位和 1 位奇偶校验位组成。标志字的同步格式码是无效的曼彻斯特波形,波形宽度为 3 位,前一半为逻辑"1",后一半为逻辑"0"。

数据字的长度为 20 位,由 3 位数据字同步格式码、16 位信息位和 1 位奇偶校验位组成。数据字的同步格式码是无效的曼彻斯特波形,波形宽度为 3 位。与标志字同步格式码不同,数据字同步格式码前一半为逻辑"0",后一半为逻辑"1"。

奇偶校验位采用奇校验方式,对所有前 19 位进行计算。

2) 帧结构

ARINC 629 标准定义了 MAC 帧中各个组成的相对位置以及具体含义。

MAC 层消息帧格式分为以下字段：地址字段、数据字段、字计数字段、协议指示字段、帧检测序列字段。消息帧结构格式如图 4-11 所示。

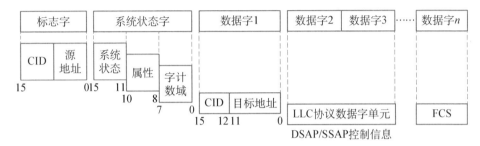

图 4-11　ARINC 629 总线消息帧格式

消息帧各个组成的说明如下：

（1）地址字段。每个消息帧中包括两个地址字段：源地址和目标地址。源地址由硬件 CID 以及一个类似于设备 ID 的标识符组成。目标地址是一个多播地址（如 CID-1111 表示所有终端有相同的逻辑地址，用来对总线上所有终端进行广播式传输消息帧），位于第 1 个数据字中。

（2）属性字段。表明该帧是否是一个与 OSI 兼容的字帧格式，该帧位于系统状态字的第 9 位，为 1 时表示与 OSI 兼容。

（3）字计数字段。说明在标志字后面的数据字的个数。当字计数值为 255 时，表明一个帧包括标识字、字计数字、目标地址字、具有 252 个数据字的数据字单元和 FCS；当字计数值为 0 时，则表明一个帧包括标识字、字计数字、目标地址字、具有 253 个数据字的数据字单元和 FCS。

（4）数据字单元。包括了源终端要发送给目的终端的信息。

（5）FCS。FCS 保存在帧的最后一个字中，其数值通过计算以源地址、目标地址、字计数和 LLC 子层数据为内容得到，采用 CRC 校验。

当至少发生这三种情况之一时：长度与字计数值不一致、不是一个完整字串或 CRC 校验错误，则认为所传输 MAC 帧无效，无效的 MAC 帧不会被传送给上层。

4.3.2.2　MAC 层协议

MAC 层的主要功能是介质访问管理和数据封装,包括数据组织、地址标记、故障检测等。MAC 层协议包括基础协议(basic protocol,BP)和混合协议(combined mode protocol,CP)。两种协议不兼容,在同一条 ARINC 629 总线上只能使用一种协议。下文分别介绍这两种协议并做简单的比较。

1) BP 协议

BP 协议是双模式协议,实现总线周期性数据传输和非周期性数据传输。BP 协议的实现主要是依靠 3 个时间控制参数:传输间隔(transmit interval,TI)、同步间隔(synchronization gap,SG)、终端间隔(terminal gap,TG)。总线上数据传输过程由每个终端的 TI、SG、TG 这 3 个协议定时器控制。对于一条 ARINC 629 总线,总线上所有终端的前两个参数都是相同的,只有 TG 在各个终端的设定值不同,它确定总线上的传输顺序。在 3 个参数中 TI 最长;SG 是第二长的时间段,它大于最大的 TG。总线上任一个终端在发送完一次数据后,必须满足下列 3 项要求,才能发送下一次数据,以保证总线上所有用户终端能实时有序地发送数据,避免总线冲突。3 项要求如下[8]:

(1) 必须等待一个 TI 之后才能再次发送数据。

(2) 必须在总线上检测到一段 SG 长度的空闲周期之后才能再次发送数据。

(3) 必须在总线上检测到一段位于 SG 之后的 TG 长度的空闲周期之后才能再次发送数据。

TI 值对所有终端而言都相同,取值为 0.5～64 ms,即在 2 Mbps 总线速率下 1 000～128 000 个位周期的时间。

终端一旦传输完成必须等待 TI 时间后才能再次进行传输。SG 在总线空闲输出的瞬间开始定时,在 SG 定时结束之前一旦总线上活跃则复位,一旦 SG 计数结束,即使总线上活跃也不会复位,它仅在自己的终端开始传输时复位。

TG 则在 SG 结束后且总线上不活跃时才开始计数。与 SG 不同的是,TG

计数器结束计数后，它会由于总线活跃而复位。TG 和 SG 在时间上不能重叠，是连续运行的。由于 TG 各不相同，因此各终端依次获得传输机会，只要 TG 的分辨率足够大，各终端不会发生冲突。对于 TG 和 SG 设定应根据总线负载能力确定。

当总线上的两个终端同时开始传输而导致冲突时，会启动冲突恢复机制。其操作过程如下：检测到冲突的终端，在它们的 TI 计数器结束后，再次尝试传输之前，重新对各自的 TG 计数器计数，由于各终端的 TG 值不同，因此不会再次发生冲突。

在 BP 协议下，总线既可以工作于周期性模式，也可以工作于非周期性模式。在周期性模式下，与总线上的正常数据传输联系的有两个事件：小周期（minor frame，MIF）和大周期（major frame，MAF）。MIF 可用于描述终端定位或总线定位的事件。当终端开始周期性传输时，一个旧的 MIF 结束并开始一个新的 MIF。而 MAF 是由一连串特定的 MIF 组成，当一个 MIF 中的信息帧开始重复自己时，旧的 MAF 结束并开始一个新的 MAF，通常它是一个与终端有关的参数，但是也可以用来描述总线的操作。BP 协议周期性模式如图 4 - 12 所示。

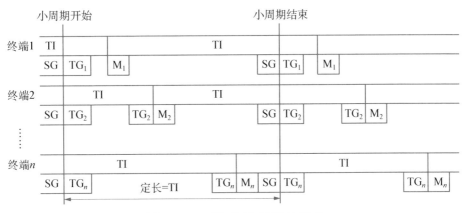

图 4 - 12 BP 协议周期性模式

在非周期性模式下，每个小周期内包含被各个终端 TG 隔开的各个终端的数据传输序列，以及随后用来同步的 SG 时间段。终端访问总线的顺序在所有小周期内是不变的,顺序严格按照各个终端 TG 的递增顺序,即总是按照 $TG_1 < TG_2 < \cdots\cdots < TG_n$ 的顺序。因为非周期性模式是用来处理周期和非周期两种数据传输的,所以要有某种机制来保证在小周期内各个终端的同步。SG 时间段就是用来提供这种同步功能的,但是它同时也引入了变长的小周期。BP 协议非周期性模式如图 4 - 13 所示。

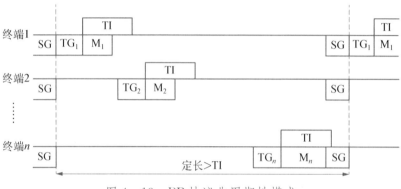

图 4 - 13　BP 协议非周期性模式

2) CP 协议

CP 协议是 BP 协议的改进,它是由 British Aerospace 和 Smiths Industries 提出并发展而来的,目的是克服 BP 协议对于需要混合处理周期性和非周期性数据传输的一些不足。CP 协议可以在同一条总线上混合周期性和非周期性消息,并且可以为非周期性消息设置不同的优先级。

(1) 级别 1:周期性的数据。

(2) 级别 2:短且频繁的非周期性消息。

(3) 级别 3:长且不频繁的非周期性消息。

在 CP 协议中,级别 1 的数据传输是按照一个固定的顺序进行的,总线的周期时间也有固定的长度。在当前小周期内到来的非周期性传输要求,只能在所有的周期性消息完成之后剩余的小周期时间内进行传输,先是级别 2 的数据传输,再是级别 3 的数据传输,并且不保证每个小周期之内都能进行级别 3 的非周期性消息传输。CP 协议消息传输如图 4 - 14 所示。

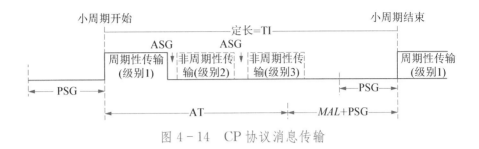

图 4 - 14 CP 协议消息传输

与 BP 协议一样,每个终端有一个相对于其他终端唯一取值的 TG。TI 只对每个小周期内级别 1 传输的第一个终端起作用,对于其他的终端,TI 时间段的作用被串联事件(CE)所取代。CE 在第一个终端 TI 计时完成之后,强制其他的终端取消未完成的 TI 计时。CE 的这种机制,导致在每个小周期开始的时候,其他周期性传输的终端只要等待总线空闲时间等于自身的 TG 值就可以访问总线。终端以一种尽可能密集的方式来访问总线,以留出更多的时间给余下的级别 2 和级别 3 的消息传输。

CP 协议定义了两种同步间隙:周期性同步间隙(periodic synchronization gap,PSG)和非周期性同步间隙(aperiodic synchronization gap,ASG)。PSG 用来对小周期进行同步,控制完全传输循环的开始。ASG 只在控制非周期性传输时使用,它用在小周期内级别 1 到级别 2 传输的同步转换,以及级别 2 到级别 3 传输的同步转换,在总线时间可用的情况下,也用来控制级别 3 传输在同一个小周期内多次获得总线访问权。ASG 在周期性传输序列结束之后检测到总线空闲时开始计时,过程中检测到总线活跃时进行重置。在每个小周期内,每个终端只能传输一个级别 2 的消息,但是在总线时间可用并且终端有传输需要的情况下,一个终端可以传输多个级别 3 的消息。MAL 是一个最长的非周期性消息(包括 257 个字)传输所需要的时间。

为了保证每个小周期长度的固定,CP 协议使用非周期性访问期限(aperiodic access time-out,AT)来引导下一个周期性传输,保证了非周期性传输在一个小周期内不能延后并且避免导致下一个周期性传输延迟的风险。级别 3 的非周期性传输允许跨越多个小周期，前面小周期中积压的级别 3 消息比当前小周期产生的消息具有更高的优先级。级别 2 的非周期性消息必须在当前小周期中传输，否则会被丢弃。

3）BP 与 CP 协议对比

BP 协议在实际中得到了广泛的应用，波音 777 飞机上 ARINC 629 总线使用的就是 BP 协议。BP 协议规则简单，稳定性好，可以工作在周期性模式或者非周期性模式下，并且可以根据总线的负载情况，自动在两种模式之间进行转换。

CP 协议作为 BP 协议的改进，在同一条总线上混合了周期性模式和非周期性模式。CP 协议根据设计应用在一个对不变频率的周期性数据和重要级别的非周期性数据通信都有弹性需求的应用场合中，允许最大限度地利用总线资源。CP 协议可以用在任何需要只传输周期性数据，只传输非周期性数据和传输两种数据的混合的终端中。

相对于 BP 协议，CP 协议提供的功能更加灵活，可以更好地保证系统的实时性，并且提高了总线的利用率，更容易满足快速发展的航空电子通信的多种需求。但是 CP 协议更加的复杂，拥有更多的控制参数，如果处理不好，可能会影响系统的可靠性。

4.3.3　物理特性

ARINC 629 总线的传输速率为 2 Mbps。总线使用曼彻斯特双向编解码方式，位保持时间内信号由负变为正表示逻辑"0"，信号由正变负表示逻辑"1"。

规范定义了三种类型的物理层实体和介质来完成数据传输功能：电流模式、电压模式和光纤模式，其中电流模式最为常用。为尽量降低外界的干扰，使用双绞线作为系统间的连线，采用电流模式将耦合器（CMC）连接到总线。CMC 的功能是将总线上的信号耦合至子系统分支电缆上或分支电缆上信号耦合至总线上。CMC 通过 SIM 模块提供工作电压，它可以在任何电压极性下工作，一般有 4 个接线端子，即一对输入通道 RSA/RSB 和一对输出通道 TSA/

TSB,双冗余收/发信号通道的设计提高了总线的容错能力。

　　SIM 是连接 TC 和 CMC 之间的接口器件,通过分支电路与总线上的 CMC 连接。SIM 模块的基本功能是把 TC 发送出来的曼彻斯特双向电平逻辑信号转换为模拟信号,然后由连接到总线上的 CMC 将模拟信号耦合至总线上;以及将从 CMC 中接收到的模拟信号转换为曼彻斯特双向电平逻辑信号,然后送入 TC 中进行处理。

　　SIM 控制 CMC 的通道选择,并提供故障冗余操作。SIM 具有波形监视功能,该功能检查每一个传送的字节信号在返回其 TC 的路径上的波形、振幅和极性。SIM 通过调节子系统所提供的 ±15 V 电压来控制为 CMC 提供的功率。它能够控制 CMC 的电源极性,具有检测 CMC 电源过流能力,在过电流发生时,SIM 会切断 CMC 电源。

　　SIM 中有 BIT 机内故障诊断功能,判断 CMC 的状态,检测到的故障信号可传输给 TC。

4.3.4　典型应用

　　ARINC 629 总线技术是为了解决传统 ARINC 429 总线单发送器多接收器结构线路冗杂的弊端而提出的,成功应用在波音 777 飞机上,支持了波音 777 飞机上使用的电传飞控(FBW)和飞机信息管理系统(airplane information management system,AIMS)等系统。波音 777 飞机上的 ARINC 629 总线协议规定为 BP,当总线使用率达到 100% 时,数据传输将自动进入非周期性模式,非周期性传输模式是在过载条件下瞬态发生,传输结束后又自动回到周期性传输模式。

　　ARINC 629 总线的结构紧凑,功能完整,大大减少了波音 777 飞机的连接数量。与使用 ARINC 429 总线的波音 767 飞机相比,连接点由 4 860 个减少到 1 580 个,导线数由 600 扎减至 400 扎,所需导线的总长度由 115 km 减至 48 km,导线重量由 1 180 kg 减至 658 kg,从而降低了整个飞机使用的总成本。

　　基于 ARINC 629 总线的波音 777 飞机系统架构[4]如图 4 - 15 所示。

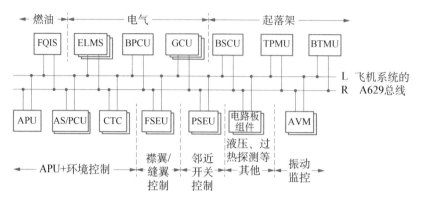

图 4-15 基于 ARINC 629 总线的波音 777 飞机系统架构

APU：辅助动力装置；AS/PCU：大气系统/功率控制单元；ASEU：襟翼缝翼电子单元；ATC：座舱温度控制器；AVM：机体振动监控器；BPCU：汇流条功率控制装置；BSCU：刹车系统控制装置；BTMU：刹车温度监控单元；ELMS：电气负载管理系统；FQIS：燃油油量指示系统；GCU：发电机控制装置；PSEU：邻近开关电子单元；TPMU：轮胎压力监控单元

4.4 ARINC 659 总线

4.4.1 概述

ARINC 659 总线是 ARINC 公司制定的一种背板数据总线规范[9]，1993年发布，用于实现满足 ARINC 651 定义的 IMA 机架内 LRM 间的通信，能够满足高数据吞吐量、严格的故障隔离、数据传输确定的综合化模块化航空电子系统要求。ARINC 659 总线是一个在时间（总线传输时间）上和空间（存储空间）上具有高容错性、高完整性的底板总线。

ARINC 659 总线是一个半双工传输串行数据的线性多点通信总线，系统由多个 LRM 模块构成，处理器模块与 ARINC 659 总线节点共同组成 LRM 模块，每个 LRM 模块之间通过底板总线进行数据通信。ARINC 659 总线体系结构如图 4-16 所示。

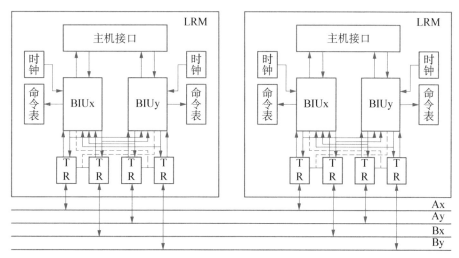

图 4 - 16 ARINC 659 总线体系结构

多个 LRM 模块构成 ARINC 659 背板总线体系架构,其中每个 LRM 模块功能包括主机接口功能、基本消息传输功能、主/后备消息传输功能、总线数据容错功能。其中基本消息传输在设计中适用于选取一个模块作为数据源,其他一个或多个作为目的源之间进行通信;在主后备消息设计中选用最多两个备用数据源、一个目的源之间进行通信。

ARINC 659 总线的主要技术特点如下:

(1) 基于多级同步机制,采用时间触发的通信方式,各个节点严格按照预先定义的通信参数进行数据传输,传输无冲突,具有严格的确定性。

(2) 采用表驱动比例访问协议,在时间和空间上提供鲁棒的分区,保证故障不会相互传播。

(3) 能够纠正所有的一位出错并能检测出所有的双位出错,保证了数据的完整性。

(4) 每条总线必须使用分离的收发器。不同总线接口单元(bus interface unit,BIU)不能使用同一时钟、表存储器和任何影响总线时序的硬件,避免单点故障。所有控制 BIU 传输的元件都是双余度的,提高了可靠性和可用性。

4.4.2　协议介绍

在 ARINC 659 总线协议中定义了 OSI 参考模型中的物理层和数据链路层两层模型,由多个 LRM 共同构成了航空电子综合化系统的体系结构,LRM 之间基于 ARINC 659 背板总线进行数据通信。

4.4.2.1　时钟同步

ARINC 659 总线有 3 种独特的传输模式,用来支持底板的位级同步和帧级同步。初始同步消息用于接通电源之后或由故障引起机架内同步丢失时初始化总线。短重同步消息通过修正振荡器漂移,用于维持机架中所有 BIU 的位级同步。长重同步消息用于丢失的模块重新与总线同步。长重同步消息有 2 种:一种为进入重同步,它使丢失的模块与当前帧重同步;另一种为帧切换,用于总线命令表中不同帧之间的切换。长重同步消息包括版本形式和非版本形式,长重同步消息也以与短重同步消息同样的方法执行位级重同步操作。同步消息的详细结构和操作在下面的小节描述。

1) 帧级同步

当 BIU 处于非同步状态时,它将试图与活动的 BIU 恢复帧同步。可能进入非同步状态的条件有 2 种:一种是处于同步状态的 BIU 遇到了使其丢失同步并进入非同步状态的情形;另一种是成功完成初始化的 BIU 也会进入非同步状态。初始同步限定等待时间是指 BIU 在决定发送初始同步脉冲之前,搜索重同步消息(短重同步消息、长重同步消息或者初始同步消息)所等待的时间长度。如果已经过了初始同步限定等待时间,BIU 仍未看到一个重同步脉冲,那么 BIU 就会传输一个初始同步脉冲。如果 BIU 接收到了一个初始同步消息(由其他模块或自己发送的),那么它将立即执行一个固有命令去接受一个非版本进入重同步消息,消息中重同步码为"0",全分辨率时间值为"0"。在初始帧中长重同步脉冲的传输和用于第一个消息窗口的获取命令会产生这种结果。

2) 位级同步

位级同步机制的目的是在振荡器漂移的前提下维持相邻消息的分离,同时保证同一模块上的两个 BIU 不超过两个位时长。位级同步通过总线上所有位于同步状态的 BIU 在 4 条时钟线上周期的发送重同步脉冲实现。每个 BIU 都测量上述脉冲线的前导下降沿，并调整本地内部的位时钟与重同步脉冲对齐。组件间的时间偏差及通过背板的传输延迟降低了所有 BIU 间同步的能力。间隙时间的可编程保证了在长传输时间情形下消息的分离。位级同步脉冲时序示例如图 4 - 17 所示。

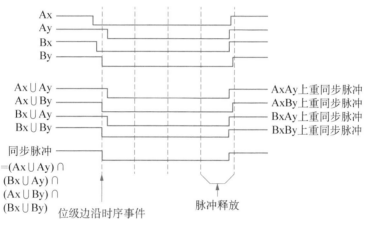

图 4 - 17 位级同步脉冲时序示例

ARINC 659 总线操作被划分为一系列时间窗口，每个时间窗口包含一个大约 5 位的同步脉冲，窗口有交替的消息和时隙组成，每个时间窗口占据相关的 LRM 表命令规定的固定时间段。时间窗口可以包含一个数据消息、同步信息或空闲。

4.4.2.2 数据传输机制

ARINC 659 总线是基于时间触发机制、半双工传输的串行总线，采用表驱动比例访问（TDPA），所有的 BIU 执行相同的总线命令表，使用版本控制机制实现。介质访问协议基于在时间和空间上提供了高容错性、高完整性的表驱动比例访问协议。加载 BIU 命令表需要一个与实际底板总线分离的数据通路。此机制使总线帧序列重新配置和表子序列重新编程无须取出任何 LRM。这一通路必须得到良好的保护并且不能由本地 LRM 的软件访问，以防止对总线命令表产生任何可能的破坏。推荐使用 IEEE P1149.5 模块测试和维护（module test and maintenance，MTM）总线[10]作为表加载通道。

ARINC 659 总线每个接口单元有两个接口控制器，分别为 BIUx 和 BIUy，BIUx 经由 x 总线发送，BIUy 经由 y 总线发送，每个接口控制器接收所有 4 路总线数据，每路总线都有独立的总线收发器。接口控制器与子系统主机接口连接，完成与子系统主机之间的信息交换，实现模块间的数据通信。

ARINC 659 总线的灵活性使得系统设计/综合者可以组织多种类型的底板模块间的消息结构。它支持模块到模块（点到点）通信，一个模块到一组模块（广播）通信，以及备选的一个模块到一组模块的通信。相应地，有 2 种类型的消息：基本消息和主/后备消息。基本消息用于单个源到单个或多个目的的情况。主/后备消息用于有多个备用源和单个或多个目的的情况。一个与之相称的裁决机制只允许主发送器或后备源之一的发送器访问总线，一个后备源只有在主发送器以及其他优先级高于自身的后备发送器在预先确定的时间周期内保持静默时才能在总线上发送。

ARINC 659 总线介质访问采用表驱动比例访问协议，此协议在时间和空间上提供鲁棒的分区。数据按照表存储器中预定的总线命令表传输，总线时间被预先划分为一系列窗口（W），窗口可以包含一个消息或空闲，总线时间没有分配给任何消息将显现空闲状态。消息窗口包含一个长度为 32～8 192 位的消息或者一个大约 5 位的同步脉冲。窗口间通过小的时间间隙隔开。时间间隙参数可根据总线长度和 LRM 的间隔设定。整个总线活动被组织成由各窗口长度之和建立的恒定长度的周期帧。帧中的每一个窗口由帧描述语言（FDL）定义，形成总线命令表。总线命令表不仅定义了每个窗口的长度，哪个 LRM 在该窗口发送、接收或者忽略总线，还定义了发送和接收数据的存放地址。这样既节约了通常由地址字段耗用的带宽，又消除了在传输过程中可能的地址错误。ARINC 659 总线介质访问如图 4 - 18 所示。

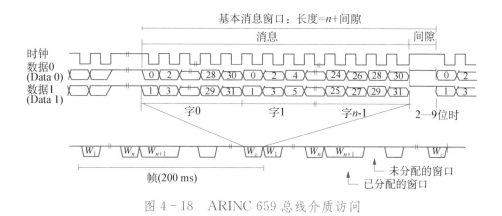

图 4-18 ARINC 659 总线介质访问

4.4.2.3 容错特性

ARINC 659 总线被设计成能够纠正所有的一位出错并能检测出所有的双位出错。在任一个 BIU 中,对于所有的出错,总线能自动校正。总线系统的所有部分都被完全监控。所有的操作都是双重操作,同时在多点进行双检测,以保证传输通道的整体性。

故障检测在往总线上传送数据期间和从总线上接收数据期间进行。总线接口进行的这一双检测活动提供了故障封锁并建立了总线故障隔离区。所有活跃的正在接收数据的 LRM 对 4 条总线上的等效数据进行比较。瞬时故障和硬故障会立即被检测出来,单个错误当即得以纠正。

正在发送的 LRM 检测它实际放到总线上的内容是否检出错误。如果检测到一个不能纠正的差错,则发送就被终止以防止一次受干扰的发送。发送 LRM 的这一作用是第二级保护机制,第一级保护机制则是双 BIU 运行 TDPA 协议和接收 LRM 的比较操作。

为了达到高可用性的目的,总线接口必须有助于整个总线系统的容错。ARINC 659 总线接口提供了到总线的故障消极连接,这一特性使得总线系统的容错更加容易。失去总线接口就意味着 LRM 失去了其与总线之间的连接。如果此 LRM 在功能上需要能够容错,那么就需要一个冗余 LRM。数据传输的容错通过冗余数据通道上数据的正确选择来实现。单个的瞬时故障可以通过接收一个对的非故障信号组合而立即被纠正,硬故障也采用类似的处理方法。如果同时发生 2 个差错,则标记被接收数据为错误的。这样做维持了故障隔离边界。

总线上的数据消息在预先确定的时间被传送。在单故障条件和多数多故障条件下都保证总线时序。数据按照表存储器中预先定义的内容进行调度传送。总线命令表定义了每一个窗口的长度,以及哪一个 LRM 在安排给该窗口的时间里发送、接收和忽略总线。在由各窗口长度之和建立的恒定长度的周期环或帧中组织总线的传送调度。在表存储器中嵌入通过这个协议层传送的信息,尤其是每一个消息的源和目的地址都包含在表存储器中而非通过总线传送。这样就节约了地址字段耗用的带宽,消除了可能的地址传输错误。而且,这一方法解决了多处理器间存储器的分区难题。为了建立和维持背板上所有 BIU 之间的同步,要周期性地发送重同步脉冲。

4.4.3 物理特性

ARINC 659 总线物理层是一种线型拓扑、多分支通信媒介、半双工串行多点通信数据总线。ARINC 659 总线上有双总线对(A 和 B)组成的双-双余度配置,总线对 A 和 B 分别具有"x"和"y"两条总线。每一条总线(Ax、Ay、Bx 和 By)有各自的时钟线和 2 条数据线,每次传送 2 个数据位。因此完整的总线组由 12 条线组成。总线的时钟频率为 30 MHz。同时传输 2 位数据,传输最大吞吐量接近 60 Mbps。

4.4.3.1 电气性能特性

ARINC 659 总线数据及时钟信号线的串联阻抗必须限制在一定范围内,以便当信号由任何被驱动的模块输出到背板任一端的终端电阻时,电压的最大升幅小于 100 mV。为确保总线信号完整性,ARINC 659 总线系统在任意两个 LRM 连接到背板的所有带隙地之间的电压差不应超过 50 mV。带隙地是收发器的阈值参考信号。

ARINC 659 总线逻辑电平来源于 IEEE 1194.1—1991 标准,背板传输逻辑(BTL)接口电路数据和时钟信号的电气特性如表 4 - 3 所示,信号开关特性如表 4 - 4 所示。

表 4 - 3　ARINC 659 总线信号电气特性

特性	符号	条件	最小值	典型值	最大值	单位
输入电容	C_i	$VIN = 0$	—	—	22	pF
输入电感	L_i	$IIN = 0$	—	—	32	Nh
输入电压	V_{il}	电平"0"	—	—	1.47	V
	V_{ih}	电平"1"	1.62	—	—	V
输出泄漏电流	I_o	$VOL = 0.75 V$ $VOL = 2.2 V$	— —	— —	250 100	μA
输出驱动电流(吸收)	I_{ol}	$VOL = 1.2 V$	100	—	—	mA
输出电压	V_{ol}	$IOL = 100 mA$	—	—	1.2	V
	V_{oh}	无负载	2.06	2.10	2.14	V

表 4 - 4　ARINC 659 总线信号开关特性

特性	符号	最小值	典型值	最大值	单位
建立时间	t_s	6.0	—	—	ns
保持时间	t_h	6.0	—	—	ns
输入脉冲宽度	t_{wh}	13.0	—	—	ns
上升时间	t_{tlh}	—	—	5	ns
下降时间	t_{thl}	—	—	5	ns
重同步不准确度	—	—	—	—	ns
信号发送偏移(同一条总线)	t_{sk}	—	—	10	ns
时钟对称		40	50	60	%

4.4.3.2 时钟精度

ARINC 659 总线时钟质量(精确度、老化、温度稳定性)对同步精度有着直接的影响。重同步消息用于补偿 LRM 之间的相对时钟漂移。如果不予以补偿,那么相对时钟漂移将导致两个 LRM 对两条相邻消息的发送调度发生冲突。在整个温度范围内,推荐时钟质量要确保总的漂移不超过 50 ppm。

4.4.3.3 总线编码

ARINC 659 总线的数据编码规则如下。

(1) AxData0,AxDatal:正常数据电平(总线上逻辑 1 为高电平)。

(2) AyData0,AyDatal:正常数据与{010101…}异或(每隔一位翻转)。

(3) BxData0,BxDatal:数据电平翻转(总线上逻辑 1 为低电平)。

(4) ByData0,ByDatal:正常数据与{101010…}异或(Ay 线翻转)。

所有的 BIU 应在总线比较操作之前,对解码收到的数据进行编码。所有的数据传输(基本消息、主/后备消息、长重新同步信息子窗口)都按照上述规则进行编码。同步消息的重同步脉冲部分与总线空闲时均不对数据线进行编码。

4.4.3.4 BIU 隔离

两个作为 ARINC 659 总线接口单元的 BIU 必须按 x 和 y 分开封装。同样,每条总线必须使用分离的收发器。不同 BIU 不能使用同一时钟、表存储器和任何影响总线时序的硬件。所有控制 BIU 传输的元件必须是双余度的。2 个 BIU 在物理和电气上应被最大限度地分隔开,它们之间的任何信号线都应在电气上隔离。BIU 与收发器之间的任何信号线都应在电气上隔离。

4.4.4 典型应用

ARINC 659 总线目前主要用于波音 777 的飞机信息管理系统(AIMS),波音 717N、MD－10 和 KC－130 等飞机的通用综合化航电系统(versatile integrated avionics,VIA)系统以及下一代空间探索的高可靠分层系统(highly reliable layered system,HRL)。

波音 777 的 AIMS 由两个机架组成,结构如图 4 - 19 所示。Honeywell 公司开发的 AIMS 综合了多种航空电子功能[4],每个机架内都装有 8 个 LRM,ARINC 659 总线用于 AIMS 机架内的不同 LRM 模块之间的通信。机架中每个核心处理模块(core processing module,CPM)和输入输出模块(IOM)中都包含有总线命令表。AIMS 所有模块的时间是基于全局的协议时间,所有模块都和 ARINC 659 总线时钟保持同步。

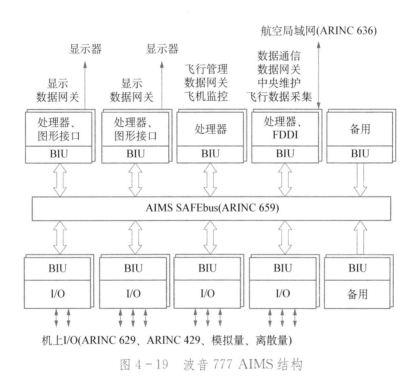

图 4 - 19　波音 777 AIMS 结构

4.5　ARINC 825 总线

4.5.1　概述

ARINC 825 标准是由 AEEC 组织发布的基于 CAN 总线的新型航空机载

设备通信协议。该规范是在 ISO 11898 - 1、ISO 11898 - 2 和 CAN2.0 等 CAN 总线标准的基础上，面向航空应用补充高层协议、限定相关内容而形成的规范。自 2007 年发布 ARINC 825 协议的第一版以来，经历了 3 次增补和完善，最新版是 2015 年发布的第三次修订版 ARINC 825 - 3[11]。

CAN，即控制器区域网络，最初由德国 BOSCH 公司在 20 世纪 80 年代初为解决汽车中众多的控制与测试仪器之间的数据交换而开发设计的。CAN 是一种有效支持分布式控制和实时控制的串行总线，具有统一国际标准 ISO 11898。CAN 总线提供内置式消息优先权、全局性校验、故障检测和恢复机制，以此保障通信具有较好的实时性和可靠性。CAN 总线已经在汽车、工业控制、安全防护、舰船等领域中得到广泛应用。

CAN 总线的通信机制可以概括如下：采用面向消息的传输机制，多主竞争，广播发送，硬件过滤接收。典型的 CAN 总线通信示意图如图 4 - 20 所示。

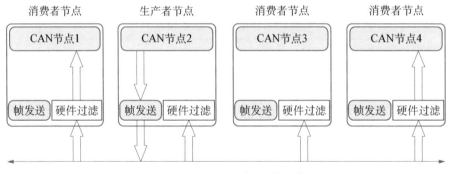

图 4 - 20　CAN 总线通信示意图

CAN 总线采用生产者-消费者模型和以数据为中心的编码方式。通信由生产者一方启动，生产者在没有被请求或定制的情况下，通过广播或多播方式发出消息，网络上其他节点（消费者）根据消息标识符，自主确定是否是自己需要的消息。CAN 总线根据消息标识符，采用非破坏性仲裁机制来解决总线的冲突访问。仲裁成功的帧送达每一个节点，通过消息过滤机制，只有需要此类消息的节点才会真正接收帧。

在 CAN 总线的基础上，ARINC 825 标准提出了带宽管理的要求，采用基于时间片的总线调度，引入了主时间片和次时间片的概念，平衡系统各类消息对于总线的占用，使得每个消息的延迟都不超过容忍的范围。ARINC 825 总线的主要技术特点如下：

（1）物理层传输媒介选定屏蔽双绞铜线，并推荐了物理层连接器的选型与信号分布、安装、接地等要求。

（2）在 CAN 总线的基础上通过增加基于时间片的总线调度，使得消息传输具有确定性。

（3）采用 29 位标识符的扩展帧，并通过逻辑通道的划分来支持异常事件消息、正常通信消息、服务消息、测试维护消息等的优先级传输，既保证了异常事件消息和正常通信消息的确定性通信，又支持其他类型消息的传输。

（4）为保证可靠性，不推荐使用远程帧、超载帧。

（5）针对航空应用，分解规定了功能编码标识符。

（6）增加了健康监控的机制，通过周期性收集各节点的工作状态来实现对总线的健康监控，以满足系统的容错等要求。

（7）支持余度的总线架构，最多可设计 4 余度的 CAN 总线，提高总线的可用性和完整性。

（8）通过增加消息序号和消息完整性检查，来提高总线的完整性，降低单粒子翻转等原因导致的未检测出的数据错误概率。

4.5.2 协议介绍

4.5.2.1 规范架构

ARINC 825 标准按照航空环境应用要求和机载网络特性，在实时性、可靠性方面对 CAN 总线的协议做了适应性改进。除了引入基于时间片的通信调度机制，对消息传输控制优先权进行定义，支持系统冗余外，在飞机级别上对系统级协议的多个方面进行标准化，以确保跨越系统和网络区域的互用性。同时,还考虑了航空领域的一些特殊要求,如安全、认证、协议的开放性等。

ARINC 825 标准的分层结构如图 4-21 所示,高层协议部分对应于图中的应用层协议,添加的主要功能包括支持逻辑通道、一点对多点(多播)和点对点通信、节点编址等,从而使其成为多通信层次结构、能支持多播和点对点通信的网络。

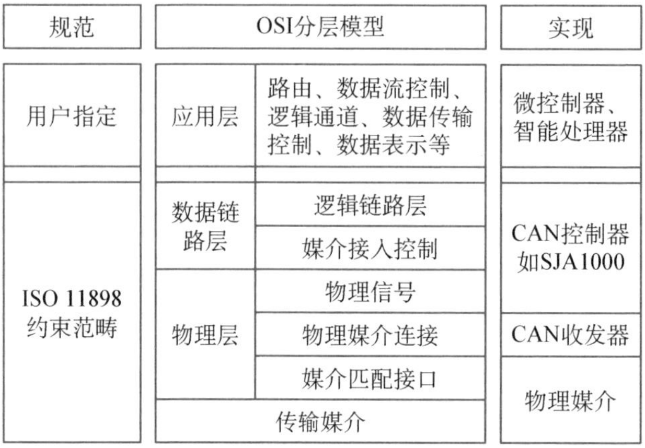

规范	OSI分层模型		实现
用户指定	应用层	路由、数据流控制、逻辑通道、数据传输控制、数据表示等	微控制器、智能处理器
ISO 11898 约束范畴	数据链路层	逻辑链路层	CAN控制器 如SJA1000
		媒介接入控制	
	物理层	物理信号	CAN收发器
		物理媒介连接	
		媒介匹配接口	物理媒介
		传输媒介	

图 4-21 ARINC 825 标准的分层结构

4.5.2.2 数据链路层

ARINC 825 标准定义的数据链路层应完全符合 29 位扩展标识符的 CAN 2.0B 标准,并遵守 ISO 11898-1 规定,不建议在同一网络中混合使用两类标识符。

1)帧格式

ARINC 825 总线消息传送由以下 4 种不同类型的帧来表示和控制。

(1)数据帧:将数据从发送器传输到接收器。

(2)远程帧:总线单元发出远程帧,请求发送具有同一标识符的数据帧。

(3)错误帧:任何单元检测到总线错误就发出错误帧。

(4)超载帧:在相邻的数据帧或远程帧之间提供一段附加时延。

其中数据帧和远程帧可以使用标准帧和扩展帧 2 种格式,推荐使用扩展帧格式。它们使用一个帧间隔与前面的帧分开。数据帧的扩展帧格式结构如图 4 - 22 所示。

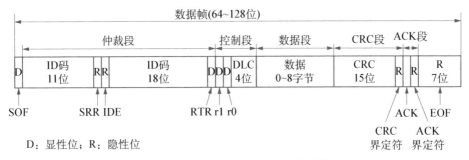

图 4 - 22　CAN 总线数据帧结构

数据帧的各个字段描述如表 4 - 5 所示。

表 4 - 5　数据帧各个字段描述

名称	长度/位	说　　明
帧起始	1	表示数据帧开始,由单个显性位构成
仲裁段	32	表示该帧的优先级,由 29 位 ID 码、1 位替代远程帧请求位(SRR)、1 位 ID 扩展标志(IDE)和 1 位远程帧标志位(RTR)组成
控制段	6	表示数据段数据长度的编码和保留位(r1 和 r0)
数据段	0~8	数据内容,具体字节数在控制段中体现
CRC 段	16	检查帧的传输错误,范围包括从帧起始到数据段的所有内容(不包括填充位)
ACK 段	2	其他接收节点确认该帧被正常接收
帧结束	7	表示该数据帧结束

远程帧没有数据字段,它的 RTR 位是隐性位。ARINC 825 标准中强烈建议不使用远程帧,因为不同控制器可能存在不兼容的问题。

错误帧由错误标识符和错误界定符组成。错误标识符有两种形式:主动错误标识和被动错误标识。主动错误标识包含 6 个连续的显性位,被动错误标志包含 6 个连续的隐性位。被动错误标志的部分或者全部位可以被其他节点的显性位覆盖。

超载帧由过载标志和过载界定符组成,用以总线节点通知其他节点当前不能进行接收操作。ARINC 825 要求不使用超载帧,因为会增加网络负载并降低总线的可靠性和可用性。

各个字段的详细要求见 ARINC 825 或者 CAN2.0 规范。此外,由至少 3 个隐性位构成的帧间隔,可用于将前一条帧与其后的数据帧或远程帧分隔开。

2) 通信基本规则

ARINC 825 总线是基于下列基本规则进行通信的。

(1) 总线访问:ARINC 825 是共享介质的总线,对介质的访问机制采用载波侦听多路访问/冲突避免(CSMA/CA)的方式,与以太网的介质访问机制有些不同。控制器只能在总线空闲时开始发送,并采用硬同步,所有控制器同步都位于帧起始的前沿。为避免异步时钟因累计误差而错位,总线采用硬同步后满足一定条件的跳变进行重同步。

(2) 仲裁:ARINC 825 总线是一种多主总线,任一节点均可作为主节点进行广播式的通信。当总线空闲时呈隐性电平(逻辑 0),此时任一节点都可以向总线发送一个显性电平(逻辑 1)作为一个帧的开始。如果有两个或两个以上的节点同时发送,就会产生总线冲突。在发送开始时即进行冲突检测,采用"非破坏式位仲裁"(non-destructive arbitration,NDA)的方式实现逐位仲裁。所有未获得总线控制权的节点都成为具有最高优先权的节点所发送消息的接收节点,并且不会在总线再次空闲前发送消息。

(3) 编码/解码:帧起始、仲裁段、控制段、数据段和 CRC 段这 5 个字段使用位填充技术进行编码。在总线中,每连续 5 个同状态的电平插入一位与它相补的电平,还原时每 5 个同状态的电平后的相补电平被删除,保证了数据的透明。其余的字段和帧具有固定的形式,因此不使用位填充方法进行编码和解码。消息中的位流按照非归零码(no return to zero,NRZ)方法进行编码,即位周期期间位电平维持恒定,是隐性电平或者是显性电平。

（4）出错标注：当检测到位错误、填充错误、形式错误或应答错误时，检测出错条件的控制器将发送一个出错标志。

（5）超载标注：一些控制器会发送一个或多个超载帧以延迟下一个数据帧或远程帧的发送。

3）错误检测及处理

在 ARINC 825 总线中存在着以下 5 种错误类型，它们相互不排斥，其中前 3 种是基于消息内容的检查，后 2 种是位检测。具体如下。

（1）CRC 错误：当接收器计算的 CRC 值不符合发送器发送的 CRC 值时，总线检测为 CRC 错误。

（2）形式错误：当固定形式的字段中出现一个或多个非法位时，总线检测出一个形式错误。

（3）应答错误：在应答间隙，当发送器未检测出显性位时，总线检测出一个应答错误。

（4）位错误：节点的发送器向总线送出位的同时也在监视总线，当监视到总线位数值与发送位数值不同时，则在该位时刻检测到一个位错误。例外情况是，在仲裁段的填充位期间或应答间隙送出隐性位而检测到显性位，不视为位错误。送出认可错误标注的发送器在检测到显性位时，也不视为位错误。

（5）位填充错误：当节点检测到 6 个相同电平值的连续位时，总线检测到填充错误。

为了尽量减小网络上故障节点的负面影响，定义了一个故障界定状态机制。在故障界定时，每一个总线节点有两个计数器：发送错误计数器（transmit error counter，TEC）和接收错误计数器（receive error counter，REC），来判定节点的出错级别。通过监测这些计数器的值，总线上各节点能够区分是短期的干扰还是永久性的故障，从而决定这些节点是否工作到降级模式。对于不同的错误情况，故障监控器采取的策略不同。一个节点可能处于下列 3 种错误状态之一：错误激活、错误认可和总线关闭。

错误激活节点的 TEC 和 REC 均小于或等于 127,可以正常地参与总线通信,并在检测到错误时发出"激活错误"标志。

错误认可节点的 TEC 或 REC 超过 127,但小于或等于 255。"错误认可"的节点参与总线通信,在检测到错误时只发出"认可错误"标志。而且发送以后,错误认可节点在启动下一个发送之前处于等待状态。

总线关闭节点的 TEC 大于 255,且不对总线产生任何影响。

总线关闭后,节点可以返回到错误激活状态,TEC 和 REC 都变为 0,称为重新连接过程。ISO 11898 - 1 规定了重新连接过程所需的两个必要条件:

(1) 应用层发起了控制器的正常模式请求(在总线关闭状态,控制器自动置位复位请求,使节点进入复位状态。此时应等待应用层发起正常模式请求后,节点重新参与通信)。

(2) 节点监视到 11 个连续隐性位 128 次,表明总线已经可靠地恢复健康状态。

考虑到整个网络的鲁棒性,ARINC 825 标准对于重新连接增加了两个要求:在执行正常模式请求之前,系统应定义超时时间;系统应根据可用性和可靠性要求,定义重新连接的次数。

3 个错误状态之间的转换关系如图 4 - 23 所示。

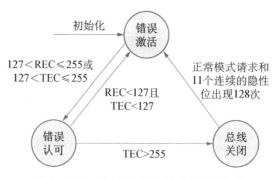

图 4 - 23　错误状态之间的转换关系

4）接收过滤

通过预设各节点控制器内部的硬件接收过滤功能,可使节点只接收标识符与预设接收过滤匹配的帧,而对于不符合条件的帧,接收节点只给出应答信号,不予接收。

总线控制器消息过滤的作用如下:

(1) 降低中断的频率,仅对成功经过消息过滤后的消息才响应接收中断。

(2) 简化软件实现的复杂程度,提高软件运行的效率。

4.5.2.3 应用层

1）标识符结构

ARINC 825 标准只采用 CAN 2.0B 标准中 29 位标识符的扩展帧格式,并将标识符划分成几个子字段。在子字段的基础上定义了逻辑通信通道(LCC),支持应用层的点对点通信和一对多通信。并在 LCC 的基础上,通过标识符来支持消息的源标识、路由和完整性检查。

逻辑通信通道用于创建独立的网络协议层,支持互相独立的不同功能。CAN 报文的 29 位标识符占用 4 字节中 0～28 位,使用标识符字段的高三位(26～28 位)对 LCC 进行编码。系统设计者可以根据消息的通信要求,灵活地选择这些逻辑通信通道。

LCC 的值对报文优先级具有决定性作用。根据通道对于整个系统的重要程度来分配,如表 4-6 所示。

表 4-6　逻辑通信通道分配

通道号	描　述	通道名	LCC 位	通信模式	优先级
0	异常事件通道	EEC	000	一对多	最高
1	保留	保留	001		
2	正常操作通道	NOC	010	一对多	↓
3	直接消息通道	DMC	011	直接消息	
4	节点服务通道	NSC	100	点对点	
5	用户定义通道	UDC	101	一对多	

通道号	描　述	通道名	LCC位	通信模式	优先级
6	测试和维护通道	TMC	110	点对点	
7	CAN基本帧兼容通道	FMC	111	一对多/点对点	最低

逻辑通信通道的用法如下。

（1）异常事件通道（EEC）：只能用在快速的和高优先级的传输中，本通道报文传送优先于其他报文传送。这些事件通常需要立即采取行动（如系统降级，功能转移到其他装置或者更高级的系统传送事件）。本通道只能用在一对多的通信中。

（2）正常运行通道（NOC）：应用于飞行操作期间周期或者非周期的数据传输，本通道数据传送基于一对多通信。没有分配到其他通道传送的数据都应通过NOC进行传送。

（3）直接消息通道（DMC）：仅适用于直接消息协议，通过使用节点地址和端口定义用于与目标的消息通信和对话。可以是周期的或者非周期的。

（4）节点服务通道（NSC）：为客户/服务器类型的服务提供点对点通信。这些服务可以是无连接通信，也可以是面向连接通信。

（5）用户定义通道（UDC）：用户自定义的通信，适用于那些不适合其他通道传送的CAN扩展帧。该通道根据需要只用于一对多的通信中。规范强烈建议使用其他已经定义的通道（EEC、NOC、NSC和TMC）。

（6）测试和维护通道（TMC）：用于支持测试和维护功能。这种通信是点对点的客户/服务器类型的相互通信，可以是无连接的或者连接的。

（7）CAN基本帧兼容通道（FMC）：适用于基于CAN标准帧的CAN应用层，规范不允许使用该通道。

（8）标记为"保留"的通道用作补充，不能用于其他目的。

一对多的通信用于EEC和NOC通道，也可以用于UDC和FMC通道。CAN消息标识符的结构定义如图4-24所示。

28 26
19
16
2 0
LCC 3位
源FID 7位
1位
1位
1位
DOC 14位
RCI 2位
RSD
LCL
PVT

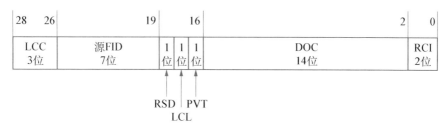

图 4-24 一对多通信的标识符结构

标识符各字段的功能描述如下：

(1) 源功能编码标识(源 FID)指明消息来源的系统或者子系统，源 FID 号由整个系统统一分配。

(2) 保留位(RSD)在所有的一对多的通信消息中应置为 0，而在点对点的通信消息中，RSD 设置成服务消息类型(SMT)位。

(3) 本地位(LCL)置“1”时表示报文仅在发送节点所在的网络内传输，网关不会将这些报文传输到其他网络上。

(4) 私有位(PVT)用于识别专用用途的报文，本规范中没有定义专用用途的报文，默认将该位置“0”。

(5) 数据对象编码(DOC)允许每个功能节点指定 214 个不同的数据对象。

(6) 冗余通道标识符(RCI)允许用户识别冗余的报文，最多支持四余度通道。

直接消息用于 DMC，消息标识符的结构定义如图 4-25 所示。为了使用直接消息协议，每个节点应当分配唯一的 7 位地址(其中 0 地址保留)，最多可以标识 127 个节点。

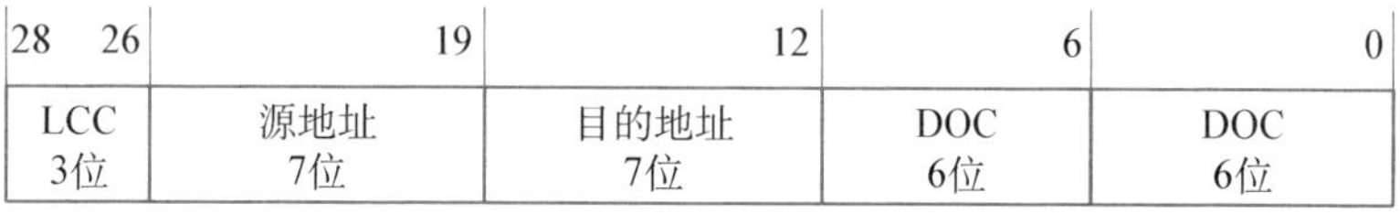

28 26
19
12
6
0
LCC 3位
源地址 7位
目的地址 7位
DOC 6位
DOC 6位

图 4-25 直接消息的标识符结构

标识符各字段的功能描述如下：

（1）源地址标识消息源节点的地址。

（2）目的地址标识消息目的节点的地址。

（3）源端口 ID 标识消息的源端口。

（4）目的端口 ID 标识消息的目的端口。

从上面的描述中可以看出，直接消息协议类似于 UDP/IP 协议，通过地址和端口号进行通信。

点对点通信用于 NSC 和 TMC，允许客户端的节点向一个唯一标识的服务器发起一个点对点的对话。将一对多通信中的 DOC 字段又划分为子字段，通过指定它们的节点 ID（NID）来识别节点地址，节点 ID 由服务器功能 ID（server FID）、服务 ID（SID）和 RCI 组成，如图 4 - 26 所示。

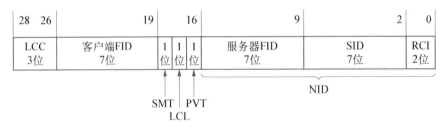

图 4 - 26 点对点通信的标识符结构

标识符各字段的功能描述如下：

（1）单个节点使用它们自身的 FID 和 SID 进行寻址，最多支持 127（其中编码 0 表示多播）个功能或系统，最多支持 127 个或者 511（其中编码 0 表示多播）个独立的 CAN 节点或服务器（取决于 RCI 如何使用）。

（2）通过设置 SID 值为 0 的多址通信办法来实现一个功能中的多个节点的同时寻址。同样，通过同时设置 FID 值为 0 以及 SID 值为 0 的多址通信办法来实现所有功能中的所有节点的同时寻址。

（3）LCL 位、PVT 和 RCI 字段的用法与一对多通信的标识符结构一样。

（4）服务消息类型位（SMT）指明了客户端和服务器之间数据流的方向，

SMT 位在节点服务请求消息中设置,在节点服务响应消息中清除。

2) 周期节点健康状态

在 CAN 总线中所有节点都参与错误检测,但是要定位网络接口的问题还是比较困难的。并且,当某个 CAN 节点消息发送周期很长或者只有事件驱动的报文时,该节点的一些故障可能无法检测到。因此,ARINC 825 标准定义节点周期健康状态报文(PHSM),要求每个 CAN 节点通过周期健康状态报文来传送节点内部的健康状态信息。健康状态报文作为每个节点的一类特征报文,周期性地发送可以表明该节点是存在的,有利于该节点的故障检测,为系统级的故障分析提供依据。CAN 总线通信系统中的管理者通过搜集所有节点的健康状态信息,来识别和定位故障。

周期性健康状态报文的 LCC 字段应设定为 TMC,是一种无连接的点对点消息。且将标识符中的客户端 FID 定义为 PHSM FID,值为 125。周期性健康状态报文中的 SMT 位始终设置为"1",以表示一个节点的服务请求。这个请求是不需要有节点服务给予响应的。

为正确识别失效的 CAN 设备,并为使用者或其他节点提供有效的诊断信息,CAN 健康状态消息负载的定义如图 4 - 27 所示。

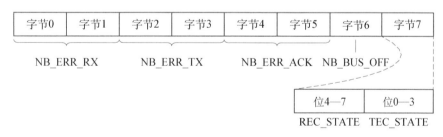

图 4 - 27　健康状态消息负载定义

图中,各个部分的含义如下。

(1) TEC_STATE/REC_STATE:发送/接收错误计数器的状态。

① 控制器初始化/禁止为 0b0000。

② 总线关闭为 0b0001。

③ TEC/REC 值范围[0，95]时为 0b0010。

④ TEC/REC 值范围[96，127]时为 0b0100。

⑤ TEC/REC 值不小于 128 时为 0b1000。

(2) NB_BUS_OFF：加电后控制器进入总线关闭状态的次数，无符号短整型。

(3) NB_ERR_ACK：加电后控制器检测到错误应答的次数，无符号短整型。

(4) NB_ERR_TX：加电后检测到的发送错误总次数，无符号短整型。

(5) NB_ERR_RX：加电后检测到的接收错误总次数，无符号短整型。

TEC 和 REC 与 CAN 控制器内部寄存器的值一致。NB_BUS_OFF、NB_ERR_ACK、NB_ERR_TX 和 NB_ERR_RX 内容是由应用层控制处理的。不是所有 CAN 控制器的 TEC 和 REC 参数都是可用的。在不用的情况下，推荐使用 0xFF 代替。

3) 通信调度机制

CAN 通信采用多主随机竞争的仲裁机制，在网络系统复杂化、总线负载高的情况下，高频率发送高优先级消息的节点将消耗过多的带宽，造成频繁地阻止其他节点的数据传输并产生延迟抖动。难以满足机载通信对于数据传输的实时性要求。因此，ARINC 825 提出了带宽管理的要求，明确总线负载应在限定范围内，并且尽量均匀地分布在整个时间段内，以及考虑一些潜在的负载增长。通过控制每个节点在网络中的发送频率来实现负载控制，并在宏观上限定了总线的负载峰值，从而平衡系统各类消息对于总线的占用，使得每个消息的延迟都不超过要求的范围。

ARINC 825 采用基于时间片的总线调度，引入了主时间片和次时间片的概念。主时间片定义为保证系统中所有的周期性消息至少传输一次的时间段，次时间片定义为系统中传输频率最高的帧的周期。总线调度机制要求所有节点共同拥有相同的主-次时间片周期,并且次时间片是主时间片的分数(如 $1/2$,$1/4$,$1/8$……)。

由于采用了总线调度进行带宽管理,总线上的多个节点在实际通信过程中,在同一个次时间片内的各个 CAN 消息采用多主竞争发送,而不同的次时间片之间的消息在时间上是分开的。所以,只要限制系统中各个节点每个次时间片中要发送的 CAN 消息数目的总和,就可以保证系统中各个节点分配到该次时间片中的消息一定可以成功发送。需要注意的是,在这种调度机制下,系统中的各个节点必须使用相同的次时间片,但不必在同一时刻开始它们的次时间片。一个节点发送消息时总线通信调度的示意图如图 4-28 所示。

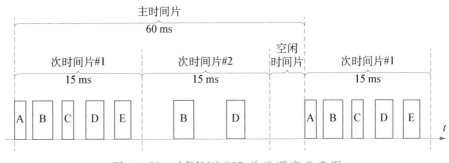

图 4-28　ARINC 825 总线调度示意图

采用上面的通信调度机制,只要合理配置总线上各节点占用的带宽和传输时序,使得各个次时间片的总线占用率尽量均衡,通过限定平均负载率就可以确保总线通信的实时性。

ARINC 825 要求通信中总线负载控制在 50% 以内。对于传输延迟和抖动要求非常小的情况,建议总线平均负载控制在 30% 以内。

4) 冗余管理

冗余用来提高消息的可用性和/或完整性。为支持系统需要的冗余,ARINC 825 中使用消息标识符的最低两位作为冗余通道标识符(RCI),来指示冗余消息的来源,见前文各种标识符结构的定义。这两位提供了最多四余度的冗余。如果系统要求多于 4 个余度通道,那么可根据需要将 RCI 字段扩展。

对于冗余传输系统的数据,要求每个节点单元都应为它发送到总线上的数据设置 RCI 值。接收单元必须对多通道上的有效数据进行核对,由此可以确定数据是否是最新数据,通常 RCI 字段有以下 3 种用法。

图 4 - 29 描述了一个具有 4 个不同类型设备的系统,每个接口都有 4 条冗余总线,其中 RCI 字段的编码作为总线冗余编码。该系统仅提供总线的冗余,设备没有余度。通过使用多条总线,提高了可用性;通过不同总线之间消息的对比,提高了完整性。

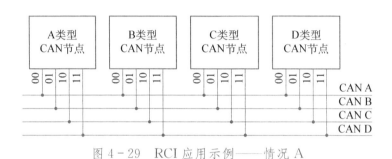

图 4 - 29　RCI 应用示例——情况 A

图 4 - 30 描述了在同一条 CAN 总线上属于同一类型(E 类型)的 4 个冗余对等节点的系统,其中 RCI 字段的编码作为设备冗余编码。与情况 A 不同,这种架构提供了设备的冗余,但是仅有一条总线。因此当总线失效时,系统就无法正常工作。

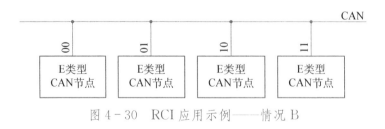

图 4 - 30　RCI 应用示例——情况 B

图 4 - 31 描述了一个所有的节点都属于同一类型(F 类型),但是连接到不同的总线上的系统。在该系统中,既有总线冗余,也有设备冗余。

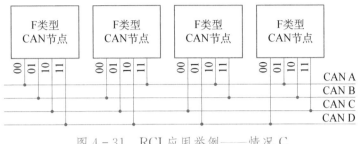

图 4 – 31 RCI 应用举例——情况 C

5）高完整性协议

完整性的一个方面是数据上的。CAN 总线由于本身的错误检测和故障界定机制，因此具有很好的数据完整性。然而，考虑到机载设备的应用环境，例如高能粒子辐射可能造成单个或多个位的翻转，这些影响可以采用额外的保护机制来缓解。ARINC 825 中定义了高完整性协议，为每个高完整性的消息中添加 1 个序号和 1 个额外的完整性校验，使得接收方可以检测丢失的消息以及对消息的正确性进行校验。

完整性的另一个方面是时间上的，范围包括从该数据的产生到其被接收所经历的时间。如果应用需要时间上的完整性，则需要给消息添加一个时间戳。

这些高完整性消息用于 NOC、UDC 和 EEC 通道的一对多通信。在采用用户自定义节点服务的情况下，高完整性消息也可以用于 NSC 和 TMC 的点对点通信。高完整性协议提供了以下的功能：

（1）伪装节点检查，CAN 消息 ID 中出现随机错误。

（2）消息丢失检测，接收方通过检测消息序号来判断是否有消息丢失。

（3）数据段的位翻转，可以检查控制器中计算 CRC 之前出现的位翻转错误。

高完整性消息的接收方应维护所检测到故障的日志记录，并且响应总线上的故障记录请求。

为防止在 CAN 消息标识符和数据段中出现位翻转造成的故障，在消息发送之前,高完整性协议要求在数据负载中增加消息序号(SNo)和消息完整性检查(MIC),消息的格式如图4-32所示。

图4-32 高完整性协议消息的格式

其中,高完整性消息的标识符与前文描述是一致的。由于消息序号和消息完整性检查分别占用了1字节和2字节,因此剩余的数据部分最多应该是5字节。如果数据长度大于5字节,那么数据应分成2次或多次进行发送,在接收方重新组合。高完整性消息可小于8字节,但是不允许小于3字节。

消息序号是基于每个消息标识符表示的该消息的编号,长度为1字节。消息序号的初始值为0,之后每次增加1。当该编号为255时,下一个消息的序号就会重新从1开始。序号0表示一个初始值或不被使用的序号。在特定消息ID的每一次数据发送之前,发送方应增加序号。如果消息序号是0,接收方应接收该消息,并将该消息标识符对应的消息计数重新复位。接收方应对收到的消息序号进行检查,以确保消息没有丢失。

高完整性消息使用了1个16位的CRC码来进行消息完整性校验,对应的多项式如下: $X^{16} + X^{15} + X^{12} + X^{7} + X^{6} + X^{4} + X^{3} + 1$,即0x90D9。消息完整性检查的范围包括CAN消息标识符、有效数据负载和消息序号。

接收方应该维护一个高完整性消息检测到的故障记录。这个故障记录应包括对所有高完整性消息检测到的故障总数,以及基于每个消息ID的记录。记录包括下面内容:

(1) MIC错误,无符号短整型。

(2) 消息丢失,无符号短整型。

（3）消息序号为 0 的消息，无符号短整型。

如果错误计数器在它们被读出或复位之前就已经达到了其最大值，那么错误计数器应停止计数并保持计数的最大值。总线上的节点要求周期性地读取故障计数器的内容，错误计数值被读出之后清零。

4.5.3 物理特性

ARINC 825 总线的物理层应符合 ISO 11898 - 2 的要求，包括物理介质、信号传输方式、协议控制器和收发器等。

4.5.3.1 总线拓扑

ARINC 825 标准推荐采用总线型拓扑结构，如图 4 - 33 所示。即各节点通过设有端接的下接电缆或短截线连接到总线上，总线线路两端连接终端匹配电阻。

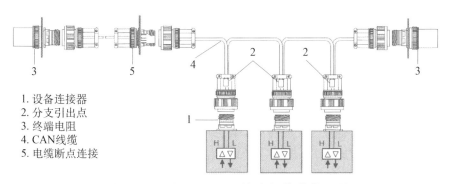

1. 设备连接器
2. 分支引出点
3. 终端电阻
4. CAN线缆
5. 电缆断点连接

图 4 - 33 ARINC 825 总线拓扑结构示例

4.5.3.2 通信距离和节点数量

ISO 11898 - 2 没有对单个网段内节点的最大数量给出明确的限制。考虑机载环境的复杂性、系统运行的高可靠性等因素，ARINC 825 总线的通信距离和节点数量应能够满足在恶劣情况下的使用要求，并留有安全余量。ARINC 825 标准限定的总线通信距离和节点数量建议如表 4 - 7 所示。

表 4-7 总线通信距离和最大节点数

数据传输速率/kbps	节点数	最大通信距离/m	数据传输速率/kbps	节点数	最大通信距离/m
83.333	60	450	500	35	70
125	50	280	1 000	30	25
250	40	140			

4.5.3.3 总线通信接口

为了保证连接在同一条总线上的多个节点构成一个可靠的总线系统，ARINC 825 标准要求总线接口应满足如下条件：

(1) CAN 控制器和收发器是完全遵从 ISO 11898-1 和 ISO 11898-2 的。

(2) 节点有相同的位定时(如采样点位置)。

(3) 防止电磁干扰(EMI)所增加的电容不能超过在电磁保护要求中设置的电容负荷极限。

4.5.3.4 总线电缆

ARINC 825 标准推荐使用屏蔽双绞线作为总线通信介质,总线电缆应满足如下条件：

(1) 保证线缆有正确的特征阻抗。在 1.0 MHz 的正弦波作用下,电缆特征阻抗 Z_0 推荐取值为 $(120\pm12)\,\Omega$,线电阻典型值为 $70\,m\Omega/m$,线延迟典型值为 $5\,ns/m$。

(2) 保证每条总线线缆的物理终端有精确的终端电阻。端接电阻是抑制总线信号反射的主要元件。所有网段都应在主电缆的两端安装端接电阻,这类端接电阻称为主缆端接电阻。应禁止将主缆端接电阻安放在 LRU 的内部。主缆端接电阻值等于特征阻抗 $(120\pm12)\,\Omega$。主缆端接电阻的安装位置距离主电缆最末端的支缆连接点至少为 1.5 m。

(3) 对于线缆和部件连接,应确保通信线缆不会意外形成星型拓扑。

(4) CAN 通信单元通过支电缆连接到主缆。尽量将支电缆限定到最小长度,推荐的总线支电缆长度小于 0.3 m,在最坏情况下不应超过 1 m。

4.5.4　典型应用

ARINC 825 标准可确保 CAN 设备的协同工作能力，同时可简化 CAN 子系统与其他机载网络的互操作性。ARINC 825 已应用于一些简单系统的主干网，作为辅助网络引入到 IMA 网络体系结构中。ARINC 825 具有以下优势：

（1）容易实现本地 CAN 网络与其他机载网络的互联。

（2）执行成本和升级成本较低。

（3）CAN 连接的 LRU 具有较强的互操作性和可交换性。

（4）扩展灵活——容易增加、删除和更改总线节点，同时对其他 LRU 无不良影响。

（5）参数和块数据容易在系统间和网络之间传输。

（6）完善的错误检测和错误指示支持。

（7）支持系统级功能的实现，如机载数据加载和飞机健康管理。

ARINC 825 已经作为辅助网络引入到 IMA 网络体系结构中，适合连接传感器、激励器或航空电子设备，为数据传输带宽小于 1 Mbps 的控制系统提供高容量的数据流和信息服务。近年来，ARINC 825 总线在空客 A340 - 600、A380 和波音 787 以及 NASA 的小型运输机上得到应用，不但改进机载设备性能，而且更具有经济性。

波音 787 飞机的通用核心系统（common core system，CCS）由通用计算资源（common computing resource，CCR）、通用数据网络（common data network，CDN）和远程数据集中器（RDC）等部分组成。其中，RDC 作为常规航电设备、电气系统设备与 IMA 系统的接口，就近安装在飞机系统设备附近，分布在飞机的前机身、中后机身和后机身的不同区域。在 RDC 上驻留有专用应用程序，采用表驱动的配置方式，实现模拟量、ARINC 429 数据、ARINC 825 数据与 ARINC 664P7 格式之间的相互转换。

4.6 TTP 总线

4.6.1 概述

实时控制系统应当支持故障的检测、隔离和容忍,并且具有高可靠性和高可用性的特点,还应具有较好的组合性和扩展性。在机载网络中,通信的调度是由触发条件控制的,如果这个触发条件是一个事件的发生则称为事件触发,而如果触发条件是一个指定时间点的到达则称为时间触发。传统的 ARINC 429 总线、ARINC 825 总线等都是基于事件触发的,通信方式灵活。在时间触发系统中:信号的产生是由时间的推进来触发的,系统行为是确定的;系统各节点分时复用带宽,不会产生带宽争用现象,实时性高;每个节点都在自己的时间槽内完成相应的任务,整个系统可靠性更高。在机载系统,特别是飞行控制等实时控制系统中,通信具有周期性好、传输数据少、确定性和安全性要求高的特点,采用时间触发模式能够将可用的通信资源合理地静态分配给系统内每个节点,通过时间触发的协议排除了事件触发通信协议要考虑的资源共享冲突和恢复操作等问题,能够提高系统的确定性和安全性。

自 20 世纪 80 年代以来,欧洲通过 MARS、ARTEMIS 和 GENESYS 等研究计划,在时间触发技术领域开展了深入研究。1993 年由任教于奥地利维也纳技术大学的 Hermann Kopetz 教授带领研究小组开发出 TTP 协议,并于 2003 年发布了 TTP 白皮书。Kopetz 教授所著的 *Real-Time Systems：Design Principles for Distributed Embedded Applications* 第二版于 2011 年正式出版发行[12],该著作详细讲解了实时系统理论,并对基于时间触发架构的实时控制系统进行了分析。2011 年,TTP 被 SAE 采纳,发布了航空航天规范 SAE AS6003[13]。

TTP 总线的主要技术特点如下:

(1) 基于 TDMA 的介质访问,各个节点按照固定的时间表进行数据收发,无主控节点,无总线冲突,数据传输可预测,具有严格的确定性。

（2）双冗余通道,必要时可以通过多条总线构成更高的余度架构,提高总线通信的完整性和可用性。

（3）同步的全局时间,所有节点共享一个同步的全局时间,采用分布式时钟同步算法,避免了单点失效的情况。

（4）提供成员关系服务,每个节点维护总线上所有节点的成员关系向量,且所有节点的成员资格表保持一致,出现错误的节点失去成员资格。通过该服务能够降低拜占庭故障发生的概率。

（5）通过确认算法检测发送节点自身故障。

（6）采用监护机制防止单个节点故障时导致整个总线的失效。

4.6.2　协议介绍

基于 TTP 的通信网络由一系列的节点组成,取决于系统架构或者系统需求（如容错）,节点之间的通信可以建立在单一通道或者双通道上。所有节点连接到两个物理通道上——通道 0 和通道 1。图 4-34 所示的 TTP 网络称为

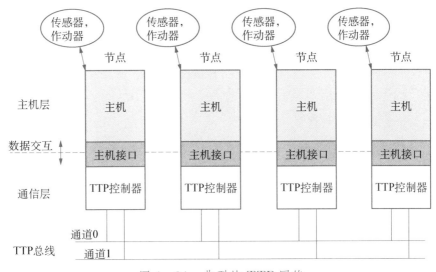

图 4-34　典型的 TTP 网络

集群(cluster),集群的基本架构单元是节点(node)。TTP 拓扑结构支持总线型、星型以及混合型。

TTP 协议的结构如图 4-35 所示,包括主机和 TTP 控制器。协议层次划分为如下:

(1) 物理层提供位同步、编解码、串并/并串转换功能。

(2) 数据链路层提供节点之间基于 TDMA 方式的帧的通信。

(3) 协议服务层提供时钟同步、确认等服务。

(4) 通信层提供数据的管理等功能。

(5) 主机层为应用提供软件接口,实现数据的发送和接收。

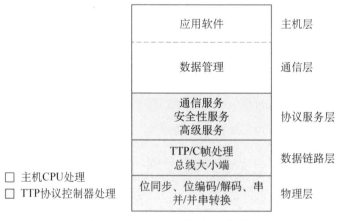

图 4-35　TTP 协议的结构

4.6.2.1　数据链路层

数据链路层主要处理基于 TDMA 的总线访问配置、帧格式和帧状态的计算、帧的传输。

1) TDMA 调度

集群上的所有节点按照 TDMA 策略对总线进行访问,即每个活跃节点都有确定的带宽(节点的时间槽)向总线发送数据。节点时间槽的周期性次序称为一个 TDMA 环,周期性重复的 TDMA 环称为集群周期(cluster cycle)。

TTP 总线访问策略如图 4－36 所示。

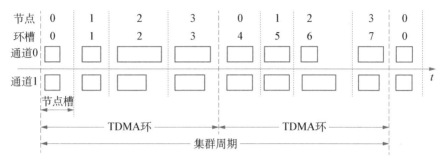

图 4－36　TTP 总线访问策略

由于每个节点使用被分配的时间槽发送数据,因此可以保证无冲突的总线访问。在总线配置的消息描述列表(MEDL)中定义了每个节点的时间槽,TTP时间槽的分配包括发送前阶段(PSP)、传输阶段(TP)、接收后阶段(PRP)和空闲阶段(IDLE)。TIP 槽分配如图 4－37 所示。

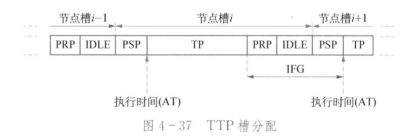

图 4－37　TTP 槽分配

槽由 PSP 阶段开始,到下一个槽的 PSP 起始点结束。TP 阶段的开始时间是指计划发送或接收帧的时间点,称为执行时间(action time,AT)。两个连续TP 之间的时间称为帧间隔(inter-frame gap,IFG),包括 PSP、PRP 和 IDLE阶段。PSP 用于协议服务,准备 TTP 控制器发送或者接收数据。在 PRP 阶段,TTP 控制器处理帧数据,并基于接收的数据执行协议服务。由于槽的长度不仅取决于总线速率以及总线上传输数据的数量,还取决于环的长度、节点(槽)的数目,因此在通常情况下还预留了一些时间,称此为 IDLE 阶段。

2) TTP 帧

TTP 帧在传输阶段(TP)发送,由协议信息和应用数据组成。TTP 帧结构如图 4-38 所示。一个 TTP 帧由帧主体(frame body,包含应用数据)和协议开销(protocol overhead,用于协议操作)组成。帧主体是 TTP 帧的主要部分,承载了主机生成或者消费的应用数据,可以被主机应用进一步拆分成多个部分,称为消息。帧主体的最大长度为 240 个字节。当接收操作时,TTP 控制器将应用数据保存在主机接口,而发送时从主机接口取应用数据。协议开销用于 TTP 协议的操作,包括帧头、CRC 值和取决于帧类型的显式或隐式的控制器状态(C-state)。

图 4-38　TTP 帧结构

帧头共 4 位,包含高 3 位模式更改请求和最低位的帧类型。帧类型包含了指明帧中 C-state 如何使用的信息,用于 TTP 控制器解析接收的帧。帧类型为 1,表示该帧为带有显式 C-state 的帧;帧类型为 0,表示该帧为带有隐式 C-state 的帧。C-state 是从 TTP 控制器角度看到的集群状态的变量集合,包括全局时间、集群位置和成员关系向量,如图 4-39 所示。

TTP 总线支持 4 种帧格式:

(1) N 帧是针对用户的,只包含应用数据,发送节点的控制器状态隐式包含在 CRC 值中。因为缺少显式的 C-state,所以节点不能基于 N 帧整合。N 帧开销低,具有最高的数据传输效率。

(2) I 帧用于节点之间的时钟同步,由 TTP 控制器自动执行,包含发送节

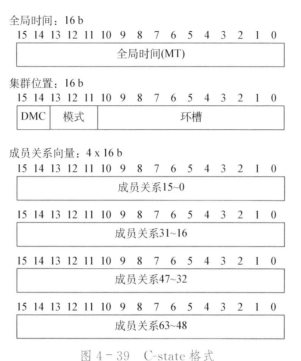

全局时间：16 b

集群位置：16 b

成员关系向量：4 x 16 b

图 4-39　C-state 格式

点的显式 C-state，不包含应用数据。

（3）冷启动帧用于发起群通信，由 TTP 控制器自动执行。冷启动帧具有 I 帧的格式，但是有特殊的值设定。冷启动帧只能由被允许发起集群通信的节点发出。

（4）X 帧（扩展帧）包含发送者的显式 C-state 和应用数据，可用于主机应用。

对于每个接收到的帧，TTP 控制器都进行 CRC 计算，并与帧中的 CRC 字段对比。CRC 用于错误的检测，而不是错误纠正。CRC、C-state 和帧类型等如图 4-40 所示。其中，Schedule ID 是一个集群统一分配的 24 位值，集群中每个节点都使用这个值作为 CRC 计算的初始值。使用隐式 C-state 可以提高传输性能，因为传输过程中 C-state 不需要使用带宽。显式 C-state 对于整合过程和集群启动是必须的，因为 TTP 控制器只能整合直接包含了 C-state 的接收帧。根据 C-state 使用隐式或者显式，接收端进行不同的 CRC 检查。

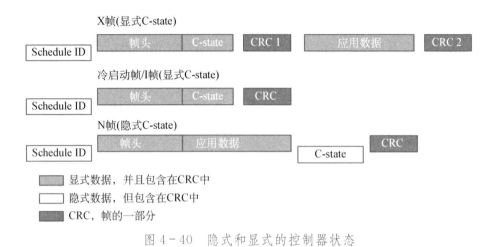

图 4 - 40　隐式和显式的控制器状态

3）TTP 帧状态

接收帧后，TTP 控制器评估帧的内容，进而决定每一个接收帧的接收状态，用于检测传输错误或者 C-state 不一致错误。帧状态包括如下内容。

（1）空帧：如果在 TP 阶段（从接收窗口打开到 TP 结束）信道上没有检测到任何通信（甚至是噪声），那么预期的帧被认为是空帧。

（2）有效帧：帧在接收窗口之内开始传输，如果在帧的接收过程中没有检测到其违反编码规则，且接收窗口在帧开始传输之前没有其他传输，则接收帧被认为是有效的。

（3）无效帧：如果从接收窗口的起始到 TP 阶段的结束这段时间内，检测到总线活动，但是没有接收到有效的帧，则该帧是无效的。

（4）错误帧：有效帧包含了错误 CRC，或者是 C-state 不一致，则该帧是错误帧。

（5）未决帧：带有用于确认算法状态 2 的一致 C-state 的有效帧。

（6）正确帧：通过接收端的 CRC 校验和所有语义检查的有效帧。

（7）集群模式违反帧：通过了所有的检查（正确的或者未决的成员关系），但是模式更改请求是该槽模式更改许可（MCP）不允许的帧。

TTP 控制器使用两个通道传输数据，并按照以下的优先级次序合并两个通道接收的帧状态来建立槽状态：正确、未决、集群模式违反、错误、空帧、无效。这就意味着，如果 TTP 控制器在通道 0 上收到一个正确帧，在通道 1 上收到一个无效帧，则槽状态为正确。槽状态用于确认算法和派系检测算法。

4.6.2.2　协议服务层

TTP 协议定义了两类不同的群服务：通信服务和安全服务，这两类服务确保了节点之间可靠的容错数据交换。服务层都是在 TTP 控制器中实现的，不需要用户干预。

通信服务：单节点的故障可以被发现并且容忍，集群通信可以在不降低服务质量的情况下继续执行。通信服务包括集群启动/整合服务、确认服务、容错时钟同步服务和群模式改变服务。

安全服务：确保任一故障节点的故障静默，防止分布式失效。安全服务包括成员关系服务、派系检测服务和主机/控制器生命标记服务。

1) 时钟同步服务

时钟同步服务是总线时间触发通信执行的基础。同步和确定性操作要求全局时间基值的可用性。对于每一个 TTP 控制器，一方面根据全局时间基值调整自身的时间值，另一方面也提供时间参数用于时间修正值的产生。由于采用容错分布式时钟同步算法[14]允许总线中存在多个授时节点，因此总线上部分节点的故障不会影响整个总线的时钟同步。

TTP 全局时间参数的基本参数包括 microtick，macrotick 和 precision。

microtick 定义了 TTP 控制器的最小测试时间刻度的周期性信号，时间长度 Δ_{mt} 关联到物理的 TTP 控制器时钟，实际值为输入时钟的周期。

macrotick 是界定全局时间的周期性信号，被 TTP 控制器用来触发协议事件的执行，并确定 TTP 控制器何时发送或者接收一个帧。每一个 macrotick 长度为 Δ_{MT}，由一定数目的 microtick 组成，在 MEDL 表中进行配置，不同节点的 microtick 可以不相同，但在集群中所有 TTP 控制器应基于相同的 Δ_{MT} 值进行操作。

precision 定义了全局时间基的精度,集群内所有节点的同步协议执行、集群操作都在一个可配置的时间间隔(精度)之内,该参数在通信网络接口(CNI)中配置。precision 是一个时间间隔,反应各个节点本地时间的最大偏差。由于各个节点的时钟存在漂移,因此这个时间间隔是客观存在的。

TTP 控制器在同步过程中,周期性地检查本地 macrotick 的执行时间是否在全局时间精度内,即对同步计算出的修正值与 MEDL 中配置的时钟修正检查(CCC)定义的上限进行比较,超出该值表示同步失败,进入 freeze 状态。

同步操作按照下述 3 个阶段进行:

(1) 每个 TTP 控制器计算每个接收帧的实际到达时间,并根据预计接收时间计算偏差。

(2) 每个 TTP 控制器基于记录的偏移值,采用容错分布式时钟同步算法计算出一个修正值。

(3) 每个 TTP 控制器使用修正值来更新自身的时钟,使其更好地与其他 TTP 控制器的时钟保持一致。

在每一个环槽中,每个 TTP 控制器都以 microtick 为单位,测量帧的预期到达时间和实际到达时间之间的差值 Δ_{dif},用于计算修正值。

全局时钟的重同步应该在每个重同步间隔内,在所有节点上同时执行。在一个 TDMA 环中,应该至少执行一次时钟修正,执行时钟修正的时间点在配置数据 MEDL 中定义。考虑到容错时钟同步的集群,需出现至少 4 个主节点的槽,因此最小重同步间隔应该至少是 4 个槽,这一点通过配置来保证。

时钟状态修正值(clock state correction term,CSCT)基于最近的 4 个测量值进行计算,所有之前的测量值都被丢弃。CSCT 是排除 4 个测量值中最大值和最小值后,剩余 2 个值的平均值,如图 4-41 所示。

在 TTP 系统中,时钟同步必须保证每个节点的时钟偏移在精度范围内。在每个重同步间隔中,经过时钟修正值的计算后,TTP 控制器使用以下的一个

图 4 - 41　时钟状态修正的计算

策略来调整本地的 macrotick。

（1）单次调整：在一个 macrotick 内调整 CSCT 的 microtick。

（2）逐步调整：每个 macrotick 增加/减少一个 microtick，直到 CSCT 耗尽。

（3）间隔调整：每隔几个 macrotick，增加/减少一个 microtick，直到 CSCT 耗尽。

2）成员关系服务

成员关系是实现确认服务、派系检测服务的基础，成员关系服务首先为每个节点分配一个唯一的标识位，构成成员关系向量。各个总线上的节点在相应的时间槽内进行发送操作。每一个成员节点的成员关系状态记录在成员关系向量中。

成员节点是一个在分配的槽内允许发送帧的节点。每一个成员节点的成员关系状态记录在成员关系向量中，按照 MEDL 配置，每个节点机（包括虚拟成员节点）对应 C-state 中成员关系向量的一个位。C-state 中包含的成员关系向量为 64 位，如图 4 - 39 所示，因此一个 TTP 集群中最多支持 64 个 TTP 节点。静默节点（没有分配到环槽的节点）不出现在成员关系向量中，这种节点主要用于监控总线活动。

TTP 控制器基于接收活动判断的槽状态来表决其他节点的操作状态。当槽状态不为"正确"时，即当前环槽的发送节点被认为非操作状态或者出现错误，将本地 C-state 中对应的发送节点的成员关系位进行复位。

基于表决结果，在 PRP 阶段进行更新槽状态的统计。这个时间点也称为成员关系点(membership point)。在下一个成员关系点之前,节点的成员关系状态保持不变。发送节点在成员关系识别点(membership recognition point)最终确定自己的成员关系状态。这个时间点的具体位置取决于节点的槽位置和确认算法的执行结果。

多个节点可以共享一个槽,提高带宽利用率,称为复用槽。共享一个槽的这些节点,称为虚拟成员节点。每一个虚拟成员节点被静态分配到特定的TDMA环中,且每一个虚拟成员节点拥有成员向量位。在不同的集群模式下,虚拟成员节点分配的TDMA环可能不一样。

TIP控制器的复用槽如图4-42所示,在此图中集群周期包含了4个TDMA环,其中最后一个槽被虚拟成员节点3、4和5共享,节点3在TDMA环0和环2发送,节点4在环1发送,节点5在环3发送。相对于真实节点在每个TDMA环都有一个槽,节点3的发送频率只有真实节点的一半,而节点4和5的发送频率只有真实节点的1/4。

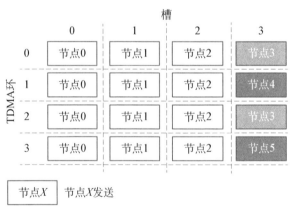

图4-42 TTP复用槽

3) 确认服务

TTP确认服务处理信息收集过程,确定发送节点发送的帧的正确性。确认服务由控制器基于通信过程中的帧进行判断,不增加额外的开销。确认服务基于成员关系服务隐式地执行。通过检查接收帧C-state中成员关系向量是否与确认算法一致,从最多两个有效后继节点发送的帧当中获取确认信息,更新槽统计以及连续确认错误的统计。两个有效后续节点之后不再执行确认算法,直到下次发送。

后继节点关系是动态的,取决于当前发送节点在 TDMA 环中的位置和接收帧的槽状态。发送节点的第一或者第二后续节点确认发送者是否成功地发送了至少一个帧。根据后继节点返回的成员关系向量,来确认算法执行状态 1 或状态 2。

状态 1 的执行过程如图 4-43 所示。

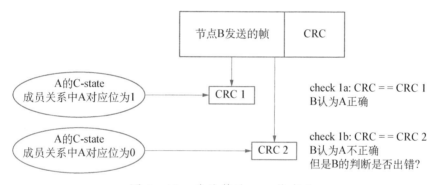

图 4-43 确认算法——状态 1

状态 2 的执行过程如图 4-44 所示。

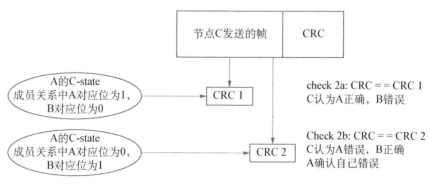

图 4-44 确认算法——状态 2

确认算法的步骤如下：

（1）节点 A 在其发送槽将成员关系向量中自己的成员关系位（MEMB（A））置位，发送一个帧。

（2）如果 A 的第一后继节点 B 从 A 收到了至少一个正确的帧，那么 B 应该将其本地 C-state 中成员关系位（MEMB（A））置位，用于后续的帧传输。

（3）节点 A 给 C-state 中的 MEMB（A）和 MEMB（B）置位，并使用这个 C-state 与从 B 接收的帧做 CRC 检查，即 check 1a。给 C-state 中的 MEMB（A）复位，并给 MEMB（B）置位，再使用这个 C-state 与从 B 接收的帧做 CRC 检查，即 check 1b。

a. 当 check 1a 通过时 A 认为传输正确，A 按照接收正确帧来更新其槽状态统计，并复位确认失效统计。

b. 当 check 1b 通过时，A 或者 B 出现错误，使用 A 的第二个后继节点 C 按照确认算法——状态 2 进行确认。

c. 当 check 1a 和 check 1b 都失败时，认为 B 传输过程中出现干扰或者 B 不工作。如果两个通道上都出现了这种现象，那么 A 将 B 从成员关系中移除，并更新槽统计及继续寻找第一个后继节点。

（4）确认算法——状态 2 为节点 A 从第二继任节点 C 接收到的数据帧执行两次 CRC 校验，分别为 check 2a 和 check 2b。节点 A 给 C-state 中的 MEMB（A）置位和 MEMB（B）复位，并使用这个 C-state 与从 C 接收的帧做 CRC 检查，即 check 2a。节点 A 给 C-state 中的 MEMB（A）复位和 MEMB（B）置位，并使用这个 C-state 与从 C 接收的帧做 CRC 检查，即 check 2b。

a. 当 check 2a 通过时，A 认为其最初的传输正确，后继节点 B 错误。

b. 当 check 2b 通过时，A 认为其最初的传输错误，后继节点 B 正确。

通过确认算法，各个节点判断自己以及系统中其他节点的工作状态，并维护全局统一的成员关系向量表。

4）派系检测服务

派系检测机制用于防止一个 TTP 网络分裂为两个或多个各自运行的 TTP 网络，避免 TTP 网络运行出现不一致错误的情况。派系定义为一个节点集，根据持续通信的每个帧，这些节点具有一致的 C-state。然而由于错误或者非一致问题，一组节点可能认为集群中的其他节点传输错误。因此，同一个集群中可能存在不同的派系。TTP 控制器通过检查槽状态统计和执行派系检测算法，避免在 TDMA 环中形成多个派系。

TTP 控制器在每个 TDMA 环中通过检查其一致槽数是否比失败槽数多来评估其是否在多数派系内。当派系检测失败时，即节点检测出其与多数节点不一致，TTP 控制器向主机上报派系错误，并停止操作。

TTP 控制器检查前一个 TDMA 环是否接收到至少一个帧。如果检查失败，表明上个 TDMA 环没有观察到正确的传输活动（除了可能的节点自身的传输），则向主机报告通信中止错误，并且停止操作。

4.6.2.3　主机应用层

在 TTP 协议层次结构中，主机层同底层通过 CNI 接口层进行交互，CNI 接口层起到隔离和防火墙的作用。主机层同底层运行相互独立，且底层对于主机层透明，主机层只需关心数据的发送和数据的接收，协议的状态、控制及运行等均由底层完成，主机层无须参与。

4.6.3　物理特性

TTP 协议主要针对链路层及以上，能够适用于不同的物理层。目前正在进行研究的 SAE AS6003/1 基于 MIL‑STD‑1553B 总线，SAE AS6003/2 基于 RS‑485 总线。本书以基于 RS‑485 的 TTP 物理层为例，说明其物理特性。

TTP 总线采用曼彻斯特编码（TTP 也支持 MFM 编码），帧格式如图 4‑45 所示。

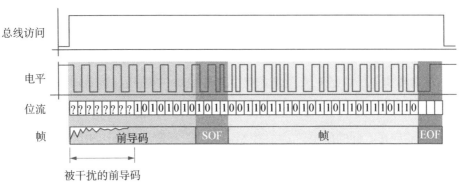

图 4-45 TTP 帧格式

TTP 帧包含如下序列。

(1) 前导码：至少 5 个双位（"10"）的信号。

(2) 帧起始符（SOF）：由一个双比特位"10"和两位"1"组成。

(3) 数据，即链路层的帧格式。

(4) 帧结束符（EOF）：至少 375ns 的低阶段和至少 275ns 的高阶段。

TTP 总线电气采用 RS-485 标准，并通过变压器进行隔离保护。传输线缆采用屏蔽双绞线，特征阻抗应该是（120±12）Ω。总线连接有 3 种形式：短桩连接、菊花链连接和混合连接。菊花链连接的线缆通过节点机的连接器环出去，这种连接的信号完整性较高，但是只要一个节点没有连接就会导致总线断开。

端接电阻之间总的线缆长度小于 77 m，短桩长度小于 250 mm。总线上最多可以有 12 个端接，6 m 的总线范围内最多有 4 个端接。端接电阻连接在总线两端的差分线之间，外部端接应在有防护的区域，端接电阻阻值应该匹配总线的特征阻抗，在特征阻抗 7% 以内。

4.6.4 典型应用

TTP 总线凭借其在确定性、安全性方面的独特优势，已经成功应用在波音 787、空客 A380、庞巴迪 C 系列支线客机、巴西航空工业公司（Embraer）的

Legacy 450/500 公务机以及其他先进飞机的控制系统中,包括电源控制、舱内压力控制、飞行控制、发动机控制等系统。

庞巴迪 C 系列支线客机的飞行控制系统中采用了 3 余度的架构,通过 TTP 总线连接主飞行控制计算机(primary flight control computer,PFCC)、增稳电机控制单元(stabilizer motor control unit,SMCU)和作动器电子控制模块(actuator electronic control module,AECM)。

Embraer 也开展了基于 TTP 总线的飞行控制系统的研究工作,建立了使用 TTP 总线连接 FCC 和作动器控制电子设备(ACE)的模拟环境,用以控制平尾。最终将 TTP 总线成功应用在 Legacy 450/500 公务机项目中。

Honeywell 公司将 TTP 总线用在其模块化航电控制器(MAC)中。MAC 是一个通用的开发平台,采用了模块化设计、通用开发环境和工具,以及开放的通信协议。而 MAC 应用于 Aermacchi M‑346 的发动机、F16 战斗机以及 GE 公司 F110 的发动机。

HAMILTON SUNDSTRAND 将 TTP 总线用在波音 787 飞机的电源、配电、环境控制等系统中,在 11 个不同的 TTP 子网上共使用了 70 个 TTP 控制器。HAMILTON SUNDSTRAND 在其第四代二次配电组件(secondary power distribution assembly,SPDA)中同样使用了 TTP 总线,SPDA 用于中国商飞的 C919 飞机和庞巴迪 C 系列支线客机,主要连接的设备包括发电机控制器(generator control unit,GCU)、汇流条功率控制器(bus power control unit,BPCU)、电气负载管理中心(electric load manage center,ELMC)等。庞巴迪 C 系列支线客机中 SPDA 结构如图 4‑46 所示。

Nord-Micro 公司在空客 A380 的舱内压力控制系统(cabin pressure control system,CPCS)中也采用了 TTP 总线。空客 A380 飞机能够在 11 000 米的高空连续飞行 14 小时,环境温度低至−56℃,气压约为正常大气压的 20%。CPCS 系统就是为了保证在这样的飞行条件下人员舒适、设备/货物正常,因此该系统可靠性要求是非常高的。

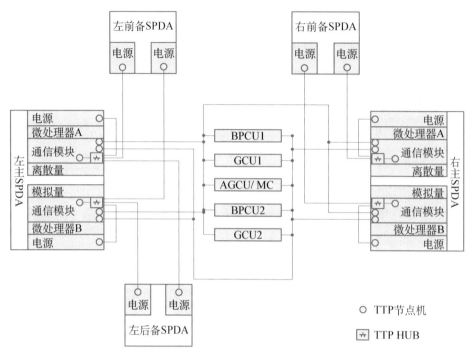

图 4-46　庞巴迪 C 系列支线客机中 SPDA 结构

4.7　航空电子标准通信总线

4.7.1　概述

　　航空电子标准通信总线(avionics standard communication bus，ASCB)是一种航空电子设备间互连的串行总线标准，由 Honeywell 公司开发。1986 年，通用航空制造商协会(General Aviation Manufacturers Association，GAMA)发布了 ASCB 总线规范的 A 版，最近的版本是 1996 年发布的 C 版[15]。

　　ASCB 包含 4 条异步半双工总线，分别为 2 个主总线和 2 个备份总线。备份总线 1 和备份总线 2 分别位于飞行器的两侧。挂接在总线上的节点通过变压器耦合的方式与总线进行电气隔离。所有节点可以对主总线进行访问，备份总线可以由分布在同侧的设备进行访问。ASCB 总线为通航飞机综合化航电提供了一种故障-操作(fail-operational)的多点通信方式。

处于活跃状态的总线控制器进行总线流量控制。至少有 1 个控制器用于系统冗余,最多有 3 个额外的控制器提供冗余的总线控制功能。当整个 ASCB 总线使用 4 个控制器时,每侧分配 2 个控制器。整个 ASCB 总线的结构如图 4-47 所示。

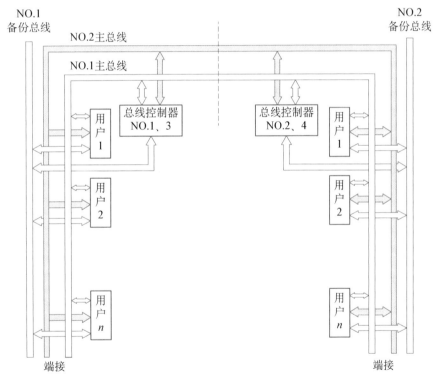

图 4-47　ASCB 总线结构

ASCB 总线的主要技术特点如下:

(1)总线控制器的通信方式保证了数据传输的确定性。

(2)4 条异步半双工总线,分别为 2 个主总线和 2 个备份总线,提高系统的可用性。

（3）ASCB 总线的互连故障，如短路、开路，不会损坏总线上任一节点中的设备。

（4）总线上节点中的故障不会通过 ASCB 总线传播到其他节点上。

4.7.2 协议介绍

ASCB 总线上的节点按照总线控制器的指令，同时在主总线和处于同侧的备份总线上发送广播消息。当超出分配的时隙时，节点只能进行监听。控制器可以同时在 3 条总线上传输数据（包括同侧的主总线和备份总线，异侧的主总线）。

节点在同侧的主总线和备份总线上监听其他节点发送的总线消息。在任一时刻由总线控制器发送到两侧主总线和同侧备份总线的请求都有效。处于同侧的节点之间可以相互接收和发送数据，同侧和异侧节点之间只能通过主总线接收数据。

总线上节点之间的数据通信使用高级数据链路控制协议（high-level data link control，HDLC），具有高数据完整性。数据在总线上的发送周期是 8 个帧，每个帧的持续时间是 25 ms。根据控制器的指令，每个节点在发送周期内发送数据。根据系统的性能要求提供合适的数据更新速率。

每个节点在发送数据时，有内部互锁机制防止节点在分配的时间范围外发送数据。只有当节点收到控制器发送的请求时，才能发送数据。

4.7.2.1 性能

（1）时钟速率：ASCB 总线速率和时钟频率为 $(2/3\pm0.05\%)$MHz。

（2）设备数目：每侧连接的节点数可以达到 50 个，包括控制器以及只接收数据的节点。

（3）传输距离：当连接的节点数为 50 个时，每侧总线的线缆长度不超过 38 m。

（4）误码率：ASCB 总线的误码率低于 10^{-8}。

4.7.2.2 帧结构

ASCB 总线使用 4 种消息块构成数据帧,4 种消息块分别为帧启动/控制消息、总线控制器状态消息、用户请求消息和用户数据消息。ASCB 的帧结构如图 4-48 所示。

图 4-48　ASCB 帧结构

根据 HDLC 协议规定,所有消息传输必须以一个标志字符开始,且以同一个字符结束。这个标志字符是 01111110(0x7E),称为标志字段。标志字段提供了每一帧的边界。接收端可以通过搜索"01111110"来检测帧的开头和结束,以此建立帧同步。

在标志字段之后,可以有一个地址字段和一个控制字段。地址字段用来规定与之通信的次站的地址。控制字段可规定若干个命令。HDLC 允许地址字段可以为任意长度。

地址字段和控制字段之后是信息字段,包含要传送的数据。并不是每一帧都必须有信息字段。当没有信息字段时,表示这一帧是控制命令。

1) 帧启动/帧控制消息

帧启动和帧控制消息包含在每个帧的起始部位,由活跃的总线控制器发送。帧启动/控制消息块包含发送帧的数目以及控制器的控制模式。帧控制消息中不包含数据段。当处于本地模式时,控制器处于 A2 模式,仅控制同侧的备份总线。当处于正常模式时,控制器处于 A1 模式。帧启动/控制消息格式如图 4-49 所示。

2) 总线控制器状态消息

总线控制器状态消息由每个总线控制器发送,状态信息包含每个控制器当

图 4-49　帧启动/控制消息格式

前的工作模式、活跃测试请求、控制器在上一个监控周期中的信息。控制器每100 ms 发送一次控制状态消息块。总线控制器状态消息格式如图 4-50所示。

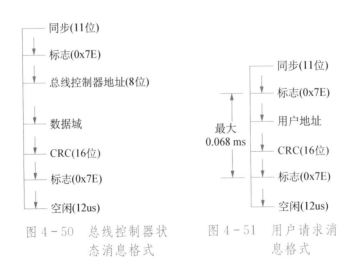

图 4-50　总线控制器状态消息格式

图 4-51　用户请求消息格式

3）用户请求消息

用户请求消息位于总线控制状态消息之后,处于活跃状态的控制器请求各个用户子系统将数据发送到 ASCB 总线上。各个节点按照预设的次序发送给用户数据消息。用户请求消息格式如图 4-51 所示,包含了用户请求地址,但是不含数据。

4）用户数据消息

节点接收到总线控制器发送的用户请求信息，并验证消息中的请求地址是否正确。若验证正确，则接收该消息的节点将预定义的数据以广播方式发送至 ASCB 总线上。用户数据段中包含校验和/或 CRC 字段。挂接在总线上的其他节点可以同时接收到这个广播数据。用户数据消息格式如图 4-52 所示。

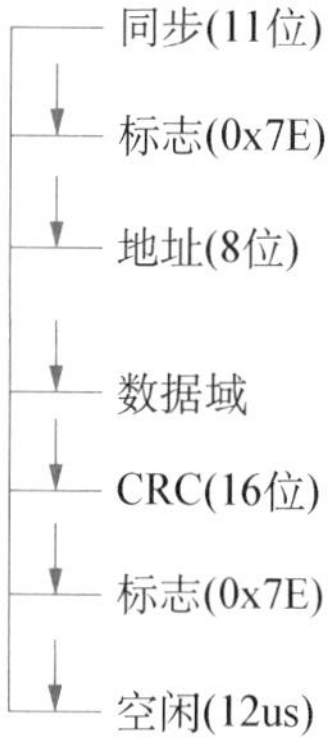

同步(11位)

标志(0x7E)

地址(8位)

数据域

CRC(16位)

标志(0x7E)

空闲(12us)

图 4-52 用户数据消息格式

4.7.2.3 总线控制器

整个 ASCB 总线中至多有 4 个总线控制器，每个控制器连接到 3 个总线上(2 个主总线和 1 个备份总线)。4 个控制器的 ID 号分别为 00，01，10，11。任意时刻总线上只有 1 个控制器处于活跃状态。其他就绪的控制器必须被分配一个就绪优先级序号，该序号将作为状态消息的一部分被发送出去。4 个控制器的优先级序号分别为 00，01，10，11。

在任意时间，只有 1 个控制器占有总线控制权，其余控制器应处于监控/就绪状态。只有当占有总线控制权的总线控制器移除活跃状态时，其余控制器才可以进入活跃状态。

占有控制权的控制器若检测到自身的控制错误，则将停止对总线的控制。处于就绪状态的控制器持续监听总线是否存在控制错误或无控制情况。若检测到 ASCB 总线上出现控制错误或无控制情况，则就绪的控制器按优先级次序的方式获得总线控制权。交错启动互锁机制避免在上电和总线控制权切换阶段出现控制权争夺。

当出现软件故障时，总线控制功能可以从故障中恢复，或对故障免疫。

控制器具有 5 个操作模式，分别为 A1、A2、S1、S2 以及 OFF。每个操作模式有不同的监控模式。

（1）A1 模式（Active-1）：在此模式下，控制器控制所有的 3 条总线，监控器监控自身对主总线 1 和主总线 2 的控制情况。

（2）A2 模式（Active-2）：在此模式下，控制器仅控制同侧的备份总线，关断自身对于主总线的控制。监控器仅监控自身对备份总线的控制。

（3）S1 模式（Standby-1）：一般就绪模式；当总线上有控制器处于 A1 模式占有控制权时，其他控制器处于 S1 模式。在该模式下，S1 状态的监控器监控同侧的主总线是否被正确控制。

（4）S2 模式（Standby-2）：在此模式下，控制器就绪，准备进入 A2 模式。处于该模式下的监控器监控同侧备份总线是否被正确控制。

（5）OFF 模式：控制器经过两次自检测（built-in test，BIT）后仍检测失败，则进入 OFF 模式。

4.7.2.4　节点操作

1）功能优先级

每个连接到 ASCB 总线节点的第一功能优先级是维持独立于 ASCB 总线的功能，第二功能优先级是发送数据到 ASCB 总线上，第三功能优先级是接收 ASCB 总线上的数据。

任意节点或控制器的故障不会影响节点独立于 ASCB 总线的功能。

2）接收总线控制

节点监听总线控制信息的原则是节点总线接口通过以下次序依次在对应总线上监听有效的控制信号：同侧主总线、异侧主总线以及同侧备份总线。每个总线的监听时间为 25 ms。一旦在某个总线上发现有效的控制信号，那么节点就持续监听当前总线，除非该总线上的控制信号丢失。

3）寻找总线控制

上电后，节点首先在同侧的主总线上监听是否有总线控制信号。若 25 ms 内没有收到有效的总线控制信号，则节点按照预定义的搜索次序变换到其他总线继续监听。

4）节点接收数据

ASCB 的节点可以在 3 条总线上接收其他节点发出的数据。若发送数据的节点在异侧，则接收节点仅能在异侧的主总线上接收数据。若数据源来自同侧的节点，则接收节点可以在同侧的主总线和备份总线上接收数据。在一般情况下，节点仅接收同侧主总线上的数据。

5）数据有效性

所有节点对接收到的数据进行有效性检查，确保接收到的数据是正确的。对数据的检查包含如下部分。

（1）数据计数器：计数器工作范围为 0x0～0xF。每当有新的数据传输时，计数器中的数据会刷新。

（2）硬件 CRC 检查：检测到一位或多位数据错误。

（3）软件校验和：校验和是主要的数据验证工具，校验和在每个源和目的节点都要进行计算和检查。

4.7.3　物理特性

ASCB 通过差分线进行信号的传输。每侧连接的节点数可以达到 50 个，包括控制器以及只接收数据的节点。当连接的节点数为 50 个时，每侧总线的线缆长度不超过 38 m。采用特征阻抗为 125 Ω 的屏蔽双绞线作为传输介质，线缆两端使用电阻进行端接，电阻阻值(127±1.27)Ω。

4.7.4　典型应用

庞巴迪将 ASCB 总线应用在环球 5000 公务机、CRJ200 支线客机等项目中。在环球 5000 公务机中，自动飞行控制系统的每个飞行指引计算机(flight guidance computer，FGC)的符号产生器通过 ASCB 总线将指引数据发送给主飞行显示器(primary flight display，PFD)。

巴西航空工业公司研制的 E190 型飞机是面向 21 世纪的 E 系列飞机中的

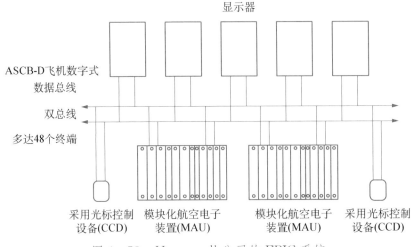

显示器

ASCB-D飞机数字式
数据总线

双总线

多达48个终端

采用光标控制
设备(CCD)

模块化航空电子
装置(MAU)

模块化航空电子
装置(MAU)

采用光标控制
设备(CCD)

图 4 - 53　Honeywell 公司的 EPIC 系统

一款,使用了 Honeywell 公司的 EPIC 系统[4],如图 4 - 53 所示。在装配的 WU - 880 型气象雷达系统中使用 ASCB 总线将模块化航电单元(MAU)控制板卡的显示信息发送到显示器。

"神秘-隼"900 是法国达索飞机公司研制的一种三发远程行政运输机。该飞机采用了两条 Honeywell 公司双向 ASCB 总线,将两套 SPZ800 飞行指引仪/自动驾驶仪及电子飞行综合系统集成在一起工作。

4.8　商业标准数字总线

4.8.1　概述

商业标准数字总线(commercial standard digital bus,CSDB)是由 Rockwell Collins 公司通用航空电子分部制定的航空电子设备间互连的串行总线标准,是当前通用航空领域使用的一种串行数字总线。1983 年 GAMA 发布了第 1 版 CSDB 总线规范,之后经过多次更改,最近的是 1998 年发布的第 9 版[16]。

CSDB 总线主要用于商务飞机和通航飞机内部电子设备之间的互连通讯,

其传输速率有低速(12.5 kbps)和高速(50 kbps)两种,物理层电气标准与 RS-422-A 总线兼容[17]。CSDB 总线采用了类似于 ARINC 429 总线的一个发送器多个接收器的单向通信方式,单个发送器最多可以连接 10 个接收器。CSDB 总线结构如图 4-54 所示。

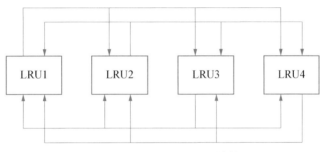

图 4-54　CSDB 总线结构

CSDB 总线的主要技术特点如下:

(1)单发送器多接收器结构,传输无冲突,确定性好。当需要接收器反馈或者确认时,必须另外建立总线连接。

(2)每一个端到端的链路都是独立的,终端的故障不会相互传播。

(3)必要时,可以通过两个或者多个总线构成余度的网络结构进行数据传输,提高可用性和完整性。

(4)支持连续重复传输、不连续传输、突发传输 3 种传输类型,满足周期消息、非周期消息以及块数据消息的传输要求。

4.8.2　协议介绍

CSDB 总线规范定义了操作、电气、同步和时序等,并且对总线连接的大气、通信、导航、飞控等各种航空设备的总线传输参数做出了详细的规定。

4.8.2.1　帧结构

CSDB 总线是面向字节的传输协议,每个字节 11 位,包括 1 位起始位、8 位数据位、1 位奇校验位和 1 位停止位。8 位数据标识为位 0 至位 7,包含多个字节时从最低字节(LSB)开始传输。

消息块定义为包含固定字节长度、按照固定顺序传输的单个消息。消息通过标号(或者称为地址)来标识,定义为消息的第一个字节(Byte0)。每个消息按照预先定义的方式包含一个或者多个参数,在 CSDB 总线规范中给出了推荐的定义方式。对于一个给定的总线,所有的消息块必须包含相同数目的字节。

帧定义为从一个同步块开始到下一个同步块开始的时间间隔。对于给定的总线,帧是确定的时间长度,其值由总线上最大的更新速率来确定。CSDB 总线的帧结构如图 4-55 所示。

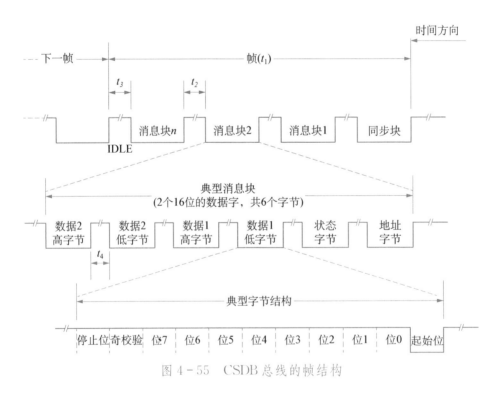

图 4-55　CSDB 总线的帧结构

在图 4-55 中,t_1 为帧时间,其值等于最大更新速率的倒数;t_2 为块间隔时间;t_3 为总线空闲时间,至少为 11 个位的传输时间;t_4 为字节间隔时间。

1) 字节次序

字节的次序必须符合帧的结构,定义如下。

（1）Byte0：地址字节。

（2）Byte1：状态字节，或者是第一个数据字节。

（3）Byte2：数据字节。

（4）Byte3～Byte$N$：数据字节。

2）状态字节

状态字节为一些消息块提供源、模式等信息，其定义如下。

（1）Bit[1：0]：源标识。0b00 表示未知，0b01 表示单元 1，0b10 表示单元 2，0b11 表示单元 3。

（2）Bit2：测试标识。0 表示正常操作，1 表示测试。

（3）Bit[4：3]：模式标识。0 表示模式无效，1 表示模式有效。

（4）Bit[7：5]：数据有效标识。分别标识数据 1、数据 2 和数据 3 的有效，0 表示无效，1 表示有效。

3）位逻辑

字节中的位可以是有效位或者是填充位。有效位可以是 0 或者 1，而填充位必须为 0。在字节的传输过程中，必须是位 0 先传输，位 7 最后传输。

4）空闲时间和间隔

总线的空闲状态使用逻辑"1"，在同步块之前。一个帧当中的空闲时间应该不少于 11 个位的传输时间。

块间隔和字节间隔的值没有限制，最小可以为 0。

这些时间值一旦确定，就应该在整个总线上保持一致。

4.8.2.2 同步

同步字节定义为 0xA5，并且同步字节并不影响在正常的数据字节中使用这个值。在消息块中，地址字节不允许使用 0xA5。

同步消息块为 n 个重复的同步字节，这里 n 为总线所使用的消息块的字节数目，总线设计确定后，n 是一个固定值。同步消息块标识了每个帧的开始位置和结束位置。同步的频率值等于总线的最大更新速率。

4.8.2.3　总线操作

CSDB 总线传输使用字节、消息块和同步,支持 3 种形式的操作。

(1) 连续重复传输:消息按照固定的间隔进行更新或者刷新,主要数据如高度、大气数据等周期性数据传输所使用的标准形式。

(2) 不连续传输:消息有效时按照固定的速率重复发送,但其并不总是有效的,例如模式相关的数据、测试数据等。

(3) 突发传输:这些消息的传输旨在发起一个特定的操作,例如无线电调谐;或者通知一个特定的结果。每个新消息都需要一个完整的突发传输来进行发送。两个突发传输可能有重叠,但是为了保证接收器的正确同步、解码和处理,每个操作都需要以每秒 20 次的速度在连续 16 个帧中进行 16 次重复发送。突发传输的结束不能进行扩展,也不能重复(除非一个新的消息已经有效)。在接收单元,有效消息的第一个消息块中包含了校验和。

当使用突发传输进行瞬时动作的通信时,例如按钮的操作,应该分别通过两次突发传输来发送按钮的两个状态,使得接收设备能够识别出按钮的松开过程。

4.8.3　物理特性

CSDB 总线使用基于 NRZ 码的差分信号传输,线 b 相对于线 a 为正时表示逻辑"0",为负时表示逻辑"1"。在字节传输中,起始位为逻辑"0",停止位为逻辑"1"。

CSDB 总线的传输速率支持两种模式,高速为 50 kbps,低速为 12.5 kbps,误差不超过 $\pm 0.1\%$。

电气上采用 EIA 的 RS - 422 - A 标准,上升和下降时间均不少于 $0.8\ \mu s$,且不超过 $1.0\ \mu s$(高速总线)和 $8.0\ \mu s$(低速总线)。每个接收器的信号线之间或者信号线与地之间的容性负载不超过 600 pF,每个发送器能够驱动容性负载应该在 0~12 000 pF 的范围内。

CSDB 总线推荐使用的线缆是屏蔽双绞电缆,如 RS - 422 - A 所要求,支持 50 m 电缆长度的应用。接收器的输入阻抗不小于 4 kΩ,以满足一条总线上 10 个接收器的连接。

CSDB 总线的物理层特性如表 4 - 8 所示。

表 4 - 8　CSDB 总线的物理层特性

特性	描述	特性	描述
调制技术	不归零码(NRZ)	信号上升时间和下降时间	低速:0.8～8.0 μs; 高速:0.8～1.0 μs
总线接收器	高阻抗,差分输入	接收端容性负载	不超过 600 pF
总线发送器	差分驱动器	发送器驱动容性负载	不超过 12 000 pF
总线信号速率	低速:12.5 kbps; 高速:50 kbps		

总线的驱动和接收器可以采用 RS - 422 - A 的电路,典型 CSDB 的发送电路和接收电路分别如图 4 - 56 和图 4 - 57 所示。

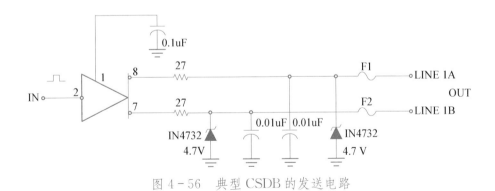

图 4 - 56　典型 CSDB 的发送电路

在故障保护方面,CSDB 总线接收器必须能够防护对 115 V AC 的短路以及对 28 V DC 的短路。即使发送器难以或者无法做到类似的防护,在设计上也应保证短路导致的损毁不会传播到其他电路。

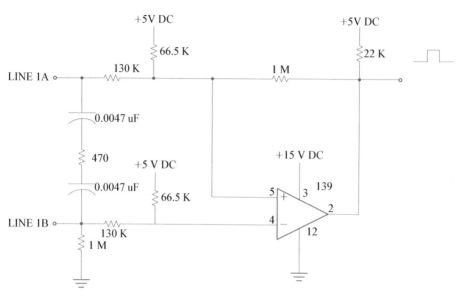

图 4-57 典型 CSDB 的接收电路

4.8.4 典型应用

CSDB 总线使用在部分飞机的改装中,也作为一些飞机的主总线连接 Rockwell Collins 公司研制的大气数据计算机(air data computer,ADC)等 LRU,如表 4-9 所示。还有一些直升机也使用了 CSDB 总线。作为新舟 60 飞机航电系统的供应商,Rockwell Collins 公司在该型飞机中也安装了 CSDB 总线设备。

表 4-9 CSDB 总线应用情况

机　　型	应用情况	机　　型	应用情况
波音 727	改装	肖特兄弟 SD330、SD360	主总线
波音 737	改装	ATR42、ATR72	主总线
麦道 DC-8	改装	德哈维兰 Dash8	主总线
萨博 340、萨博 2000	主总线		

4.9　ARINC 664P7 网络

4.9.1　概述

综合化模块化航空电子系统(integrated modular avionics，IMA)因其通过提供共享的计算资源、存储资源、I/O 资源和通信资源，故成了一种灵活的、可重用的服务平台。传统的机载总线例如 ARINC 429 最大传输速率只有 100 kbps，且大量的布线导致设计复杂，可靠性低，重量大。ARINC 629 总线、MIL‒STD‒1553B 总线、CAN 总线也仅能够提供 1 Mbps/2 Mbps 的通信速率。因此，在综合化模块化航空电子系统中，通信资源的共享以及信息的高度综合对机载网络的设计带来了新的挑战，要求机载网络在保证安全性、可靠性的前提下必须能够提供更高的通信带宽。

ARINC 664P7"航空电子全双工交换以太网(avionics full-duplex switched Ethernet，AFDX)"标准[18]的第一版于 2005 年发布，2009 年 ARINC 664P7‒1 对部分内容做了修订。ARINC 664P7 在传统 IEEE 802.3 的 10 Mbps/100 Mbps 以太网基础上，通过采用虚链路的带宽隔离机制保证了通信的确定性，又通过采用双余度的星型拓扑结构提高了通信的可靠性，使其能够满足综合化模块化航电系统的通信要求。目前已经在空客 A380、A350 和波音 787 以及中国商飞的 C919 等新一代大型客机上取得成功应用。

ARINC 664P7 网络的主要技术特点如下：

(1) 在标准以太网 IEEE 802.3 的基础上增加虚链路的机制进行带宽隔离。一方面使得端到端通信的最坏情况传输时延可以计算，确定性好；另一方面保证故障应用不会干扰到正常应用的通信。

(2) 所有的通信参数都是提前设计好，加载到各个网络部件以及主机上的，端口号、传输间隔、传输路径等都是确定的。

（3）物理上端系统采用双余度的接口，分别连接到两台交换机上，提高可用性。

（4）对于完整性要求高的应用，还需采取其他手段，例如电路上采用双余度设计并进行交叉对比，应用层增加数据校验等，来提高网络的完整性。

（5）标准以太网的 TCP 协议采用的是有连接的服务，在不可靠的网络上提供可靠的数据传输。而 ARINC 664P7 本身定义的就是可靠的通信，因此并不需要使用 TCP 协议。在 ARINC 664P7 中将 TCP 定义为可选，用于网关与外部设备的通信。

（6）对上层提供采样端口、队列端口和 SAP 端口，与 ARINC 653 的端口完全对应，分别用于周期消息、事件消息和维护消息等其他消息的数据传输。

4.9.2 协议介绍

ARINC 664P7 是一种以交换机为中心的星型结构网络，如图 4-58 所示，包括端系统（end system，ES）和交换机（switch，SW）两部分，双余度的交换机提供端系统之间的数据交换，端系统为主机提供数据接收和发送的服务。

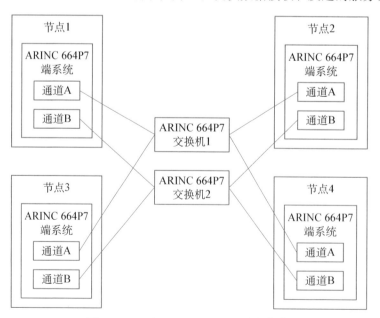

图 4-58　ARINC 664P7 网络结构

4.9.2.1 端系统

ES 的主要功能是为主机应用提供安全可靠的数据互换服务。每个网络传输请求必须得到服务,而不考虑数据类型;在最坏情况下的网络传输延迟(也称为"端到端时延")必须得到保证。因此,飞机网络所需的仅有的服务等级就是保证服务。图 4-59 描述了端系统通信协议栈。物理层采用标准的 IEEE 802.3 以太网,链路速率可以配置为 10 Mbps 或者 100 Mbps,不允许自适应,但可以使用电缆或者光纤进行传输。链路层通过引入虚链路(VL)和双余度的通信机制提供确定性的通信服务。网络层采用 IPv4 协议,并且支持 ICMP 协议的回显功能。传输层采用 UDP 协议,并且可选的支持 TCP 协议。应用层通过提供采样端口、队列端口和服务访问点(service access point,SAP)为航空电子应用以及维护应用提供通信接口。

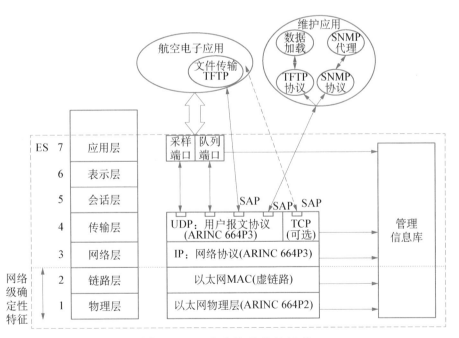

图 4-59 端系统通信协议栈

1）虚链路

端到端时延的上界是通过引入虚链路的概念来实现的。一条虚链路就是一个概念化的通信对象,它定义了从一个源到一个或多个目的端系统的一个逻辑上的单向连接,并且指定一个最大带宽。在 ES 支持的虚链路中,利用可用带宽提供逻辑隔离。无论某个部件试图在一条虚链路上得到怎样的利用率,任意其他虚链路的可用带宽都不受影响。

虚链路带宽的分配是通过限定带宽分配间隔(bandwidth allocation gap,BAG)和最大帧长 L_{max} 实现的。BAG 定义为该虚链路连续两个帧的最小间隔,值可以设定为 2^k ms,k 的取值范围为 $0\sim7$。因此一个虚链路的最大可用带宽为 L_{max}/BAG。例如当一个虚链路的最大帧长 L_{max} 为 1 518 字节,BAG 为 1 ms 时,其最大带宽为 12.1 Mbps。这两个参数的分配应根据系统应用的特性来确定。

2）流量控制

在发送过程中,当网络层将数据提交给链路层时,链路层中每个 VL 都使用规整器按照设定的 BAG 对帧间隔进行规整控制,如图 4-60 所示。从图中可以看出,规整后同一个 VL 的流量满足相邻帧间隔不小于 BAG 的带宽约束。

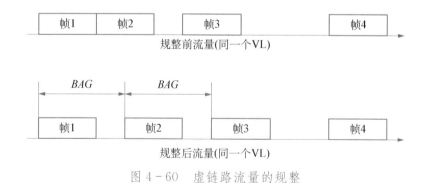

图 4-60　虚链路流量的规整

当多个 VL 发送时,由于共用物理层,因此需要通过调度器进行发送的调度,如图 4-61 所示。

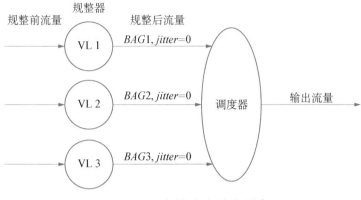

图 4 - 61　虚链路流量的调度

多个 VL 竞争同一个输出端口,导致调度器在调度过程中引入了抖动(jitter)。抖动应满足如下条件:

$$
\begin{cases}
\mathrm{max\_}jitter \leqslant 40\ \mu\mathrm{s} + \dfrac{\displaystyle\sum_{i \in \{\mathrm{VL的集合}\}} (20\ \mathrm{byte} + L_i^{\max}\ \mathrm{byte}) \times 8\ \mathrm{bit/byte}}{Nbw\ \mathrm{bit/s}} \\
\mathrm{max\_}jitter \leqslant 500\ \mu\mathrm{s}
\end{cases}
$$

(4 - 1)

式中,Nbw 指网络速率。

端系统以每个 VL 为基础对发送的数据进行规整,使得在每个 BAG 间隔中发送帧的数目不会多于一个。VL 的调度是 ARINC 664P7 网络确定性分析的基础,这一点在本书的确定性分析中会进一步阐述。

端系统对时延提出了性能要求。发送时延是指从主机数据最后一位提交给端系统到端系统将最后一位发送到物理介质上的时间,必须小于 $150\ \mu\mathrm{s} +$ 帧延迟;接收时延是指从帧的最后一位在物理介质上被接收到相关数据的最后一位提交给主机的时间,必须小于 $150\ \mu\mathrm{s}$。

3) 余度和完整性

ARINC 664P7 网络基于 VL 实现冗余,避免一段链路或者一个交换机的失效导致通信故障,如图 4 - 62 所示。

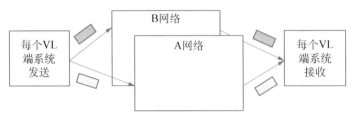

图 4 - 62　ARINC 664P7 网络冗余概念

对于发送的端系统,为每个 VL 的每个帧添加一个字节的序列号(sequence number,SN),位置在帧的 FCS 之前。SN 范围为 0~255。复位后发送的第一个帧 SN 为 0,之后同一个 VL 上的每个相邻帧递增 1,并且在值为 255 之后回卷到 1。

在默认情况下,每个帧被同时通过两个网络发出。这一点是在链路层实现的,对于上层是透明的。为了简化接收端的算法,两个冗余的帧发送到网络上的时间差应该不超过 0.5 ms。

对于接收端系统,首先进行完整性检查,丢弃完整性错误的帧。之后冗余管理采用"先有效者胜出"的策略,将先通过完整性检查的帧提交给上层,而丢弃冗余的帧。端系统完整性检查和冗余管理如图 4 - 63 所示。

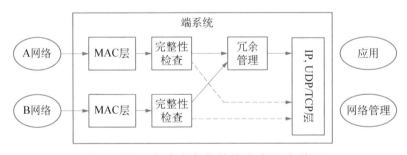

图 4 - 63　端系统完整性检查和冗余管理

对于每个网络,完整性检查根据序列号检测如下区间的每个帧:

$$[PSN"+"1, PSN"+"2]$$

其中前帧序号(previous sequence number,PSN)是这个 VL 接收到的前一个帧的序列号。运算符"+"考虑回卷。例如,如果 $PSN = 255$,则

PSN "$+$" $255 = 1$。

完整性检查也应该在下面的特殊情况下将如下的帧作为有效帧接收：

（1）接收到的序列号等于 0。

（2）在复位之后收到的第一个帧。

不满足这些规则的帧被丢弃。

4）编址

在 ARINC 664P7 网络中，每个帧的通信识别方式如下：UDP 源端口＋IP 源地址＋目标 MAC 地址（VL 标识）＋IP 目的地址＋UDP 目的端口，称为五元组。

图 4-64 展示在最小和最大帧情况下 ARINC 664P7 帧的结构。

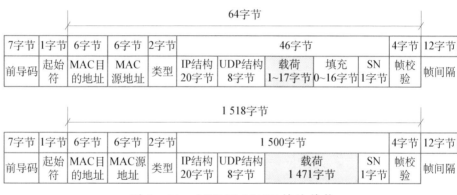

图 4-64　ARINC 664P7 帧的结构

UDP 端口号的分配在 ARINC 664P4《基于互联网的地址结构和号分配》中定义。表 4-10 给出了对于 ARINC 664P7 端口号的分配方法。

表 4-10　ARINC 664P7 端口号的分配

端口范围	ARINC 664P7 分配范围
0～1 023	ICANN 监管，"周知"端口号
1 024～16 383	ICANN 注册，A664 指派
16 384～32 767	ICANN 注册，系统集成者或用户定义
32 768～65 535	ICANN 注册，建议作为临时端口指派

IP 源地址用于表示与端系统相关联的主机。如果采用的是符合 ARINC 653 规范的分区操作系统,则每个分区都有自己的 IP 源地址。IP 源地址采用 A 类地址,并且是私有网络单播地址,其格式如图 4-65 所示。

A类 1位	私有地址 7位	用户定义ID 16位	分区ID	
0	000 1010	nnnn nnnn nnnn nnnn	000	5位

图 4-65　IP 源地址

IP 目标地址是 IP 单播地址,也可以是如图 4-66 所示的组播地址。

IP组播地址 32位	
4位	28位
D类 1110	IP组播标识符
常数域 12位 0000 1110 0000	VL ID 16位

图 4-66　IP 组播地址

MAC 源地址采用与 IEEE 802.3 兼容的本地管理地址。地址格式如图 4-67 所示。其中,常数域第一个字节的最低位为 0,表明是个体地址;第一个字节的次低位为 1,表明是本地管理地址。接口 ID 表明以太网 MAC 控制器所连接的网络类型,为 1 表示是 A 网络,为 2 表示是 B 网络。

以太网MAC控制器标识符 48位			
常数域 24位	用户定义ID 16位	接口ID 3位	常数域 5位
0000 0010 0000 0000 0000 0000	nnnn nnnn nnnn nnnn	mmm	0 0000

图 4-67　MAC 源地址格式

MAC 目的地址是组播地址和本地管理地址,格式如图 4-68 所示。其中,常数域第一个字节的最低位为 1,表明这是组播地址;第一个字节的次低位为 1,表明是本地管理地址。

48位	
常数域 32位	用户定义ID 16位
xxxx xx11 xxxx xxxx xxxx xxxx xxxx xxxx	nnnn nnnn nnnn nnnn

图 4-68　MAC 多播地址格式

5）访问端口

ES 通过两种类型的端口提供了不同的传递模式。

(1) 通信端口:采样或队列模式(符合 ARINC 653),由于 UDP 相对效率较高,因此这两种服务均采用 UDP 通信。

(2) SAP:用来进行简单文件传输协议(trivial file transfer protocol,TFTP)、支持与兼容的网络通信等。

类似于传统 ARINC 429 链路所提供的服务方式,采样是简单、无连接、无应答的多播服务。采样服务不能使用 IP 分片操作,这样每条采样消息的长度都应当小于或等于所对应的 VL 的有效载荷要求。在接收端,最近一条消息存储在一个特定的采样端口中,能够被多个分区读取。每个采样端口都具有一个刷新指示,标明消息的状态。

队列服务是简单、无连接、无应答的。为了保证数据的顺序,队列服务在发送和接收时以 FIFO 方式管理消息。由于每一个队列能够支持长达 8 KB 的应用数据,因此需要通过 IP 分片的方式进行拆分和重组。

SAP 端口用于 ARINC 664P7 网络内的通信,以及通过网关或路由器接入兼容网络。与队列服务类似,在发送和接收时以 FIFO 方式管理消息,且每一个 SAP 服务能够支持长达 8 KB 的应用数据。为了与兼容网络通信,SAP 发送时允许指定目的地址,包括 IP 目的地址和 UDP 目的端口,接收时也允许从指定的地址接收来自兼容网络的消息。

4.9.2.2　交换机

ARINC 664P7 交换机包含 5 个相互作用的功能模块：过滤和管制、交换、通信配置、内置端系统和监控，如图 4 – 69 所示。

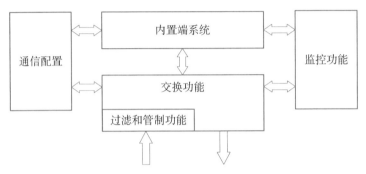

图 4 – 69　ARINC 664P7 交换机的主要功能模块

1) 过滤和管制

为了保证交换机的鲁棒性，以及不因错误帧导致 VL 的信用量被消耗，交换机的过滤功能对进入交换机的帧按照如下方面进行检查，并丢弃错误帧：

(1) FCS 正确。

(2) 帧长在[64B，1 518B]的范围。

(3) 帧长是整数个字节。

(4) 帧长不超过该 VL 配置的最大帧长。

(5) 基于字节管制，帧长不小于该 VL 配置的最小帧长。

(6) MAC 目的地址中 32 位的常数域正确。

(7) 帧的 VL ID 在输入端口配置的参数中。

管制功能采用令牌桶算法，检查 VL 的流量，并在流量超出配置参数时丢弃帧。流量管制可能由两种不同的算法实现：基于字节的流量管制和基于帧的流量管制。

定义 VL$_i$ 配置的最大帧长为 S_i^{max}，抖动为 $J_{i,\text{switch}}$。初始化，VL$_i$ 的信用

AC_i 设置为

$$S_i^{\max} \cdot \left[1 + \frac{J_{i,\,\text{switch}}}{BAG_i} \right]$$

AC_i 随着时间的推移按 $\left(\dfrac{S_i^{\max}}{BAG_i} \right)$ 的比率增长，但最大值为 $S_i^{\max} \cdot$

$\left[1 + \dfrac{J_{i,\,\text{switch}}}{BAG_i} \right]$。

每当 VL_i 接收到帧时，检查 AC_i 是否足够。对于基于字节的过滤：

（1）如果 AC_i 不小于接收帧长 S，则帧被接受，并且 AC_i 减去 S。

（2）如果 AC_i 小于接收帧长 S，则帧被丢弃，AC_i 值不变。

对于基于帧的过滤：

（1）如果 AC_i 不小于 VL_i 配置的最大帧长 $S_i^{\max}$，则帧被接受，并且 AC_i 减去 $S_i^{\max}$。

（2）如果 AC_i 小于 VL_i 配置的最大帧长 $S_i^{\max}$，则帧被丢弃，AC_i 值不变。

图 4 - 70 是一个抖动为 $BAG/2$ 时的流量管制示例。

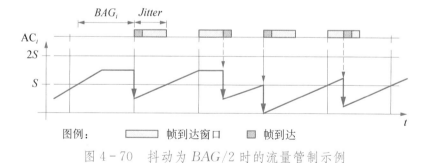

图 4 - 70　抖动为 $BAG/2$ 时的流量管制示例

2）交换

交换功能根据配置表中 VL 的路由参数，将帧从输入端口转发到一个或多个输出端口。在转发过程中，保持 VL 的帧的次序，并且不修改输入帧的校验。

交换机采用两级优先级机制，分为高优先级和低优先级，在配置表中基于 VL 定义。对于每个输出端口，高优先级帧先于低优先级帧发出。在低优先级的帧发送的过程中,不允许高优先级的帧抢占输出端口。

3)内置端系统

除了与网络冗余有关的内容之外,交换机的内置端系统与普通端系统没有差别,并使用它自有的 MAC 单播地址作为它发出帧的 MAC 源地址。

4)监控

交换机通过一个 MIB 库和一个 SNMP 代理,并基于内置端系统的监控功能,实现对网络管理的支持,用于检测/定位失效以及网络性能的分析。

MIB 变量,包括故障/健康 MIB 变量,都是按照每 100 ms 的周期更新一次,保证当故障/健康标志总是指示交换机的当前状态。

另外交换机还包含一个故障/健康标志。当至少一个使用的网络端口故障时,故障/健康标志设置为"故障"。故障/健康标志至少每隔 100 ms 更新一次。

5)通信配置

交换机使用配置表中定义的参数实现过滤与管制功能、交换功能、端系统功能。

交换机至少包含 2 个配置文件:默认配置文件和操作模式(OPS)配置文件。默认配置文件在交换机为空(还没有加载现场可加载软件)的时候使用,或者在交换机正在执行加载操作时使用;OPS 配置文件在正常操作模式下使用。

每一个 OPS 配置文件包含多个配置表。交换机将根据其自身在系统中的位置,从配置文件中提取对应的配置表,对交换机进行配置。这就使得所有交换机具有相同的状态,从而提高了交换机的维护性。

4.9.3 物理特性

ARINC 664P7 网络的物理层需符合 ARINC 664P2《以太网物理层和数据链路层规范》[19]。该规范于 2003 年 6 月 10 日发布,2006 年修订为 ARINC 664P2-1。主要对物理层特性、线缆、连接器等进行了描述,包括 10BASE-T、100BASE-TX 和 100BASE-FX。其中,对 100BASE-FX 没有提出具体要求,在实际工程中可以使用 1 310 nm 和 1 550 nm 波长的光纤。

4.9.3.1 10BASE‑T

当 ARINC 664P7 网络设定为 10 Mbps 传输速率时,其物理层应符合 10BASE‑T 标准,链路要求如表 4‑11 所示。

表 4‑11 10BASE‑T 链路要求

参　数	单位	要　　　求
插入损耗	dB	对于 $5<f<10$(MHz),小于 11.5 dB
近端串扰损耗	dB	对于 $5<f<10$(MHz),小于 $23-15\lg(f/10)$
差分噪声	mV	低于 264 mV,包括串扰和外部噪声
传输时延	μs	不大于 1 000
抖动	ns	±5

4.9.3.2 100BASE‑TX

当 ARINC 664P7 网络设定为 10 Mbps 传输速率时,其物理层应符合 100BASE‑TX 标准,发送端信号要求如表 4‑12 所示。线缆特征阻抗为 $(100\pm15)\Omega$。

表 4‑12 100BASE‑TX 发送端信号要求

参　数	最小	最大	单位
差分信号,非屏蔽双绞线,0 至峰值	870	1 050	mVpk
信号幅值的对称性(正和负)	98	102	%
上升和下降时间(10%～90%)	3	5.1	ns
上升和下降时间的对称性	0	0.5	ns
占空比畸变,峰峰值	0	0.5	ns
传输抖动(HLS)	0	1.4	ns
过冲	0	5	%

4.9.4 典型应用

ARINC 664P7 网络由于其高带宽、确定性等技术优势,已经广泛应用于国内外先进客机、运输机等。

空客 A380 使用 IMA 架构,采用 COTS 技术,包含 8 种共 32 个 CPIOM 模块。其中,4 个用于显示告警,4 个用于起落架,4 个用于环控、引气,4 个用于数据管理,2 个用于电气系统,14 个用于电传操纵系统、自动驾驶系统、液压系统、燃油系统等,通过 ARINC 664P7 网络连接减少了布线长度。空客 A380 的 ARINC 664P7 网络架构如图 4-71 所示。

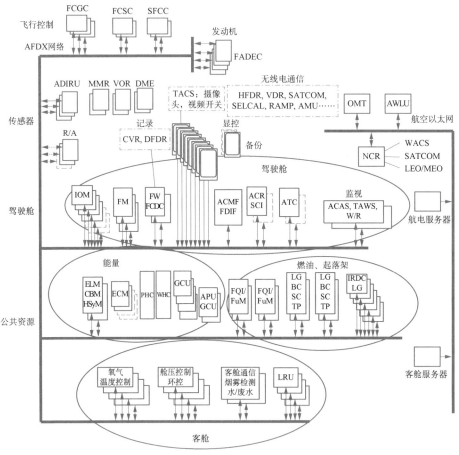

图 4-71 空客 A380 的 ARINC 664P7 网络架构

波音 787 同样基于 ARINC 664P7 规范构建了航电网络,称为 A664 网络。但是在技术上与空客 A380 的 ARINC 664P7 网络有所区别,A664 网络的带宽分配粒度更细,从 8 个可选值扩展为 256 个可选值,另外在应用层扩展了网络时间管理功能和错误检测编码(EDE)协议,为主机应用提供了更安全的通信服务。

波音 787 采用了开放式机构,综合航电系统主要由通用计算系统(CCS)组成,包括 2 个通用计算资源(CCR)和 18 个远程数据集中器(RDC),同时还综合了燃油系统、电源系统、液压系统、缓控系统、防病系统、防火系统、起落架系统、舱门系统的处理和控制功能,各系统间采用 A664 网络交互信息。采用这种架构后,布线长度为 98 km,约为同类飞机的 1/3。且带来了其他优势:减少飞机种类,降低连线的复杂性;提高资源的共享度,充分利用资源,减少重复的资源配置;增加容错与故障检测能力;增加可靠性,消除互连中间部分试验数据显示;提高自动化程度,有利于系统优化。波音 787 的 A664 网络架构如图 4 - 72 所示。

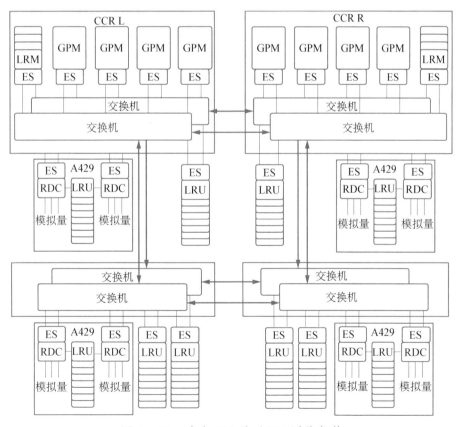

图 4 - 72   波音 787 的 A664 网络架构

C919 飞机作为我国自主研制的第一款大型客机,采用了类似于波音 787 的航电系统架构,航电网络采用 A664,连接 CCS 内的各个 GPM 以及 RDIU 设备、综合监视系统(ISS)等。

4.10 ARINC 818 网络

4.10.1 概述

ARINC 818《航空电子数字视频总线》(avionics digital video bus,ADVB) 标准[20]第一版于 2006 年 12 月发布。ARINC 818 是为了满足航空电子系统高速关键数字视频任务传输的迫切需求,针对高带宽、低延迟、非压缩数字视频传输制定的一种视频接口标准。该标准基于 FC - AV(ANSI INCITS 356— 2002)协议[21]制定,映射于光纤通道(FC),提供了在 FC 上实现标准化高速视频系统的手段。

ARINC 818 采用单向的点对点数据传输,不需要实现链路初始化、流量控制以及交换注册等操作。数据采用单向发送模式,基于一根光纤即可实现发送端到接收端视频数据的传输,最大限度地保证 FC 的高速、高可靠、低延迟等特点,同时兼具抗干扰、重量轻、传输距离远等固有优点。2013 年 12 月发布更新版本 ARINC 818 - 2,此版支持压缩、加密和更高的传输速率,并且支持更多的视频流以及应用模式。

ARINC 818 协议基于 FC - AV 进行裁剪,使用 FC - AV 协议定义的容器系统和帧头控制协议(frame header control protocol,FHCP)的基本描述。但是与 FC - AV 对比,ARINC 818 协议更专注于航空电子环境下视频传输的应用要求。ARINC 818 协议的主要技术特点如下:

(1) 不仅支持各种 FC 标准速率,还支持诸如 2.5 Gbps 和 3.187 5 Gbps 等非标准速率,这一特性使得 ARINC 818 链路能够更好地匹配不同视频格式对于终端显示刷新速率的要求。

（2）采用点到点拓扑，接口需要处理的底层原语信号仅为 SOFi、SOFt、EOFn、EOFt 和 IDLE，发送端只需负责将视频数据封装并向 FC 链路提交，接收端仅需获取链路同步和字同步，即可接收链路上的 ARINC 818 帧，且无须向发送方返回任何信息。这些特性避免了由于链路故障、数据丢失或接收端缓冲区满而导致的链路恢复和等待过程，为高速数据发送提供了保障。

（3）可以实现视频图像数据的按行缓冲及按行显示，相比于传统的由于网络延迟不确定而采取的按图像帧进行缓冲和显示的策略，按行图像信息进行处理的机制大大缩短了画面的传输延迟。

4.10.2　协议介绍

4.10.2.1　容器

ARINC 818 协议定义了"容器系统"用来传输视频信息，每一帧视频信息定义为一个容器。在容器内部，ARINC 818 又定义了 4 种特定的对象用来包含专门类型的数据：

（1）对象 0 为辅助数据，表示视频的大小、刷新方式、像素属性等辅助信息。

（2）对象 1 为音频数据。

（3）对象 2 和对象 3 为视频数据，其中对象 3 仅用于传输叠加的视频信息。

基于容器系统概念的 ARINC 818 视频图像封装与传输模型如图 4 - 73 所示。

视频流由一系列容器组成，每个容器包含整个视频帧的数据信息，完整的容器又是由一个 FC 序列构成，其中单个 ARINC 818 帧的最大有效数据长度为单个 FC 帧的最大负载（payload）长度，即 2 112 字节。容器中第 1 帧的数据字段包含容器头和 0 类对象辅助数据，第 2 帧到最后 1 帧的数据字段包含整幅视频帧信息。容器头采用 ARINC 818 定义固定长度的简单模式，容器头的长

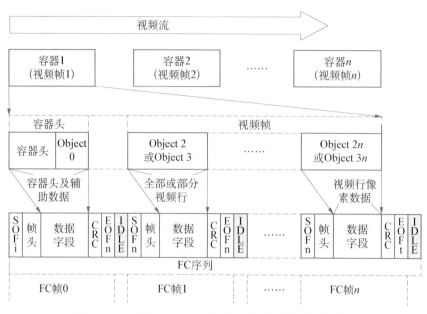

图 4 - 73 ARINC 818 视频图像封装与传输模型

度为 22 个 32 位的字,包含容器及各类对象的基本信息。其中前 6 个字为容器信息块,包括容器计数、视频编号、容器时标、操作模式、对象数目等信息;后面 16 个字分成 4 组,每组为一个对象的相关信息,包括对象的分类、大小、偏移地址和类型。对象 0 对于无损视频传输来说总共 16 字节,包含视频帧的行数、列数、视频场/视频帧、颜色、子像素等特定信息。

4.10.2.2 FHCP 协议与 ADVB 帧

FHCP 是 FC - 4 层的上层映射协议之一,制定了 FC 网络传输容器的高效机制,FC 协议层次结构如图 4 - 74 所示。FHCP 是在 ARINC 818 视频传输系统中 ADVB 帧格式定义及传输的协议标准,基于 FC - 2 层特性进行最优化定义以实现高效、低开销的数据传输。

ARINC 818 应用了 FC - AV 协议所描述的 5 层结构的部分内容。FC - 3 层不做要求,因为该层主要处理网络服务相关连接建立、协议转换、组网和交换机技术,所以相对于 ADVB 的单向点对点传输自然属性这些均不适用。

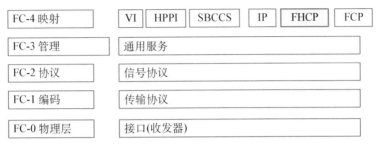

图 4 - 74　FC 协议层次结构

基于 FHCP 协议的 ADVB 帧格式如图 4 - 75 所示。

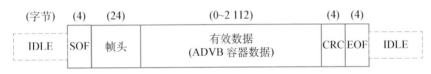

图 4 - 75　ADVB 帧格式

ADVB 帧以 SOFx 有序集作为开始的标志，以 EOFx 有序集作为结束的标志。每一个 ADVB 帧都包含一个 6 个字长度的帧头，帧头包含相关的传输控制信息。数据字段大小是不固定的，但是最大不能超过 2 112 字节，在 ADVB 协议中数据字段不允许对可选头定义。每一个 ADVB 帧都会对帧头和负载区域的数据进行 CRC 校验。

传送视频的基本单元就是 ADVB 帧，表 4 - 13 展示了一个典型的 ADVB 帧格式序列。

表 4 - 13　典型的 ADVB 帧格式序列

字	标识	31：24	23：16	15：08	07：00
xx	Idle	K28.5	D21.4	D21.5	D21.5
0	SOFi/n	K28.5	D21.5	D23.x	D23.x
1	帧头	0100 0100 路由控制 R_CTL	0x000000 目的标识符 D_ID		

字	标识	31：24	23：16	15：08	07：00
2	帧头	0000 0000 CS_CTL/Priority	0x000000 源标识符 S_ID		
3	帧头	0110 0001 数据类型 TYPE	0x080000 帧控制 F_CTL		
4	帧头	序列标识（SEQ_ID）	0000 0000 数据字段控制	序列计数（SEQ_CNT）	
5	帧头	发送方交换标识（OX_ID）		接收方交换标识（RX_ID）	
6	帧头	参数			
7—N	数据字段	全部或部分视频行数据			
N+1	CRC	CRC 校验数据			
N+2	EOFn/t	K28.5	D21.x	D21.x	D21.x

结合视频图像传输要求，ADVB 帧中各字段的定义与要求如下。

（1）SOF 帧起始定界符：ADVB 对应 FC 标准定义的服务类型，只有 1 类服务和 3 类服务。采用 1 类服务进行数据传输，当发送视频容器信息的第一帧时，帧开始定界符为 SOFi1(0xBCB5 5757)，其他帧定界符为 SOFn1(0xBCB5 3737)。

（2）EOF 帧结束定界符：采用 1 类服务进行数据传输，当发送视频容器信息的最后一帧时，帧结束定界符为 EOFt(0xBCB5 7575)，其他帧定界符为 EOFn(0xBC95 D5D5)。

（3）R_CTL 字段：路由控制信息，设置为 0x44，表示为主动提供的视频数据帧。

（4）D_ID/S_ID 字段：目的/源 FC 端口的地址标识符，设置为 0x0。

（5）CS_CTL/Priority 字段：在 ADVB 中没有定义，默认值设置为 0x0。

（6）TYPE 字段：设置为 0x61，代表 ADVB 协议类型代码。

（7）F_CTL 字段：帧序列控制，用于数据块的分解与组装。若为容器最后一帧，则 F_CTL 设置为 0x38 0000；若为其他帧，则设置为 0x30 0000。

（8）SEQ_ID 字段：用于序列号计数，表示每个视频帧的编号，SEQ_ID 值与容器头 Word0 中 Byte3 的值相同。

（9）DF_CTL 字段：在 ADVB 中不使用，固定设为 0x0。

（10）SEQ_CNT 字段：容器中的第一个 ADVB 帧的 SEQ_CNT 值为 0x0，序列中后续每个 FC 帧对应值依次加 1。

（11）OX_ID/RX_ID 字段：由于 ARINC 818 为单向点对点传输，没有交换功能，因此该字段固定为 0xFFFF。

（12）参数字段：由于不采用相对偏移数据重组方式，因此固定设为 0x0。

（13）数据字段：第一帧包含容器头和对象 0 辅助数据，后续帧包含对象 2 中的视频像素数据。在后续帧的数据负载中，每一个像素包括 24 位的二进制数据，第一个像素的 24 位数据后紧跟着就是下一个像素的 24 位数据，并不是像素对应 32 位的字，数据负载拼接方式如图 4-76 所示。

图 4-76 数据负载拼接方式

（14）CRC 字段：CRC 校验值。

另外，IDLE 有序集，例如 K28.5，D21.4，D21.5，D21.5，在 ADVB 帧之间传输。在一般情况下，FC 帧之间至少插入 6 个 IDLE 有序集，在传输过程中，FC 帧之间的 IDLE 有序集的数目可以有所变化，以此来达到调整视频帧时序的目的。

4.10.2.3　传输模式

ARINC 818 支持多种应用模式，包括如下几种：

（1）基于单链路的多视频流传输：通过对不同的视频定义唯一的源 ID 或目的 ID,支持将多个视频流通过单个链路进行传输。

（2）基于多链路的数字视频传输：当单链路不能提供足够带宽时,可通过两条或多条链路提供传输及显示支持。

（3）基于交换机的视频数据交叉传输：可基于 ARINC 818 交换机实现严格时间控制的点对点视频图像数据交叉传输支持。

（4）双向 Camera 模式数据传输：支持基于一条 ADVB 链路实现视频传输,基于第二条 ADVB 链路实现 Camera 控制参数传输。

（5）单向辅助数据传输：基于仅含 Object0 类数据的容器可用于传输纯数据信息。

4.10.3 物理特性

4.10.3.1 数据传输速率

ARINC 818 标准定义了多种 ADVB 数据传输速率,具体如表 4 - 14 所示。数据传输速率应根据应用进行选择。

表 4 - 14 ADVB 数据速率

速率/Gbps	说明	速率/Gbps	说明
1.062 5	FC 1x 速率(8B/10B 编码)	8.5	FC 8x 速率(8B/10B 编码)
2.125	FC 2x 速率(8B/10B 编码)	12.75	FC 12x 速率(8B/10B 编码)
3.187 5	FC 3x 速率(8B/10B 编码)	14.025	FC 16x 速率(8B/10B 编码)
4.25	FC 4x 速率(8B/10B 编码)	21.037 5	FC 24x 速率(8B/10B 编码)
6.375	FC 6x 速率(8B/10B 编码)	28.05	FC 32x 速率(8B/10B 编码)

4.10.3.2 物理层

ARINC 818 协议的物理层选择应根据实际应用遵循合适的标准。光纤选用可遵循相应的 ARINC 标准。

（1）ARINC Specification 801：光纤连接器。

（2）ARINC Specification 802：光纤线缆。

（3）ARINC Report 803：光通讯系统设计指南。

（4）ARINC Report 804：光纤有源器件详细规范。

（5）ARINC Report 805：光纤测试规程。

（6）ARINC Report 806：光纤安装与维护。

4.10.3.3　光信号说明

光纤可以采用纤芯直径为(62.5 ± 3)um、包层直径为(125 ± 2)um 的多模光纤。以 3.187 5 Gbps 的传输速率为例，发送光的信号参数如表 4-15 所示。其中，UI 是单个数据位的传输时间，这里是 0.31 ns。

表 4-15　发送光的信号参数

参　数	最小值	典型值	最大值	单位
发送速率		3.187 5		Gbps
光波长	830	850	860	nm
光谱宽度（RMS）			0.85	nm
发送平均光功率	−8		1	dBm
发送光调制振幅（OMA）	247			uW
消光比	6	9		dB
相对强度噪声			−118	dB/Hz
上升时间（20%～80%）			120	ps
下降时间（20%～80%）			120	ps
确定性抖动			0.26	UI
总抖动			0.44	UI

发送光眼图模板给出了光信号基于 FC-PI-4 的眼图模板符合性要求，如图 4-77 所示。发送光信号眼图应不压接或超越模板范围。X1 的值应为上表中给出的总抖动值的一半。需要注意的是，归一化电平幅值指的是相对幅值，1 表示物理层定义的信号峰值。

以 3.187 5 Gbps 的传输速率为例，接收光的信号参数如表 4-16 所示。

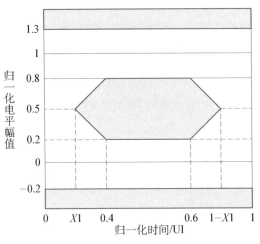

图 4 - 77   FC - PI - 4 光眼图模板

表 4 - 16   接收光的信号参数

参　　数	最小值	典型值	最大值	单位
发送速率		3.187 5		Gbps
光波长	830	850	860	nm
接收平均光功率	-15		0	dBm
接收灵敏度 OMA	49			uW
接收方回波损耗	12			dB
信号检测无效等级	-28			dB
信号检测有效等级			-15	dB

4.10.4　典型应用

ARINC 818 协议的应用领域包括商用航空项目、军事航空项目、商业和军事舰船、指挥中心、仿真平台、军用地面车辆等,典型应用包括红外和光学传感器、雷达、地图和图表系统、图像合成、平视显示、多功能显示设备、视频连接和其他类型的子系统。

目前,基于 ARINC 818 协议开发的高性能新一代视频显示系统在波音

787、中国商飞的 C919 等大型的商业项目中已经得到了成功应用。此外,在一些军事项目中也采用了 ARINC 818 协议,如空客 A400M、美国 F - 18 与 C - 130AMP 项目。

国际上知名的飞机显示器主要厂商也开发出了基于 ARINC 818 协议的飞机显示产品,如 Thales 公司的 Top Deck Suit 采用多项最新技术专门应用于直升机的显示设备,L - 3 通信公司的 Large Area Avionics Display, BAE 公司的 Quantum HUD, Barco 公司的 CHDD - 268 PFD 和 FDU - 2129 等产品,都是基于 ARINC 818 协议开发的。ARINC 818 协议已经成为新一代航空数字视频航空总线的统一标准。

4.11　机载网络对比

上述各种总线、网络各有其优缺点,并且在民用飞机中取得了良好的应用。针对这些网络的技术特点,结合上一章所描述的机载网络设计和评估准则,本节对这些网络进行对比,如表 4 - 17 所示。

表 4 - 17　典型机载网络技术的对比

技术特点	1553B	ARINC 429	ARINC 629	ARINC 659	ARINC 825 (CAN)	TTP	ASCB	CSDB	ARINC 664P7 (AFDX)	ARINC 818 (ADVB)
通信机制	事件触发、命令响应型,由BC进行控制	事件触发	事件触发	时间触发、基于预先加载的通信调度表、无主节点	事件触发	时间触发、基于预先加载的通信调度表、无主节点	事件触发、由BC进行控制	事件触发	事件触发、预先分配带宽	事件触发
传输速率	1 Mbps	高速:100 kbps 低速:12 kbps~14.5 kbps	2 Mbps	60 Mbps	83.333 kbps 125 kbps 250 kbps 500 kbps 1 Mbps	低速:5 Mbps 高速:25 Mbps	0.66 Mbps	低速:12.5 kbps 高速:50 kbps	10/100 Mbps	1.062 5 Gbps~28.05 Gbps
传输介质	屏蔽双绞电缆	屏蔽双绞电缆	屏蔽双绞电缆,并支持光纤传输	底板总线	屏蔽双绞电缆	屏蔽双绞电缆	屏蔽双绞电缆	屏蔽双绞电缆	两对双绞线的屏蔽电缆或者光纤	850 nm波长多模光纤
消息长度	640 位,其中数据512位	32 位,其中数据19位	1~31 个字串,每个字串由1个标志字和0~256个数据字组成	1~256 个32位的数据字,无开销	64 至128位,其中数据0至8字节	N帧24位开销,1~240个字节数据	用户数据消息3字节开销,数据长度取决于具体消息	数据消息块22位开销,数据长度取决于具体消息	53字节开销,17~1471字节数据	28 字节开销,数据最大2 112字节

（续表）

技术特点	1553B	ARINC 429	ARINC 629	ARINC 659	ARINC 825 (CAN)	TTP	ASCB	CSDB	ARINC 664P7 (AFDX)	ARINC 818 (ADVB)
校验	奇偶校验	奇偶校验	奇偶校验和CRC	无	15位CRC	24位CRC	16位CRC	奇校验	32位CRC	32位CRC
通信方式	半双工	单工	半双工	半双工	半双工	半双工	半双工	单工	全双工	全双工
介质访问	TDMA，BC进行控制	点到多点连接，无控制	CSMA/CA	TDMA，无仲裁	CSMA/CA，基于标识符的非破坏位式仲裁	TDMA，无仲裁	TDMA，BC进行控制	点到多点连接，无控制	端系统基于VL进行流量整形，交换机进行过滤和管制。星型交换拓扑，无冲突	点到点连接，无控制。ARINC 818-2支持星型交换结构，交换机转发，无冲突
时钟同步	通过BC进行同步	无	无	所有BIU参与时钟同步	无	支持容错的分布式时钟同步算法	无	无	无	无
最大节点数	31	点到多点连接，最多20个接收节点	128	32	83.333 kbps时最多60个节点	64	50	点到多点连接，最多10个接收节点	无限制	点到点连接。ARINC 818-2支持星型交换结构，无限制

技术特点	1553B	ARINC 429	ARINC 629	ARINC 659	ARINC 825 (CAN)	TTP	ASCB	CSDB	ARINC 664P7 (AFDX)	ARINC 818 (ADVB)
线缆	双绞线或同轴线，最大长度100 m	双绞线，最大长度91 m	双绞线，总线最大长度100 m，分支最大长度40 m	IEEE 1194.1铜介质，长度通常小于1.5 m	双绞线，83.333 kb-ps时最大长度450 m	双线，最大长度与物理层相关，30个节点时可支持100 m	双绞线，长度不超过38 m	双绞线，最大长度50 m	双绞线，最大长度100 m。也可以采用光纤	多模光纤
编码方式	曼彻斯特	双极性归零码	曼彻斯特	自定义	NRZ	4B5B、MLT-3	曼彻斯特	NRZ	曼彻斯特/MFM	8B10B
电气隔离	变压器隔离	发送器隔离和接收器隔离	SIM电路隔离	无	变压器隔离	变压器隔离	无	无	变压器隔离	光纤通信，光电收发器可以隔离
拓扑	总线型，多支路	点到多点连接	总线型，多支路	总线型，冗余的多支路	总线型，多支路	总线型，或者基于HUB的星型结构	总线型	点到多点连接	星型交换结构	点到点。ARINC 818-2支持星型交换结构
成员关系	不支持	不支持	不支持	不支持	不支持	支持	不支持	不支持	不支持	不支持
中间节点	耦合器	无	耦合器	无	无	无	无	无	交换机	无

（续表）

技术特点	1553B	ARINC 429	ARINC 629	ARINC 659	ARINC 825 (CAN)	TTP	ASCB	CSDB	ARINC 664P7 (AFDX)	ARINC 818 (ADVB)
监护	无	无	无	无	无	有	无	无	无	无
余度	双余度总线,应用层进行余度处理	无	双余度总线,应用层进行余度处理	双余度,每个BIU支持2条总线	支持单余度,双余度或更多余度,应用层进行余度处理	双余度总线	4余度	无	双余度。节点链路层进行余度管理	无
表决	无	无	无	通过BIU对进行表决	无	无	无	无	端系统接收根据帧序号进行冗余管理	无
故障隔离	支持	不支持	支持	支持	支持	支持	不支持	不支持	支持	支持
Babble故障避免	不支持,应用层处理	不支持,应用层处理	不支持,应用层处理	支持,通过监护总线避免	不支持	支持,通过总线监护避免	不支持,应用层处理	不支持,应用层处理	支持,通过交换机检测和避免	不支持,应用层处理。ARINC 818-2支持星型交换结构,可通过交换机检测和避免

技术特点	1553B	ARINC 429	ARINC 629	ARINC 659	ARINC 825 (CAN)	TTP	ASCB	CSDB	ARINC 664P7 (AFDX)	ARINC 818 (ADVB)
消息失效检测	支持，状态位标识	支持，奇偶校验对消息进行检测	支持，字有奇偶校验，帧有CRC校验，实现失效的检测	支持，发送和接收时都对BIU对有检测	支持，CRC校验对消息进行检测	支持，通过确认算法进行检测	支持，CRC校验对消息进行检测	支持，奇校验对消息进行检测	支持，交换机和节点分别进行消息的检测	支持，CRC校验对消息进行检测
消息失效容忍	不支持，需要进行重传	不支持，需要进行重传	不支持，需要进行重传	支持，总线具有4余度	单余度时不支持，需要重传或双余度或多余度时支持	支持，总线具有双余度	支持，总线具有4余度	不支持，需要进行重传	支持，网络具有双余度	不支持
节点失效检测	仅对RT，通过响应超时来判断。失效时仅BC知道	仅对接收节点	不支持。但是可以通过总线管理来检测	支持。失效时静默，其他节点通过通信丢失来检测	支持，通过TEC和REC控制节点状态	支持，其他成员通过确认关系、算法等进行检测	支持，通过心跳等进行节点状态监测	仅对接收节点	不支持。但是可以通过ICMP、网络管理等来检测	不支持
节点失效容忍	不支持，BC失效时整个总线失效。RT失效时其他节点仍可通信	不支持，发送节点失效时整个总线失效	支持，其他节点仍可通信	支持，其他节点仍可通信	支持，其他节点仍可通信	支持，其他节点仍可通信	支持，活跃的BC监控自己的状态，失效时切换到其他BC	不支持，发送节点失效时整个总线失效	支持，其他节点仍可通信	不支持

（续表）

技术特点	1553B	ARINC 429	ARINC 629	ARINC 659	ARINC 825 (CAN)	TTP	ASCB	CSDB	ARINC 664P7 (AFDX)	ARINC 818 (ADVB)
形式化验证	无	无	无	无	无	有	无	无	无	无
网络配置	需要	需要	需要	需要	需要	需要	不需要	不需要	需要	需要
典型应用	空客 A350 飞控系统	早期的空客 A310,波音 757 和 767,以及最近的波音 787 和中国商飞的 C919 等都广泛地使用 ARINC 429 总线	波音 777	波音 777 AIMS	空客 A340-600, A380 等	空客 A380,波音 787, C 系列支线客机, Legacy 450/500 等	环球 5000 公务机, CRJ200 支线客机, E190, "神鹫-隼"900	波音 727 和 737 等改装,ATR42, ATR72, MA60 等	空客 A380, A350,波音 787 和中国商飞的 C919 等的航电主干网	空客 A400M 和中国商飞的 C919 等的视频总线

245

参考文献

［1］ MIL－STD－1553B：Digital Time Division Command/Response Multiplex Data Bus［S］. Department of Defense，United States of America，1978.

［2］牛文生.机载计算机技术［M］.北京：航空工业出版社，2013.

［3］GJB 289A－97：数字式时分制指令/响应型多路传输数据总线［S］.北京：中国航空工业总公司，1997.

［4］Moir I，Seabridge A.民用航空电子系统［M］.范秋丽，译.北京：航空工业出版社，2009.

［5］ARINC 429－17：Digital Information Transfer System（DITS）［S］. ARINC，2004.

［6］HB 6096－1986：SZ－01 数字信息传输系统［S］.中华人民共和国航空工业部，1986.

［7］ARINC 629P1－5：Multi-Transmitter Data Bus［S］. ARINC，1999.

［8］尚利宏，张文轩，周密.ARINC 629 航空数据总线 MAC 层协议分析［J］.航空计算技术，2008，38(01)：112－116.

［9］ARINC 659：Backplane Data Bus［S］. ARINC，1993.

［10］IEEE 1149.5：IEEE Standard for Module Test and Maintenance Bus（MTM-Bus）Protocol［S］. ANSI/IEEE，1995.

［11］ARINC 825－3：General Standardization of CAN（Controller Area Network）Bus Protocol for Airborne Use［S］. ARINC，2015.

［12］Hermann Kopetz. Real-Time Systems［M］. Berlin：Springer，2011.

［13］AS6003：TTP Communication Protocol［S］. SAE，2011.

［14］陈长胜，刘智武，李晓庆，等.时间触发总线时钟同步技术研究［J］.电光与控制，2017，24(06)：74－78.

［15］ ASCB－C：Avionics Standard Communications Bus ［S］. General Aviation

Manufacturers Association，1996.

[16] CSDB - 9：Commercial Standard Digital Bus [S]. General Aviation Manufacturers Association，1998.

[17] 李波，张博. AHC - 85 航向姿态计算机中 CSDB 总线的应用分析[J].长沙航空职业技术学院学报,2011,11(04)：43 - 46.

[18] ARINC 664P7：Avionics Full Duplex Switched Ethernet (AFDX) Network [S]. ARINC，2005.

[19] ARINC 664P2：Ethernet Physical and Data Link Layer Specification [S]. ARINC，2003.

[20] ARINC 818：Avionics Digital Video Bus (ADVB) High Data Rate [S]. ARINC，2007.

[21] ANSI INCITS 356 - 2002：Fibre Channel — Audio Video (FC-AV)[S]. ANSI，2002.

5

机载网络关键技术

随着机载系统综合化的发展和逐步深入,机载网络对于系统的重要性愈加明显。本章结合机载网络的技术特点和设计要求,并主要以当前广泛应用的主干网络 ARINC 664P7 为例,阐述机载网络相关的一些关键技术。

5.1　网络确定性分析技术

确定性是指一个系统的行为可以被预先确定,即根据系统当前状态信息和将会影响系统的一系列事件,就可以预测系统怎样运行。如果不能通过这种方式预测系统行为,那么就不能说系统有确定性的特性。机载网络层面,确定性可以定义为机载网络保证在指定的时间内将正确的消息发送到指定的目的节点的能力。

在实时计算机系统中,系统行为的正确不仅取决于计算的逻辑结果,还取决于产生计算结果的物理时间[1]。一方面,大部分的机载系统都包含了实时计算机系统,系统应用具有实时性的要求,必须在一定的时间范围内完成相关功能。这个时间又可以分为几个部分:任务处理时间、网络传输时间等,各部分也必须是有上界的,并且总和要满足应用的时间要求。其中网络传输时间有上界,意味着承担数据传输功能的机载网络必须保证数据传输的端到端时延,即使在最坏情况下也不能超出对应的时间约束,即一个消息从源端发送出来,到接收端收到这个消息,所经过的时间不能超出该约束。

另一方面,从网络本身来说,机载系统会给网络提供接口控制文件(ICD),其中会列出需要通过网络传输的消息,以及消息的源节点、目的节点、大小、周期、截止时间等特性。当所有消息都能满足其时延要求时,表明对于网络而言,这些消息具备可调度性。因此,机载网络的确定性和可调度性是两个相关的概念。

这里首先以较简单的 ARINC 825 总线为例[2],说明网络的确定性分析方法。假定总线传输速率为 125 kbps，系统有 3 个消息，其优先级、周期、截止时间和数据长度如表 5-1 所示。

表 5-1　ARINC 825 总线通信配置

消息	优先级	周期/ms	截止时间/ms	数据长度/字节
A	1	2.4	2.5	4
B	2	3.5	3.25	4
C	3	3.5	3.5	4

ARINC 825 定义消息的 ID 为 29 位，考虑到位填充的问题，在最坏情况下，上述消息的帧长为

$$Max\,L = 80 + 10 \times 4 = 120(b)$$

对应的传输时间为

$$T_s = Max\,L/s = 120\ b/125\ kbps = 0.96\ ms$$

之后，逐个分析消息在最坏情况下的传输时延，如图 5-1 所示。对于消息 A，其最坏情况为当消息 A 要发送时，同时消息 B 或者消息 C 取得了总线控制权，因此消息 A 需要等待一个帧的传输时间，即最坏情况下消息 A 的传输时延为 1.92 ms。

因为对于消息 B，最坏情况为消息 A 和消息 B 同时申请总线，而同时消息 C 刚刚取得总线控制权，因此消息 B 首先要等待消息 C 传输完成，然后与消息 A 竞争总线并因优先级低而失败。最终在最坏情况下消息 B 的传输时延为 2.88 ms。

对于消息 C，最坏情况为 3 个消息同时申请总线，最终消息 C 取得总线。在此之间消息 A 再次发送，并且在发送过程中消息 B 和消息 C 申请发送。需要注意的是，在 4.8 ms 位置，消息 B 发送完成，消息 C 和消息 A 竞争总线失败，因而在消息 A 发送完成后才取得总线控制权。可以计算出，在最坏情况下消息 C 的传输时延为 3.22 ms。

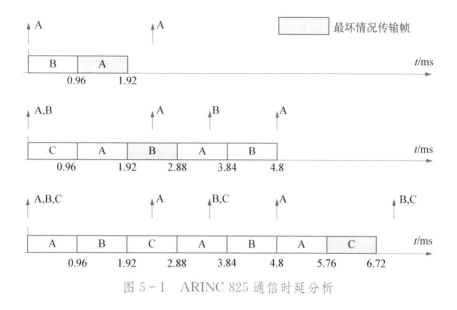

图 5-1　ARINC 825 通信时延分析

　　由此可见,3 个消息传输都具有确定性,最坏情况传输时延都满足截止时间的要求。

　　当然,上述分析的前提是各个节点发送消息的时间满足周期性要求,如果不能满足,则确定性无法保证。因此,在 ARINC 825 总线节点设计中,有必要采用流量整形、最早截止时间优先(earliest deadline first,EDF)、时间触发等算法对输出流量进行控制来保证通信确定性。

　　从上述例子可见,确定性分析过程实际上也是通信端到端时延分析的过程。由于总线型拓扑上所有节点共用介质,所以端到端时延的分析相对简单。而交换网络由于存在不同路径上消息并发传输的情况,因此通信时延的分析要复杂得多。以 ARINC 664P7 为例,网络时延的分析方法一般有两类:第一类是采用网络仿真的方式,建立与实际研制产品时延特性一致的交换机和端系统的数字模型,结合系统应用的分区、网络配置参数,进行系统通信的仿真,得到了各个 VL 的时延,从而采用概率的方式对时延的置信度进行分析;第二类是采用数学方法,包括网络演算、轨迹法、模型检查等,分析系统中每个 VL 的通信时延的最坏情况,从而在数学上证明了网络端到端时延存在上界,网络具有确定性,保证系统的通信时延能够满足系统应用的要求。

普通以太网由于交换机的端口竞争,因此导致帧传输时延不存在上界。为了满足航空应用的确定性要求,ARINC 664P7 网络在 IEEE 802.3 以太网技术的基础之上,采用虚链路 VL 技术,为每个 VL 指定带宽分配间隔和最大帧长,从而确定其通信带宽;采用基于 VL 的通信调度和静态路由分配,使得帧的传输时延存在上界。如图 5-2 所示,ARINC 664P7 网络从协议上保证了存在实际的最大时延,但是通过测试、仿真等方法观察到的最大时延要小于实际的最大时延,而计算的最大时延大于实际的最大时延。因此,如果计算的最大时延能够满足系统通信的传输时延要求,则实际的最大时延也必然满足该要求。

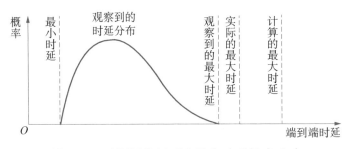

图 5-2　ARINC 664P7 网络时延概率分布

下文结合 ARINC 664P7 网络,介绍网络仿真、网络演算和轨迹法。

5.1.1　网络仿真

网络仿真是通过建立网络设备模型、网络链路模型、网络流量模型等,并模拟网络运行过程的仿真技术。与实际测量方法相比,建模仿真方法的优点如下:

(1)系统规模——不受物理限制。

(2)定量统计——灵活。

(3)性能验证——对既有设计进行仿真验证。

网络仿真可以对网络协议进行验证,也可以对关注的一些性能参数,如吞吐量、时延、抖动等进行分析。

5.1.1.1　仿真工具

常见的网络仿真工具很多，包括 OPNET、NS‐2、OMNeT＋＋、MATLAB、QualNet/GloMoSim、NCTUNS 和 GTNetS 等，必要时也可以自己开发仿真引擎。本节简单介绍一些常用的仿真工具。

1) OPNET

OPNET 最早由美国麻省理工学院的信息和决策系统实验室(Laboratory for Information and Decision Systems，LIDS)受军方委托开发，Alain Cohen 在网络课程设计中承担了该项工作。1986 年，Alain Cohen 联合成立了 OPNET Technology 公司，总部位于美国马里兰州。该公司 2000 年上市，2012 年被 Riverbed Technology 公司收购。

OPNET Modeler Suite(现在的名称是 Riverbed Modeler)是一个网络仿真技术的软件包[3]，支持各种有线、无线、卫星等多种通信网络的建模，支持 OSI 七层的标准模型，可分析网络以比较不同技术设计对端到端行为的影响。OPNET Modeler Suite(简称 OPNET)具有如下特点：

(1) 提供了三层建模机制。最上层为网络模型，包括各个网络节点和链路，描述网络的拓扑结构及各个节点的属性；其次为节点模型，由相应的协议模型构成，描述节点的相关特性；最底层为进程模型，以有限状态机来描述具体的协议。

(2) 提供了比较齐全的基本模型库，包括路由器、交换机、服务器、客户端、ATM 设备、DSL 设备等，支持以太网、令牌环网、TCP/UDP、IPv6、IEEE 802.11 和 LTE 等协议。

(3) 采用离散事件驱动机制来模拟仿真的运行，与时间驱动相比，具有更高的仿真效率。仿真内核实际上是离散事件的事件调度器，对所有进程模块产生的事件内容和时间建立列表，形成一个优先级队列，并按照事件发生的先后时间排序，根据先进先出原则执行事件。

(4) 采用混合建模机制，把基于包的分析方法和基于统计的数学建模方法结合起来，即可得到细节非常清楚的模拟结果，也大幅提高了仿真的效率。

（5）具有丰富的统计量收集和分析功能。可以直接收集常用的各个网络层次的性能统计参数，方便制订和产生仿真报告。

（6）网管系统、流量监测系统的接口。能够方便地利用现有的拓扑结构和流量数据建立仿真模型，并对仿真结果进行验证。

同时，OPNET 仿真专业性强，学习难度大。OPNET 还推出了大学计划，向全球符合条件的大学免费提供该软件，用于学术研究和教学。目前，OPNET 常用的版本包括 8.1、10.5、11.5 和 14.5 等。

2）NS-2

NS-2 是一款开源的网络模拟软件，始于 1989 年开发的 REAL 网络仿真软件。1995 年由劳伦斯伯克利国家实验室（LBNL）网络研究组的 Steve McCanne 和 Sally Floyd 等人研制开发，形成了最初的版本 NS-1。美国国防高级研究计划局（DARPA）通过虚拟互连网络试验台（VINT）项目支持 LBNL、施乐帕克研究中心（Xerox PARC）、加州大学伯克利分校（UCB）、南加州大学信息科学研究所（USC/ISI）等进行研究，开发了 NS-2、Nam 等软件。之后，NS-2 的开发得到了 DARPA 网络测量与分析的仿真增强（SAMAN）项目、美国国家科学基础会（NSF）教育与研究的协同仿真（CONSER）项目等的支持，并吸收了全世界各地研究者的成果，包括 UCB、卡内基·梅隆大学（CMU）以及 SUN 公司等的一些研究。2011 年，NS-2 的 2.35 版问世。

NS-2 本质上是一个面向网络的离散事件模拟器，具有一个虚拟时钟，所有的仿真过程都是由离散事件驱动的，为模拟研究有线和无线网络上的 TCP、路由和多播等协议提供了强有力的支持，可以用于模拟各种不同的通信网络。NS-2 采用两级体系结构，将数据操作与控制部分的实现相分离。事件调度器和大部分基本网络组件的对象使用 C++实现和编译，称为编译层，用于具体协议的模拟和实现，以得到较好的性能。前端是一个 OTcl 解释器，称为解释层。OTcl 是解释执行的脚本语言，用于接口设置、模拟配置，可以在不必重新编译的情况下随意修改模拟的参数和过程，提高仿真效率。TclCL 模块能够将这两种语言中的变量和对象连接起来。

NS‐2仿真软件提供了4种具有不同数据结构的调度器:链表、堆、日历表和实时调度器。NS‐2封装了众多的功能模块,最基本的包括节点、链路、代理、应用、队列、跟踪对象等。其中,节点是由 TclObject 对象组成的复合部件,包括客户端和交换机、路由器等各种网络设备,节点可以配置类型、地址类型、所采用的路由算法等属性;链路用于描述节点之间的连接关系,以队列的形式来管理帧的到达、离开和丢弃,可以模拟实际网络上的缓冲和传输时延等;代理可以模拟传输层的协议,也可以用于模拟网络业务流量;跟踪对象可以配置需要跟踪的一些参数,用于存储仿真结果,并写入跟踪日志文件;应用对象用于仿真各种应用层对象,如 FTP 和 HTTP 等。

NS‐2集成了多种网络协议、业务类型、路由排队管理机制和路由算法等,其特点是源代码公开,可扩展性强,仿真速度和效率具有较大优势。

3) OMNeT++

OMNeT++是一个基于 C++语言、面向对象的离散事件仿真工具[4],由匈牙利布达佩斯技术与经济大学网络系统和服务系(BME ‐ HIT) András Varga 开发,来源是其导师 György Pongor 基于 Pascal 的 OMNeT。2017 年, OMNeT++的 5.2.1 版问世。

OMNeT++是开源的、可扩展的、模块化的、基于组件的开放仿真平台, 具有强大的图形用户界面接口和嵌入式仿真内核。可以用于有线/无线通信网络的建模、网络协议建模、排队网络建模、多处理器及其他的分布式系统建模、复杂系统性能评估等。OMNeT ＋ ＋ 由仿真内核库(simulation kernel library)、网络描述语言编译器(network description compiler)、图形化网络编辑器(graphical network description editor)、图形化用户接口(Tkenv)、命令行用户接口(Cmdenv)、图形化输出工具(Plover 和 Scalar)等组成。仿真可以在不同的用户接口下运行,基于图形化界面或者采用命令行的方式。OMNeT++还支持并行的分布式仿真。

OMNeT++采用了混合式的建模方式,同时使用 NED(network description)和 C++两种语言来建模仿真。其中,NED 用于描述仿真模型的结构和输入、输出参数、门等,可以定义模块、链路和网络,能够在文本方式或者图形方式下编辑;C++用于实现模型的仿真和消息的处理等功能,可以添加需要关注的性能等参数,在仿真时输出到向量文件、标量文件或者自定义文件中。

OMNeT++在仿真时经常使用到的一个组件是 INET 框架。INET 是一个开源的模型库,包含了大量的网络模型,如以太网、IEEE 802.11 和 MANET 等,支持 TCP、UDP、IPv4、IPv6、DHCP 和 HTTP 等协议,目前已经发布到3.6.3版。

OMNeT++只在学术和非营利性活动中免费使用,OMNEST 是 OMNeT++的一个商业版本,由 Simucraft 公司负责。

5.1.1.2　网络仿真方法

当采用网络仿真的方法分析机载网络数据传输的端到端时延时,首先需要建立网络的模型,包括各个节点的模型、链接的模型、传输数据的模型等。由于这里仿真的目的是分析端到端时延,因此并不是每种仿真模型都要严格按照网络层次建模,也并不是每种仿真模型都要严格遵循协议进行行为描述。建立模型更应关注网络行为的本质,如算法的实现,而协议是可裁剪、可调整的。传输数据的模型应尽量模拟真实场景,必要时可以采用泊松分布等模型。

在模型建立后,还需要添加一些关注的性能参数。例如,在分析端到端时延时,可以针对每个消息通路在源端和各个目的端分别输出对应的时间信息。在此基础上即可运行仿真,得到仿真结果。

最后,还需对仿真结果进行分析。在分析端到端时延时,针对每个消息通路,网络仿真能够得到端到端时延的值。对这些值进一步分析即可得到其概率密度、累积概率密度等。

以下是一个简单的 ARINC 664P7 网络仿真例子,仿真环境为 OMNeT++ 4.6。网络中包含了 3 个级联的交换机和 10 个端系统,如图 5-3 所示。显然,

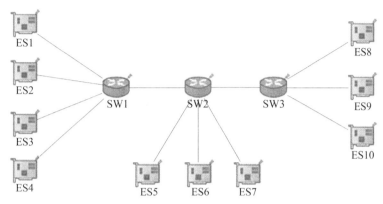

图 5-3 ARINC 664P7 网络仿真示例

在端到端时延的仿真方面,并不需要仿真双余度的拓扑。

在传输数据的模型方面,定义了 42 条 VL,网络上每个链接的带宽约为 20 Mbps,传输速率 100 Mbps。仿真 120s 的网络行为。在仿真运行结束后,对其中最长传输路径 ES1->SW1->SW2->SW3->ES8 上的一条 VL 进行分析。该 VL 在此路径上的端到端时延如图 5-4 所示。

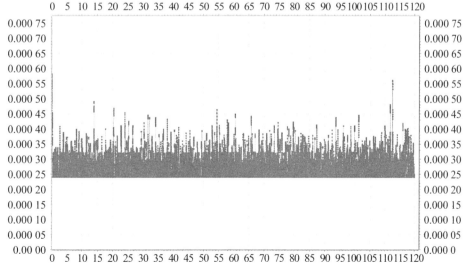

图 5-4 ARINC 664P7 网络仿真某 VL 端到端时延

采用 Matlab 的累积分布函数 cdf 可以得到该 VL 在此路径上端到端时延的累积概率密度，如图 5-5 所示。图中的曲线表明，大于 2.38 ms 的概率为 100%，大于 3 ms 的概率约为 12%，大于 6 ms 的概率几乎为 0。

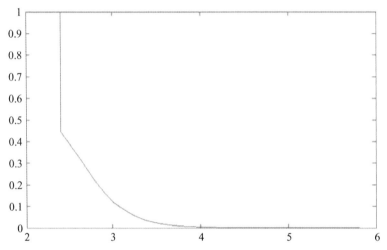

图 5-5　ARINC 664P7 网络仿真某 VL 端到端时延累积概率密度

需要注意的是，与网络测试一样，网络仿真只能得到端到端时延的概率分布，而不能得到在最坏情况下端到端的时延值，因为在测试或者仿真过程中几乎不可能遇到这种最坏情况。因此，针对端到端时延是否满足应用的数据传输截止时间的要求，通过网络仿真是不能给出结论的，而应该通过网络演算等分析方法来计算最坏情况，进而判断是否满足要求。

5.1.2　网络演算

1991 年，美国学者 R. L. Cruz 在其论文[5-6]中提出了网络演算（network calculus）方法。经过多年的研究与发展，目前网络演算已经形成了一套较为完备的理论体系，广泛应用于网络性能评估和资源分配等领域。2002 年，法国图卢兹计算机信息研究所（Informatics Research Institute of Toulouse, IRIT）学者 Christian Fraboul 和 Fabrice Frances 将确定性网络演算应用到 ARINC

664P7 的确定性分析中[7]。之后,Jean-Luc Scharbarg 等又引入了随机网络演算方法,进行传输时延的概率分析[8]。确定性网络演算能够计算出端到端传输时延的上界,但是该理论计算出的结果是一种极端悲观的结果,得出的是在最坏情况下系统的延迟;而随机网络演算是确定性网络演算的扩展,用某个概率值(如 0.999 9)的概率边界替代了确定网络演算的确定边界。本节所描述的网络演算,指的是确定性网络演算。

5.1.2.1　理论基础

网络演算主要是研究交换网络的性能保证边界,而不是在稳定状态下的平均性能。该理论的基本思想是利用交替代数的数学计算方法,将复杂的、网状的网络拓扑转换成可分析的、易处理的线性系统进行分析。

1) 最小加代数

最小加代数的代数结构记为$(\mathbf{R} \cup \{+\infty\}, \wedge, +)$,其中 $\mathbf{R}$ 表示实数集,$\wedge$ 是求最小值运算,$+$ 是加法运算。此外,定义零元素的 $\varepsilon = +\infty$ 和称为单位元素的 $e = 0$,该代数结构的运算性质如下。

(1) 闭合性:$\forall a, b \in \{\mathbf{R} \cup \{+\infty\}\}, a \wedge b \in \{\mathbf{R} \cup \{+\infty\}\}; a + b \in \{\mathbf{R} \cup \{+\infty\}\}$。

(2) 结合律:$\forall a, b \in \{\mathbf{R} \cup \{+\infty\}\}, (a \wedge b) \wedge c = a \wedge (b \wedge c); (a + b) + c = a + (b + c)$。

(3) 交换律:$\forall a, b \in \{\mathbf{R} \cup \{+\infty\}\}, a \wedge b = b \wedge a; a + b = b + a$。

(4) 分配律:$\forall a, b, c \in \{\mathbf{R} \cup \{+\infty\}\}, (a \wedge b) + c = (a + c) \wedge (b + c)$。

(5) 零元素:$\forall a \in \{\mathbf{R} \cup \{+\infty\}\}, a \wedge \varepsilon = a; a + \varepsilon = \varepsilon$。

(6) 零元素结合性:$\forall a \in \{\mathbf{R} \cup \{+\infty\}\}, a + \varepsilon = \varepsilon + a = \varepsilon$。

(7) 单位元素:$\forall a \in \{\mathbf{R} \cup \{+\infty\}\}, a + e = e + a = a$。

(8) 自加律:$\forall a \in \{\mathbf{R} \cup \{+\infty\}\}, a \wedge a = a$。

定义最小加代数下的卷积和反卷积运算,标示为 $\otimes$ 和 Φ,定义如下。

(1) 最小加代数卷积:$(f \otimes g)(t) = \inf_{0 \leqslant s \leqslant t} [f(t - s) + g(s)]$。

（2）最小加代数反卷积：$(f \Phi g)(t) = \sup\limits_{u \geqslant 0} [f(t+u) - g(u)]$。

其中，inf 表示下确界，sup 表示上确界。

2）到达曲线

在数据流的传输过程中，当数据发送节点将数据传输到网络系统中时，会引出一个到达曲线的概念。定义累积函数 $R(t)$ 为在时间间隔 $[0, t]$ 内，一个数据流发送的数据位数，单位为位。可见，累积函数是一个广义增函数。考虑函数 $\alpha(t)$，其中 $t \geqslant 0$，如果数据流的累积函数 R 任意时刻 s 和 t 满足：

$$R(t) - R(s) \leqslant \alpha(t-s) \tag{5-1}$$

则称 α 是 R 的到达曲线，或者说 R 是 α 平滑的。

3）服务曲线

服务曲线表述的是一个系统能够提供相关服务的最低界限。对于系统 S，一个数据流经过该系统，输入数据流为 R，输出数据流为 R^*。系统 S 提供一个确定性的连续递增的服务曲线 β，表述为对于所有的 $t \geqslant 0$，总存在 $0 \leqslant t_0 \leqslant t$，满足：

$$R^*(t) \geqslant R(t_0) + \beta(t-t_0) \tag{5-2}$$

因此，服务曲线 β 是系统 S 对输入数据流的最低服务保证。

4）最大水平距离和最大垂直距离

针对到达曲线和服务曲线的特征，定义到达曲线和服务曲线之间的最大水平距离和最大垂直距离，如图 5-6 所示。

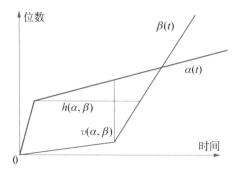

图 5-6　最大水平距离和最大垂直距离示意图

两个曲线的最大水平距离表示为 $h(\alpha, \beta)$，定义如下：

$$h(\alpha, \beta) = \sup_{s \geq 0}\{\inf\{\tau \geq 0 : \alpha(s) \leq \beta(s+\tau)\}\} \tag{5-3}$$

两个曲线的最大垂直距离表示为 $v(\alpha, \beta)$，定义如下：

$$v(\alpha, \beta) = \sup_{s \geq 0}\{\alpha(s) - \beta(s)\} \equiv \alpha\Phi\beta(0) \tag{5-4}$$

5.1.2.2　网络演算方法

本节以 ARINC 664P7 网络为例，来说明网络演算方法。在 ARINC 664P7 网络中，为每个 VL 定义了带宽分配间隔（BAG）和最大帧长 $S_{\max}$。为了简化网络演算方法的描述，这里不考虑端系统和交换机之间时钟偏差引入的抖动。由于 VL 相邻两个帧之间最小间距为 BAG，因此对于交换机，VL 的到达曲线可以表示为

$$\alpha(t) = \begin{cases} S_{\max}, & t = 0 \\ \dfrac{S_{\max}}{BAG}(BAG + t), & t > 0 \end{cases} \tag{5-5}$$

VL 对交换机的到达曲线如图 5-7 所示。

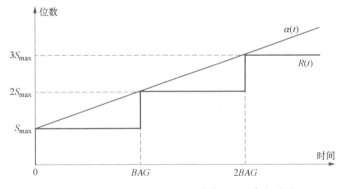

图 5-7　ARINC 664P7 网络 VL 到达曲线

交换机技术时延为 T，即帧到达交换机后，需要经过时间为 T 的过滤、管制、交换等处理开销，才能到达输出端口往外输出数据流。因此交换机对该

VL 的服务曲线表示为

$$\beta(t) = \begin{cases} 0, & t < T \\ R(t-T), & t \geqslant T \end{cases} \qquad (5-6)$$

式中，R 为交换机输出端口的传输速率。交换机的服务曲线如图 5-8 所示。

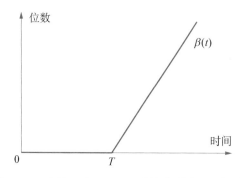

图 5-8　ARINC 664P7 网络交换机服务曲线

　　结合到达曲线和服务曲线，可计算出最大水平距离。这个值实际反映的是该 VL 经过交换机的最大传输时延。

$$h(\alpha, \beta) = T + \frac{S_{\max}}{R} \qquad (5-7)$$

　　同时也能够计算出最大垂直距离，此值反映的是交换机针对该 VL 所需的最大缓冲深度。

$$v(a, b) = \frac{S_{\max}}{BAG}(BAG + T) \qquad (5-8)$$

　　交换机输出到下一级节点的到达曲线是指交换机到达曲线和服务曲线的反卷积。

$$\alpha^* = \alpha \Phi \beta \qquad (5-9)$$

　　考虑这样的场景，端系统 ES1、ES2 和 ES3 连接到一个交换机上，ES1 和

ES2 分别有一个 VL 通过交换机转发给 ES3,记为 VL1 和 VL2。这两个 VL 的参数均为:$BAG = 4\,\mathrm{ms}$,$S_{\max} = 500\,\mathrm{B}$。假设交换机技术时延 $T = 40\,\mu\mathrm{s}$,端口速率 $R = 100\,\mathrm{Mbps}$。可以得到两个 VL 的到达曲线为

$$\alpha_1 = \alpha_2 = 4\,000\,\mathrm{b} + 1\,000\,000\,\mathrm{b/s} \cdot t \tag{5-10}$$

两个 VL 合并的到达曲线为

$$\alpha = \alpha_1 + \alpha_2 = 8\,000\,\mathrm{b} + 2\,000\,000\,\mathrm{b/s} \cdot t \tag{5-11}$$

交换机服务曲线为

$$\beta = \begin{cases} 0, & t < 40\,\mu\mathrm{s} \\ R(t-40), & t \geqslant 40\,\mu\mathrm{s} \end{cases} \tag{5-12}$$

可以计算出,最大水平距离即 VL 经过交换机的最大传输时延为 $120\,\mu\mathrm{s}$;最大垂直距离即交换机针对该 VL 所需的最大缓冲深度为 $8\,080\,\mathrm{b}$。

交换机输出到下一级节点的到达曲线如图 5-9 所示,表示为

$$\alpha^* = \alpha \Phi \beta = 8\,080\,\mathrm{b} + 2\,000\,000\,\mathrm{b/s} \cdot t \tag{5-13}$$

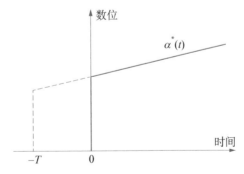

图 5-9　ARINC 664P7 网络交换机输出的到达曲线

通过上述方法,可以计算出 ARINC 664P7 网络每个 VL 传输路径的最大传输时延,以及计算端系统和交换机的最大缓冲深度需求,从而完成对网络的通信配置进行确定性分析。

5.1.3 轨迹法

轨迹法(trajectory approach)最早由 S. Martin 等学者提出,是用来解决 FIFO 调度的最大响应时间问题[9]。之后也应用于固定优先级(FP)、非抢占固定优先级、EDF 等调度算法的研究。近年来,法国 IRIT Henri Bauer 和 Jean-Luc Scharbarg 等学者将轨迹法应用于 ARINC 664P7 网络的在最坏情况下的端到端时延分析[10],通过网络数据流在各个网络节点的轨迹来分析和评估 ARINC 664P7 网络中数据传输的端到端时延上界,并且证明相对于确定性网络演算方法,轨迹法计算的结果更加贴近实际的端到端时延上界[11]。

5.1.3.1 理论基础

轨迹法的核心思想如下:对于待分析的数据流,考虑其在路径上总是遇到其他数据流竞争端口导致等待,计算在每个节点的时延上界,最后累加得到数据传输的端到端时延的上界。

在轨迹法分析过程中,首先需要分析数据流在网络上的传输路径,确定数据流经过的有序节点序列。定义数据流为 τ_i,经过的有序节点序列为 P_i。当 P_i 与 P_j 的交集非空,即 $P_i \bigcap P_j \neq \varnothing$ 时,表明数据流 τ_i 与 τ_j 会经过一些同样的节点。因此,τ_j 会对 τ_i 的传输时延有影响,在端到端时延的确定性分析过程中必须考虑。

轨迹法是基于占用时间(busy period)的概念。节点端口的占用时间是指在 $[t, t')$ 的时间范围,这里,节点端口在时间点 t 和 t' 都是空闲的,而在 (t, t') 时间范围内没有空闲的时间点。通常假设数据流在各个节点均采用 FIFO 的策略调度。对于数据流 τ_i,定义如下参数:

f_i——数据流 τ_i 在 t 时刻生成的帧;

C_i^h——在节点 h 上的传输时间;

$first_i(last_i)$——路径 P_i 上的第一个节点(最后一个节点);

L_{max}——链路上最大的传输时间;

bp^h——在节点 h 上的占用时间;

M_i^h——bp^h 的开始时间点；

$a_{f_i}^h$——帧 f_i 到达节点 h 的时间点；

$f(h)$——bp^h 传输的第一个帧。

一个数据帧在整个传输路径上的端到端时延等于物理链路上的传输时间以及经过每一个节点传输的技术时延和传输时间的总和。在物理链路上的传输时间比较容易计算，其上界是 $L_{\max}$；帧 f_i 在节点 h 上的传输时间 C_i^h 取决于帧 f_i 到达节点 h 上有多少个帧仍未传输完成。基于 FIFO 的调度，使得帧 f_i 必须等之前到达的消息都传输完才能被调度传输出去。因此，轨迹法通过计算帧 f_i 所经过的每个节点的占用时间以及物理链路传输时间，累加后得到帧 f_i 端到端时延的最大值。

在路径 P_i 上，τ_i 会经过多个节点。在经过的每个节点上，帧 f_i 在占用时间内 τ_i 可能被其他流量影响而导致延迟。对于 FIFO 调度，帧 f_i 的占用时间是 f_i 之前到达的所有帧持续传输所使用的时间。为了计算帧 f_i 在最坏情况的端到端时延，轨迹法考虑帧 f_i 在路径上每个节点可能最长的占用时间。

对于占用时间 bp^h，$f(h)$ 帧的到达时间是占用时间的开始时间点 M_i^h。在源节点 1，bp^1 的开始时间作为 0 时刻，即 $M_i^1=0$。在这个节点上，帧 f_i 可能会因为节点 1 上其他的竞争流量影响而延迟。在路径 P_i 上的下一个节点 2 上，会有新的竞争流量出现。占用时间 bp^2 的开始时间点 M_i^2 是 bp^1 传输第一个帧的到达时间。在 M_i^2 至 $a_{f_i}^2$ 之间到达的帧，都会延迟帧 f_i 的传输。这些帧在帧 f_i 之前传输，并且影响到占用时间 bp^2。据此可以计算出 bp^2 的最大值。重复这个过程，直至最后一个节点，可以计算出帧 f_i 最坏情况的端到端时延。

5.1.3.2 轨迹法分析

以 ARINC 664P7 网络为例，采用轨迹法分析网络数据传输端到端时延的上界。VL 对应为数据流，VL 相邻两个帧的最小时间间隔为 BAG。示例的网络结构如图 5-10 所示，包含 4 个节点和 2 个交换机。

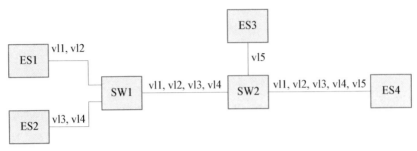

图 5 - 10 轨迹法分析 ARINC 664P7 网络结构示例

ES1 通过 vl1 和 vl2 向 ES4 发送消息;ES2 通过 vl3 和 vl4 向 ES4 发送消息;ES3 通过 vl5 向 ES4 发送消息。这里不考虑帧在物理链路上的传输时间,对 vl1 的端到端时延进行分析。网络各个端口的通信速率 $R=100\,\mathrm{Mbps}$,交换机技术时延 $T=40\,\mu\mathrm{s}$,各个 VL 的参数配置如表 5 - 2 所示。

表 5 - 2　ARINC 664P7 网络示例 VL 参数配置

VL	BAG/ms	S_{min}/字节	S_{max}/字节	Path
vl1	2	300	1 000	ES1->SW1->SW2->ES4
vl2	2	300	1 000	ES1->SW1->SW2->ES4
vl3	2	300	1 000	ES2->SW1->SW2->ES4
vl4	2	300	1 000	ES2->SW1->SW2->ES4
vl5	2	300	1 000	ES3->SW2->ES4

首先分析源节点 ES1。在最坏情况下,当 vl1 要发送时,vl2 刚好开始发送。因此 vl1 在 vl2 发送结束后才开始发送,在 ES1 占用时间内完成 vl2 和 vl1 共 2 个帧的传输,因此 bp^{ES1} 为

$$bp^{ES1} = \left[0,\ 2 \times \frac{S_{max}}{R}\right) = [0,\ 160\ \mu s) \tag{5-14}$$

然后再分析交换机 SW1。bp^{SW1} 的开始时刻 M_{vl1}^{SW1} 是 vl2 到达 SW1 输出端口的时间点,也就是 vl2 的传输时间与交换机 SW1 的技术时延之和,即 120

μs。在 SW1 输出端口的占用时间内完成 vl2、vl3、vl4 和 vl1 共 4 个帧的传输，因此 bp^{SW1} 为

$$bp^{\text{SW1}} = \left[120\ \mu\text{s},\ 120\ \mu\text{s} + 4 \times \frac{S_{\max}}{R} \right) = \left[120\ \mu\text{s},\ 440\ \mu\text{s} \right) \quad (5-15)$$

最后分析交换机 SW2。bp^{SW2} 的开始时刻 $M_{\text{vl1}}^{\text{SW2}}$ 是 vl2 到达 SW2 输出端口的时间点，即

$$M_{\text{vl1}}^{\text{SW2}} = M_{\text{vl1}}^{\text{SW1}} + \frac{S_{\max}}{R} + T = 240\ \mu\text{s} \quad (5-16)$$

在 SW2 输出端口占用时间内完成 vl2、vl5、vl3、vl4 和 vl1 共 5 个帧的传输，因此 bp^{SW2} 为

$$bp^{\text{SW2}} = \left[240\ \mu\text{s},\ 240\ \mu\text{s} + 5 \times \frac{S_{\max}}{R} \right) = \left[240\ \mu\text{s},\ 640\ \mu\text{s} \right) \quad (5-17)$$

因此，vl1 的端到端时延最大值为 640 μs。整个分析过程如图 5-11 所示。

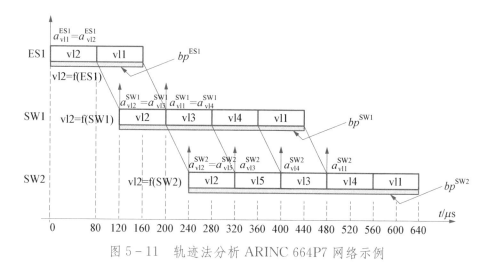

图 5-11　轨迹法分析 ARINC 664P7 网络示例

5.2 网络安保技术

信息技术引入到飞机,为各利益相关方带来了巨大的便利,但在享受便利的同时,也需要承担其带来的风险。航空公司信息服务域、乘客信息与娱乐服务域、乘客自有设备域等网络域提供越来越多的功能,但同时也为飞机的信息安保带来了隐患。信息安保威胁是指通过访问、使用、泄漏、破坏、修改数据或数据接口的行为(无论是有意的,还是无意的)对设备造成的威胁。

2013年4月11日,在荷兰阿姆斯特丹举行的"盒子里的黑客会议"上,来自德国的网络安全顾问雨果·特索向人们演示了如何通过一个智能手机的应用软件,完全控制一架飞机,立刻引得全场关注。特索在会上表示,经过4年的努力,他成功地研发出一套名为"PlaneSploit"的应用软件,可以接管飞机上的电脑系统,让飞机"随他的步调起舞",并且不被安检发现。他表示,该软件已能够破坏目前大多数飞机所使用的飞行管理系统(FMS)。这套软件是通过潜入飞机与空中交通管制互相联系的无线电广播,然后用另一套联络系统向飞机发出恶意的指令,从而接管并控制一架飞机。

飞机信息安保技术,就是保护飞机不受信息安保威胁所使用的技术。IT界的通用信息安保技术经过多年的发展,已经逐步形成体系,如常见的防火墙、入侵检测、防病毒、VPN技术等,飞机信息安保技术就是研究如何将这些技术应用于飞机这类嵌入式系统的设计。

5.2.1 网络安保方法

安保的目的是在出现未授权的使用时保护系统和资源,并保证那些系统的正确操作。飞机网络在设计阶段实施安保活动的通用方法如图5-12所示。该方法中包括评估和应对两部分内容,两者同时开展,相互影响,以满足最终的

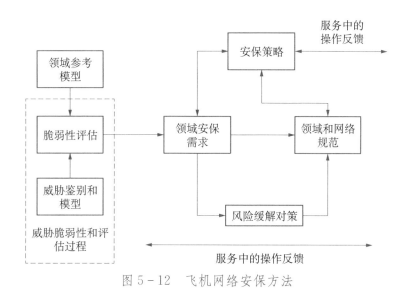

图 5 - 12　飞机网络安保方法

安保需求。其中,安保策略的建立是为了清楚地描述期望的保护状态。

5.2.2　网络安保与应用安保

OSI 参考模型的不同层级所配置的安保机制可能不同。因此,采用网络安保与应用安保来分别定义网络层之下的安保机制和应用层之下的安保机制,后者不必再包含网络层安保机制。

网络层和数据链路层的安保共同称为网络安保。可使用密码机制来鉴别在通信另一端的节点,并提供完整性、可选的机密性与可追究性。加密的网络层安保包括虚拟私有网络(virtual private network,VPN)以及其他网络协议安全(IPSec)的安保等。其中,IPSec 是网络层安全的互联网标准,保护和鉴别多个 IPSec 设备之间的 IP 数据包。

网络层安保的优势在于其对更高层协议和应用是透明的,在方法上包括密码安保机制和非密码安保机制。密码安保机制可以提供通信的鉴别、完整性、机密性和可追究性,但是其所提供鉴别和可追究功能的实体是中间或端系统的网络接口,而不是应用程序或应用程序的用户。完整性和机密性仅仅在系统的网络接口间提供,不包含网络链路之间、系统内存、数据总线和非保护的处理器等。非密码网络安保技术能实现尝试拒绝服务攻击的恶意包。在网络层使用的非密码技术包括屏蔽路由器和包过滤防火墙。数据链路层安保通常用密码设备完成链路加密。

应用层、会话层与传输层的安保统称为应用安保，在网络层之上来执行。与网络安保类似，应用安保也包括密码安保机制和非密码安保机制。密码安保技术包括传输层安全、单独的应用，以及执行密码鉴别、可追究性、完整性、机密性的应用系统。例如，Web 浏览器使用安全传输层（transfer layer security, TLS）或安全套接层（secure sockets layer，SSL）来保证服务鉴别和传输中的消息完整性、机密性。TLS 和 SSL 协议是使用加密通信内容的通信协议。IETF 的 TLS 工作组从 Netscape 公司接管了 SSL 协议的开发，并将名字从 SSL 改为 TLS，进行了一些改变和增加。SSL 的发展就结束了，新的协议使用 TLS。应用系统使用密码技术的例子是航空电信网络（aeronautical telecommunication network，ATN）。密码性应用安保技术的缺点是其包括应用本身，每个通用库必须通过编程使用指定的密码技术；优点是能够与用户或应用程序身份联合实现密码鉴别和可追究性。应用层安保也为从一个应用程序数据缓存到另一个应用程序数据缓存的完整性和机密性提供保障。

非密码型应用安保技术包括在网络层之上过滤检查协议与应用层防火墙。这些防火墙称为双宿主机网关、代理服务或者应用服务。在应用层防火墙中指定应用软件的传送通信控制，执行日志并提供鉴别。与网络层防火墙比，虽然应用层防火墙的性能下降更多，但由于使用了更多保守的设计，其在边界上防护能力更强。

5.2.3　密码与非密码安保机制

为了保护网络，可以使用密码安保机制、非密码安保机制或者两者都用。安保机制的目的是丢弃或拒绝不正确的或有敌意的消息，一个选择性的目的是提供事件的鉴别，以及分析不正确或有敌意消息的可能来源以提供入侵检测。对于拒绝服务攻击保护，在早期丢弃消息是很重要的，要在保护机制下对消息的传输进行预防,从而保证网络和计算资源不被耗尽。

5.2.3.1　密码安保机制

密码安保机制可以提供通信的鉴别、完整性、机密性和可追究性。在 OSI 模型的任一层都可以通过密码机制实现安保。密码安保的示例如下。

(1) IPSec—网络层:IPSec 在网络层保护网络不受攻击并控制其使用。

(2) TLS—传输层:TLS 提供端到端的安保通信,适用于多个应用。

(3) 应用安保—应用层与用户函数:应用层安保提供高质量的安保,且独立于网络安保,如 ATN 与 ACARS。

有两种可用的密钥方案:共享密钥和公私密钥。这两个方案提供了能实现鉴别、完整性、机密性和可追究性的能力。

1) 共享密钥机制

在共享密钥机制中,每个会话端都有一份用于加密的密钥。这种密钥机制也用于多方通信。分发密钥的能力通常是对运营的挑战。密钥应按照月、周或日的顺序进行重新分发,具体取决于安保需求评估。

2) 公私密钥机制

公共密钥基础(public key infrastructure, PKI)是指用非对称加密的理论、技术来实施并且提供安全服务的具有普适性的安全基础设施,是一种标准的密钥管理平台,能够为信息技术的安全应用提供加密、数字签名等服务及所必需的密钥和证书管理体系。

非对称加密算法也称为公私密钥机制。在公私密钥机制中,每个会话端有一个秘密的私钥。与该私钥相对应的一个公钥是能够自由进行分发的。公私密钥可以通过计算推导出来,并且能够用于两个方向的加密和解密。例如,用户 A 和用户 B 之间使用公私密钥机制传递信息,用户 A 在加密的时候只需要使用用户 B 的公钥进行加密即可。用户 B 在接收到加密信息后,使用其私钥解密得到信息。因此,其他用户没有用户 B 的私钥,即使窃取到加密信息也不能进行解密。

为了保证公钥确实属于会话的另一端,可以通过一个数字证书来获得公钥。数字证书是用来标示和证明身份的数字信息文件,它提供了一种验证用户身份的方式。在数字证书中包含公钥拥有者信息以及公钥,同时还有证书授权机构(CA)对该数字证书的签名。其他用户可以检查确认该数字证书是否是有效的、可信的,并获取相应的个人信息和公钥。

分配公钥需要一个公共密钥基础,以及将公钥与其自我鉴定结合的证书。在多数执行中都使用分层的 CA,这个分层意味着一种信任关系。例如,如果对于一个较低层的 CA,高层 CA 已经签署了证书,且鉴别系统信任高层的CA,那么通过验证证书签署它也信任较低层的 CA。信任关系也能在端对端的关系中建立。安保策略决定是否在端对端的 CA 模型中存在信任关系。

每个证书在使用之前,都要进行证书的有效性检查。有提供两种方式用于信息的有效性检查。

(1) 周期性地分发证书撤销列表(certificate revocation list,CRL),保证一个当前日期的 CRL 可用于有效性检查。

(2) 在每个证书使用时进行在线检查,尽管这种检查的效率低,但是更及时并且安全。

CRL 的使用可能更适合于飞机上的网络,因为安全关联装备可以自主地完成,不用联系一些主要的基础实体。

证书格式的标准是 ITU-T X.509。X.509 定义了在 PKI 体系中数字证书、证书撤销列表、属性证书和证书路径验证算法等,是最普遍使用的数字证书标准。X.509 具有很多可选择的特征,在实际机载应用中需要定义一个适用于机载网络的证书框架并基于这个证书框架来决定应该使用哪个选项,以及应该如何使用这些选项。

另一个方法是使用证书缓存,该方法可从 ATN 借用。ATN 描述了空对地(地对地)通信的公共密钥基础。每个国际民航组织(ICAO)的参与成员会创建自己顶层的 CA。所有成员都得到双方的同意允许和其他 CA 交换证书,因此在两个国家之间存在信任的路径。为了便于飞机实体管理,在每个国家顶级 CA 的权限下创建公共密钥证书。这些公共密钥证书对于 ATN 目录中的 ATN 社团可用。

公共密钥基础之间有复杂性的关联；然而，它们相比私钥分配机制扩展性更好，也更易于管理。

3）密码机制的位置

密码机制部署在网络节点中。在应用层和传输层中，密码机制被配置在主机端或在防火墙上主流的代理应用。在网络层中，密码机制可以被配置在主机端、代理防火墙或者处理网络层数据包的其他位置。网络层配置密码机制的例子是基于 IPSec 隧道模式的 VPN 网络设备，或者基于 IPSec 传输模式或隧道模式的端系统到端系统的信息安保。

4）密码算法

通过密钥的单向哈希函数来保护交换数据包的真实性和完整性，也称为信息鉴别码（MAC）。其输入一个信息和密钥的固定长度，生成一个固定长度的哈希值，附加到原始数据包中用于检测任何的修改。通信双方之间会共享密钥。为了保护信息避免重新调整，其内部必须要包含某种序列数字（如 TCP 数据包）。另外，在应用哈希函数之前，每条信息必须要附加一个序列数字。由于很容易伪造链路层地址和 IP 源地址，因此必须强制执行数据的源鉴别和完整性保护。

如果已设计该哈希函数，那么可通过较小范围的密钥长度和哈希值长度来评估其保护能力。密钥长度应大于等于 128 位。

表 5-3 列出的是目前 RFC 相关标准中所定义的算法和密钥长度。在 IPSec 中，常用的方法是仅使用哈希值的前 96 位作为数据包的鉴别者，但这会减少其安全性。

表 5-3　IPSec 密钥哈希函数

算　法	密钥长度/位	哈希长度/位
HMAC-SHA-1-96	160	160 减少至 96
HMAC-RIPEMD-160-96	160	160 减少至 96

使用对称加密算法的块数据加密来提供数据交换之间的机密性。对称加密算法依赖于密钥,其在双方通信方之间共享。表 5 - 4 列出了可采用的对称加密算法。对称加密算法的密钥长度不少于 112 位(3DES)。首选算法是 AES 算法,带有 128 位或更长密钥。

表 5 - 4　对称加密算法

算　　法	密钥长度/位	备　　注
AES	128, 192, 256	
3DES	112	
IDEA	128	
RC5	大于等于 128	
CAST - 128	128	
Blowfish	大于等于 128	密钥长度是可变的(40～448 位)

互联网网络密钥交换(internet key exchange,IKE)协议用于交换和管理在 VPN 中使用的加密密钥,其解决了在不安全的网络环境中安全地建立或更新共享密钥的问题,在网络安全系统中作为 IPSec 的一个配套组件。IKE 属于一种混合型协议,由互联网安全关联和密钥管理协议(ISAKMP)及两种密钥交换协议 OAKLEY 与 SKEME 组成。IPSec IKE 标准提供如下用户鉴别方法:

(1) 使用预共享密钥的鉴别。

(2) 使用公钥加密的鉴别,标准算法是 RSA。

(3) 使用数字签名的鉴别,标准算法是 DSS 和 RSA。

由于基于预共享密钥的密钥分配不支持空中运输,因此机载网络的安保设计应该在后两种方法中选择其一。对于所有的标准鉴别算法,密钥的长度至少是 1 024 位。加密或签署的值是通过采用单向哈希函数获得交换信息的内容。IKE 标准指定两种哈希函数: MD5 与 SHA - 1。由于 MD5 算法的安保强度较弱,因此推荐使用 SHA - 1。虽然在 IKE 标准中没有包含 RIPEMD - 160 算法,但是也可使用该算法。SHA - 1 和 RIPEMD - 160 产生一个 160 位长的哈希值。

在 IKE 协议中,会话密钥使用 Diffie-Hellman 密钥协商协议产生。该协议提供了完美的前向保密:具备危害已生成会话密钥能力的攻击者,不能推导出该会话密钥的任何长期密钥元素。Diffie-Hellman 协议能够使用不同的数学结构:模幂组或椭圆曲线组。相比之下,椭圆曲线算法更快,需要的密钥元素更少,但比模幂算法更复杂。模幂算法使用至少 1 024 位长度的密钥,椭圆曲线使用至少 160 位长度的密钥。在空地通信链路带宽受限的情况下,使用椭圆曲线密码更有优势。

5.2.3.2　非密码安保机制

非密码安保机制常常称为防火墙,尽管防火墙也包括密码安全机制。防火墙是一个组件或一组组件,通过在两个或多个网络间控制通信的流量来增强安保策略。防火墙能够防护攻击的范围包括非授权访问、IP 地址欺骗、会话劫持、病毒、流氓插件、通信的重路由和一些拒绝服务(denial of service,DoS)。

防火墙是一个网络设备或单主机设备。网络防火墙常常放在一个受保护内网与一个外部网络之间。网络防火墙也用于隔离内部网络。它们提供了边界防御和控制端来监控网络和来自网络的访问。单个主机防火墙用来保护单一系统免受基于网络的威胁。网络防火墙可将组合系统软件、硬件和软件与专用的硬件设备组装。

防火墙依赖于设置正确的配置来获得正确的功能。配置错误的防火墙无法提供保护。防火墙检测所有进入和流出的报文,匹配它们来阻止已知攻击或入侵信号。当一个入侵或企图攻击被发现时,防火墙丢弃该包,纪录该企图,并提供一个警告。推荐对机载系统防火墙进行保守的设计。

防火墙能在网络层、应用层、应用和网络层、会话层等层级上控制访问。在网络层,它们能基于协议属性限制包的传输。在应用层,它们可在源和目的应用之间作为中间件工作,并基于用户鉴别与/或之前的连通性执行强制控制决策。在会话层,防火墙能够用来建立一个安全和鉴别的通信路线,而不考虑协议或应用的请求。

防火墙的实现和产品组成主要有 4 种类型,在下面的章节进行主要描述。

1) 无状态包过滤

通常将无状态包过滤当作隔离路由器,这类防火墙产品控制网络层/传输层控制的通信,通过检查数据包的源和目的地址、源和目的服务端口、包类型、包选项,阻塞或放行该包到其目的网络或网段。网络访问/拒绝基于访问控制表(access control list,ACL),这是驻留在防火墙里的数据库文件并由管理员维护。ACL 文件告诉防火墙哪些指定的包能或不能前往哪些地址。该类防火墙也可以使能仅访问授权应用端口或服务。

2) 状态包过滤

状态检测防火墙通过一个网络层的检测引擎完成捕获数据。这些数据包被排队,然后通过比较"状态表"对其进行分析。该表保存进入和外出连接、会话状态的轨迹,丢弃在正确的上下文空间中不属于合法连接的数据包。连接的状态在所有时间监控里,允许防火墙的活动基于管理员定义规则和之前会话的状态而改变。实际上防火墙能记住每个正在进行的会话的状态,与动态的修改包过滤相配,因此允许它更有效地确定哪个是现有会话的一部分内部包,哪个是流出包。

状态检测防火墙和包过滤防火墙主要的区别是包过滤防火墙比较每个单独包与其规则的匹配性,而不管之前的包;状态防火墙把每个连接看作一个整体,并在上下文环境中检查特殊协议的正常行为。

3) 应用层安全代理

这是驻留在防火墙中的程序,为特定的应用转发通信,例如远程登录、FTP、SMTP 或者 HTTP。安全协议作为用户需求的中间者,在应用层对想要的资源设置一个链接。防火墙外部的客户端应用与安全的代理进行通信,而不是直接与应用服务器通信。代理程序复制每个接收数据包并从一个网络传递到另一个网络,相当于原始数据的伪装。安全代理防火墙能动态地监控一个特殊协议的行为,来确保链接只使用带有预期参数的协议。这可以阻止新型的和意想不到的攻击,不用等待软件更新来防止特定的攻击。它也可以防止来自不正确配置系统的拒绝服务攻击所产生的有害数据包。在允许会话继续进行之前,这种设置能使应用代理控制应用通信。与包过滤和状态检测防火墙不同,应用层安全代理不允许在两个网络间存在直接的通路。

特定类型的安全代理能用来加强可接受的使用政策。例如,一个 HTTP Web 代理能阻止来自特定禁止网站的用户访问,它也能对于个别系统和用户监视和记录网络使用情况。当用户有意或者无意地下载了恶意软件,或者用于对另外系统的攻击时,Web 安全代理日志能提供法律的证据来决定安全裂口是如何发生的,以及在未来如何防止这样的攻击信息。

4) 电路层网关

这是应用层安全代理的变种,为一个类别的协议提供安保性,在没有应用指定代理存在时使用。在内部网络和外部网络之间,电路层网关为一个给定应用来回转发数据,然后创建一个虚拟电路通过网关。然而,网关在应用协议层中不执行任何控制功能。实际上,对于给定的应用,它在会话层或传输层中进行透明传输。典型的电路层网关是执行应用层代理网关的一部分。

5.2.4　深度安全防御

深度安全防御的思想是使用多层防御策略来控制风险,如果一层防御不够用,那么另一层防御将更好地阻止一个完全的漏洞。深度安全防御使用多层控制完成一个完整的安全状态。

为了提供一个鲁棒的安全解决方案,推荐使用多层安全技术。应用层安全同时在网络层使用。网络层也可能使用网络层和链路层安全机制。密码和非密码机制能够同时使用。为了更好地防止拒绝服务攻击,可以丢弃早期的恶意数据包。

深度安全防御也通过构建多层安全来工作,划分网络以及最终允许特定的安全设置应用于单个的网络元素。安全访问控制端的部署与需安全保护的资产越来越近。例如,防火墙可以放置在每个应用服务器之前。访问控制规则为需要开放端口和通过该应用服务器提供服务的精确设置进行调节。因为大多数服务器是用来服务客户端的,所以防火墙不允许所有的输出连接,除非有特殊的需求。这也使得网络更加安全。

深度安全防御是分层和深入的,使用密码机制并定位防火墙和入侵检测系统在临界资产的前面。深度安全防御也使用区分、隔离和攻击牵制来限制危害行为。

5.2.5 安保框架的示例

图 5 - 13 是飞机网络之间通信的安保框架的示例,这个框架能够用于网络边界,同时使用于防护不同通信方向的防护。由于通常只需要保护一个方向,因此为了便于说明,在图中只有一个方向。图 5 - 13 使用 TFTP 和 SNMP 作为示例。

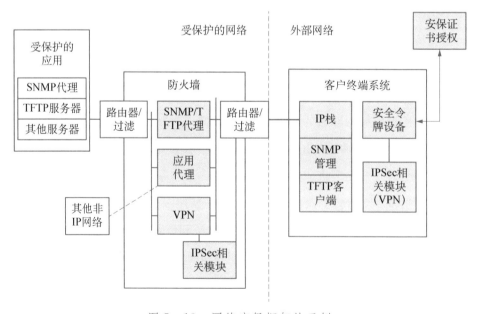

图 5 - 13　网络安保框架的示例

在图 5-13 中,阴影部分是所有的安保实体。SNMP 和 TFTP 应用在图中是应用的示例,该应用是驻留在受保护网络和外部代理中的。图中的应用可能使用 IP 或者非 IP 协议来进行网络通信。在受保护的网络中访问 SNMP 和 TFTP 或其他应用层协议只能被认为通过内部代理到特定授权的客户终端系统,例如便携的计算机。同样,防火墙能够被配置,通过一个输出代理,内部网络的应用能够与外部网络的应用交互。

将受保护网络和外部网络分开的防火墙位于受保护网络和外部网络接口的位置。例如,如果受保护网络是机载网络,那么服务接口单元(service interface unit,SIU)将提供这个功能。

在防火墙和客户终端系统中,有处理安全相关的 IPSec 协议模块以及处理必要的密码操作模块。这个密码功能可以被认为是实现一个 VPN。在客户终端系统中,通过安全令牌来处理密码操作。安全令牌属于客户终端系统的一个授权用户,由一个可信的 CA 给出。CA 的公钥是通过每个防火墙预先知道的。

图 5-14 是防火墙合理结构的示例,系统里包含不同的模块。在内部网络

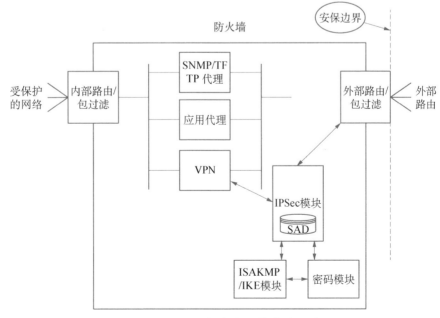

图 5-14　防火墙合理结构的示例

和外部网络之间的 IP 路由是完全不起作用的，所有想得到的服务是由应用层网管提供的（如 SNMP/TFTP 或其他应用）。尽管没有要求安全，但受保护的网络可能通过网络地址转换（NAT）使用私密地址，对外部是不可见的。

在下文中，术语"地址"通常是指传输层的地址，包括 IP 地址、协议号（TCP/UDP）和一个 TCP/UDP 端口。术语"内部接口""外部接口""进入包"和"流出包"是从防火墙的立场出发进行解释的。防火墙过滤规则包括如下几方面。

（1）保护网络内部：在一个受保护网络内的独立系统可以应用过滤规则保护独立的系统。在受保护网络内没有其他单独的防火墙。

（2）对于内部防火墙接口的进入包：只允许那些源地址正确以及目的地址属于一个代理服务器或防火墙内的 VPN 的数据包存在。

（3）对于内部防火墙接口的流出包：只允许那些目的地址正确以及源地址属于一个代理服务器或防火墙内的 VPN 的数据包存在。

（4）对于外部防火墙接口的进入包：只允许属于一个以确定安全关联的 ESP 压缩数据包，原始源地址正确以及原始目的地址属于一个代理服务器或防火墙内的 VPN 的数据包存在。

（5）在外部防火墙接口的流出包中：只允许那些目的地址正确，源地址属于一个代理服务器或防火墙内的 VPN 以及那些目的地址能够匹配到已确定安全关联的数据包存在。在发送它们之前，根据相应的安全关联来压缩所有的数据包。

（6）不同保护网络之间：不同的飞机保护网络应该有防火墙，使它们免受邻近的飞机网络干扰。

在路由器的内部和外部的包中，过滤允许或丢弃出入的 IP 数据包，依赖于网络和传输层协议的数据：源/目的地址和端口，传输层协议（TCP/UDP）和 TCP 的标记（SYN）。"筛选过的子网络"位于内部路由和外部路由之间。作为最低限度，包过滤可以被建立以提供有限欺骗保护：IP 源地址和目的地址与网络拓扑结构不相符的所有 IP 数据包必须过滤掉（也称为进出过滤）。然而,不能阻止取代拓扑正确地址的欺骗攻击,除非加密地鉴别数据包。包过滤允许输入和输出数据包不是 VPN,仅仅是基于它们端口号的适当的代理服务器组件。VPN 数据包被发送到 VPN 组件。因此来自外部的所有数据包必须是合理的代理应用,或者必须是经授权的 VPN 数据包。

对于 SNMP 和 TFTP 等应用的应用代理位于网络内部,由包过滤提供保护。应用代理是双宿主网关,分别与内、外部网络连接,但是 IP 转发是禁用的。在商业的网络中,通常作为独立的主机实现,也称为堡垒主机。为了避免产生任何的安全漏洞,必须要仔细地设置。应用代理实现从服务器到客户终端系统,从客户端到受保护的系统访问。由于应用代理支持应用层协议,因此应用层的访问控制比网络层和传输层的包过滤控制效果更好。应用代理可以提供安全鉴别和广泛的日志。

VPN 选择性地提供密码安全数据包,从外部网络流动到受保护网络,而不通过代理。

IPSec 模块提供块数据加密和鉴别/完整性保护,它同时支持外部路由和 VPN 的加密过程。在图 5 - 14 中,数据包根据在安全关联数据库（security association database,SAD）中安全关联的参数进行加解密、生成校验和等。为了阻止拒绝服务攻击,IPSec 和密码模块必须支持足够快的操作。

ISAKMP/IKE 模块实现安全关联管理和使用公钥机制来进行会话密钥交换。ISAKMP/IKE 模块保持 SAD 在最新的 IPSec 模块中。

密码模块通过 IPSec 和 ISAKMP/IKE 模块来实现密码算法,可以用硬件或软件的方式实现。这个模块也可为防火墙的私钥提供安全存储。防火墙的公钥和 CA 认证的签名存储在一起。

在依靠通道模式中 IPSec 的封装安全载荷（ESP）协议,所有进出防火墙外部接口的数据都应保护起来。ESP 通道应该由配置来提供密码和数据原始的鉴别/完整性保护。这个通道在外部路由器或者 VPN 组件终止。

在网络层中部署块数据保护的主要优势是所有交换的 IP 数据包是安全的,忽略传输层协议(TCP 和 UDP)和应用层协议(SNMP 和 TFTP 等)。在通道模式中使用 ESP 协议的优势是 IP 数据包是完全受保护的,包括 IP 和上层协议包头。ESP 包头包括一个序列数字,所有的数据包防止重新排列。

使用 IPSec 的缺点是块数据的数据原始鉴别只能由终端系统粒度完成。一旦等到终端系统 ESP 通道建立,则没办法区别单个用户或程序。

一个选择是在传输层顶部使用 TLS 部署块数据保护。这可以提供块数据原始鉴别的每个套接字粒度,从而有可能区别用户和程序。然而,并不是所有的数据(如 ICMP 数据包)都会被保护。TCP/UDP 和 IP 包头不会受保护。在 IPSec 早期,可能不能过滤带有伪造 IP 源地址的拒绝服务攻击。如果算法不是以每个 IP 数据包为基础,那么访问密码算法的硬件实施也更困难。

为了建立所给出的终端系统和防火墙之间的 ESP 通道,必须建立安全关联。安全关联建立包含对称会话密钥的交换,以及终端系统现有用户的公钥鉴别与私密的安全令牌。由于 ESP 通道不能区别单个终端系统的用户或程序,因此只要安全关联建立,其他用户不可以访问终端系统。

在 IPSec 标准系列中,通过 ISAKMP/IKE 协议来提供安全关联建立、会话密钥交换和用户鉴别。这些协议是非常普通的并且允许各种不同的配置,因此应为 ISAKMP/IKE 提供参数描述。

5.2.6 日志审计

否认/拒绝/允许网络活动的日志应该包括如下方面:

(1) 被记录日志的活动的类型列表/定义。

(2) 日志对象的格式。

(3) 日志对象的管理(存储、找回等)。

(4) 访问日志实体的 MIB。

5.3　网络管理技术

网络管理有狭义和广义之分。狭义的网络管理仅指对网络通信流量等网络参考性能的管理,广义的网络管理则是指对网络应用系统的管理。网络管理涉及 3 个方面的内容:网络服务提供,是指向用户提供新的服务类型、增加网络设备,提高网络性能;网络维护,是指网络性能监控、故障报警、故障诊断、故障隔离和恢复;网络处理,是指网络线路、设备利用率数据的采集和分析以及提高网络利用率的各种控制[12]。

多数机载网络与普通民用网络在设计、使用上有很大的不同。首先,机载网络根据系统的需求,其网络架构、通信连接以及通信参数等通常是预先设计、定义好的,不允许随意地变动。其次,由于机载网络可能用于高安全性应用的数据传输,因此其对网络故障的检测、隔离有着更高的要求。针对网络管理涉及的 3 个方面内容,机载网络更多关注的是第二个方面,即网络维护。通过网络管理获取各个节点工作状态,并为应用级的系统管理提供支撑。

早期总线的管理技术较为简单,甚至没有网络管理的概念。随着机载网络技术的复杂度越来越高,网络在系统中的重要性越来越大,通过网络能够有效支持系统级的故障检测、故障隔离、系统重构等功能。本节以 ARINC 664P7 网络为例,说明网络管理及其对系统管理的作用。

5.3.1　系统架构

典型地,在基于 ARINC 664P7 网络的综合化航电系统中,网络管理的系统架构主要涉及两个应用功能:网络监控与诊断功能(NMDF)和机上维护系统(OMS)。NMDF 用于为 OMS 提供系统中网络的工作状态信息。在系统网络配置文件的基础上,通过网络管理协议和相关的统计量,NMDF 获取每个交换机、节点、链路的工作状态，从而对网络的状态信息进行分析和诊断；OMS 基于 NMDF 提供的分析和诊断结果，记录故障发生的时间、故障的设备等信息，为机载设备的维护提供支持。整个系统的架构如图 5-15 所示。

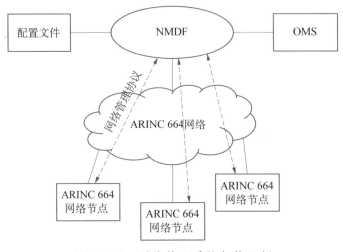

图 5-15　网络管理系统架构示例

根据 ARINC 664P7 网络配置文件，NMDF 能够识别其中包括交换机和节点的每一个网络设备以及每一个通信连接。通过网络管理协议周期性地获取各个网络设备各层的统计量，从而对网络设备的状态进行分析和诊断。例如，通过比较一个链路上正确帧和错误帧的比例，可以得到该链路的信号质量。及时识别出网络设备的故障能够有效提高系统的维修性，降低飞机的维修成本和运营成本。随着机载系统综合化的逐步深入，系统重构技术已经成为一项研究热点，网络管理技术能够提供必要的机载网络运行状态信息，为系统重构提供有效的支撑。

5.3.2　网络管理协议

在 ARINC 664P7 规范中，定义了网络管理采用简单网络管理协议（SNMP）。SNMP 是由互联网工程任务组（IETF）定义的一套网络管理协议，其前身是为了管理互联网络上的路由器开发的简单网关监控协议(simple gateway monitoring protocol,SGMP)。SNMP 迄今已发展出 3 个版本。

最早的 SNMPv1 于 1988 年发布,涉及 3 个文件:RFC 1065、RFC 1066 和 RFC 1067,并于 1990 年分别被 RFC 1155、RFC 1156 和 RFC 1157 代替。1991 年 RFC 1213 代替了 RFC 1156,定义了第二版的 MIB,称为 MIB - II。SNMPv1 一经发布便取得了广泛的应用,成为互联网在网络管理方面实际应用的标准。SNMPv1 可以运行在 UDP/IP 等协议之上,定义了 4 种协议操作:Get、GetNext、Set 和 Trap,通过简单的请求-响应方式对网络进行管理。但是其安全性较弱,客户端的认证使用明码传输。

1993 年,IETF 又发布了 RFC 1441—RFC 1452,修订了 SNMPv1,并且在性能、安全、管理端之间通信等方面做了改进,形成 SNMPv2。SNMPv2 是在 SNMPv1 的基础上,修改了 Get 和 Trap 操作,并新增了 GetBulk 操作和 Inform 操作。1996 年发布的 RFC 1901—RFC 1908 定义了基于共同体的网络管理协议 SNMPv2c,其在安全性方面沿用了 SNMPv1 的简单方案。另一个版本是 RFC 1909—RFC 1910 定义的基于用户的网络管理协议 SNMPv2u,在安全性方面做了些改进。

2004 年,IETF 推出 SNMPv3,发布了 RFC 3411—RFC 3418。SNMPv3 提供了 3 项重要的服务:认证、隐私和访问控制,提高了在安全方面的功能,而消息结构、MIB 等方面仍然沿用 SNMPv2 协议。

机载网络与民用网络的不同导致了其在网络管理方面也有一定的差异。在通常情况下,因为网络管理协议仅仅为机载网络的工作状态提供信息,而不会对网络进行控制,所以安全性等级不高。当然,IMA2G 等架构提出的系统重构可能会基于网络诊断的信息对系统进行重新配置,对此有影响。但即便如此,网络管理协议 SNMP 应用到机载环境中还是有其特殊性的。例如,Set 操作往往是不需要的;明码传输是可以接受的;MIB 应基于机载网络协议进行设计等。

5.3.2.1 协议操作

网络管理包括管理端（management station）和代理端（agent）两部分。在 ARINC 664P7 网络中，通常有两个网络节点作为网络管理端，交换机和其他的网络节点作为代理端。管理端和代理端之间的通信有两种方式：一种方式是管理端向代理端发出请求，询问一个具体的参数值；另一种方式是代理端主动向管理端报告有某些重要事件的发生。网络管理可完成如下工作：

（1）在线状态查询，是指对网络设备的在线状态进行查询。如果设备能正常与网络管理端通信，那么该设备称为在线状态；反之，该设备称为离线状态。

（2）版本信息查询，可以查询网络设备的配置信息，包括产品部件号、软硬件版本信息、配置表版本信息等。

（3）故障信息收集，包括网络管理端主动查询设备的故障信息，设备主动上报故障信息等，管理端可根据收集到的故障信息进行处理。

在 RFC 1905 中[13]，SNMPv2 定义了如下的 7 种操作，如表 5-5 所示。

表 5-5 SNMPv2 协议操作

序号	操作名称	发起者	操作描述
1	Get-Request	管理端	从代理端处提取一个或多个参数值
2	Get-Next-Request	管理端	从代理端处提取一个或多个参数的下一个参数值
3	Set-Request	管理端	设置代理端的一个或多个参数值
4	Get-Response	代理端	返回一个或多个参数值，这个操作是对 Get-Request、Get-Next-Request、Set-Request 和 Get-Bulk-Request 等操作的响应
5	SNMPv2-Trap	代理端	代理端主动发出的报文，通知管理端有某些事情发生
6	Get-Bulk-Request	管理端	从代理端读取大块数据
7	Inform-Request	管理端	一个管理端向另一个管理端发送信息

1) 报文格式

SNMPv2 协议规定的命令和响应报文可以用在网络管理端和代理端之间的各种对话中。每个命令和响应都是一个独立的 SNMPv2 报文,通常都是基于 UDP 协议的,其格式如图 5-16 所示。

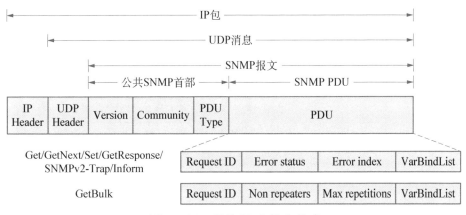

图 5-16　SNMPv2 报文格式

版本字段(Version)用来标识 SNMP 协议版本,为 1 时表示 SNMPv2。

共同体字段(Community)是一个字符串,代表管理端和代理端之间的访问权限控制,采用明文格式。

协议数据单元的类型字段(PDU type)表示报文的类型,如表 5-6 所示。

表 5-6　SNMPv2 协议操作 PDU type

PDU type	操作名称	PDU type	操作名称
0xA0	Get-Request	0xA5	Get-Bulk-Request
0xA1	Get-Next-Request	0xA6	Inform-Request
0xA2	Get-Response	0xA7	SNMPv2-Trap
0xA3	Set-Request		

请求标识符(request ID),当 SNMP 使用随机整数时来标识一个请求,响应方在响应请求时,需保持响应 PDU 的 request ID 与对应的请求 PDU 中的

request ID 一致。

差错状态字段（Error status）是由代理端标注的操作响应状态，如表 5-7 所示。差错索引字段（Error index）为所检测到的差错状态提供更多的信息。差错索引指向在变量绑定列表中导致差错状态的第一个变量，其取值就是在变量绑定列表中的变量位置，位置编号从 1 开始。

表 5-7　差错状态字段

差错名称	差错代码	差 错 说 明
noError	0	命令执行成功
tooBig	1	响应 PDU 太长（报文大于 8 192 字节）
noSuchName	2	不用，为兼容 SNMPv1。操作指明了一个不存在的变量
badValue	3	不用，为兼容 SNMPv1。Set 操作指明了一个无效值或者无效语法
readOnly	4	不用，为兼容 SNMPv1。管理端试图修改一个只读变量
genErr	5	代理端内部错误
noAccess	6	变量不在共同体的视图内（访问级别不符）
wrongType	7	变量的 ASN.1 数据类型不一致
wrongLength	8	变量的 ASN.1 数据长度不一致
wrongEncoding	9	ASN.1 编码不一致
wrongValue	10	变量的 ASN.1 数据值不正确
noCreation	11	变量不能创建（仅针对表格）
inconsistentValue	12	变量不能赋值（仅针对表格）
resourceUnavailable	13	完成请求操作所需的资源不够用
commitFailed	14	变量的提交操作失败
undoFailed	15	变量的恢复操作失败
authorizationError	16	不识别的共同体
notWritable	17	变量不能修改
inconsisitentName	18	变量不能创建（仅针对表格）

变量绑定列表(VarBindList,即 variable binding list)列出访问的变量,详见下一节。

对于 GetBulk 操作,通过非重复数字段(non repeaters)和最大重复数(max repetitions)访问大块的数据。假设 GetBulk PDU 变量绑定的列表包含了 L 个变量,非重复数字段值为 N,最大重复数字段值为 M。则对其余的 $R = L - N$ 个变量,应该返回最多 M 个后继变量,即最多可以返回 $N + M \times R$ 个变量。

2) 变量封装

SNMP 允许变量绑定列表中管理对象的数目可变,每个变量字段又是由对象标识字段和变量取值字段组成,如图 5-17 所示。即管理端将需要读/写的代理端变量以变量绑定列表的形式封装在 SNMP 报文中,经过编码、传输到达代理端,代理端在接收到网络字节流后,经过解码、解析,可以得到管理端所需变量的对象标识,再根据该标识从 MIB 库中查找、读取,最后将查找到的变量信息写入应答报文的变量绑定列表返回给管理端;或者可以得到管理端所写入的变量标识和变量值,然后根据该标识从 MIB 库中查找、写入变量值,最后以响应报文形式返回给管理端。

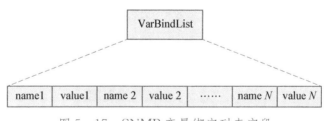

图 5-17　SNMP 变量绑定列表字段

在 SNMPv2 协议中,代理端响应管理端请求的响应报文可以报告请求的值,也可以报告意外情况。取值字段值及其说明如表 5-8 所示。

表 5-8　变量绑定列表的取值字段

值字段	值	说　明
具体值	具体值的编码	请求的值

（续表）

值字段	值	说　　明
unspecified		空值（在读操作中当一个占位符使用）
noSuchObject	0x80	代理端中未实现该对象
noSuchInstance	0x81	代理端中没有该实例
endOfMibView	0x82	没有更多实例（在 MIB 视图的末端）

5.3.2.2　管理信息结构

在 RFC 2578—RFC 2580 中,管理信息结构(SMIv2)定义了数据类型和结构,规定所有的 MIB 变量必须使用抽象语法记法 1(ASN.1)来定义,以此来确保数据的含义不存在二义性。SNMP 以 ASN.1 数据类型为基础,采用基本编码规则(BER)对报文进行编码、解码操作。

1) 数据类型

RFC 2578 基于 ASN.1 定义了 SNMP 协议的数据类型,包括简单数据类型(INTEGER、OCTER STRING、OBJECT IDENTIFIE 和 NULL 类型)和复合数据类型(由简单数据类型来定义),具体如下:

(1) INTEGER。整数类型,有多种形式。一些整数类型变量没有范围限制,还有一些整数类型变量定义为特定的数值或者定义为一个特定的范围。

(2) OCTER STRING。字符串类型,0 或多个 8 位的字节,每个字符串的长度范围是 0~65 535 字节,也有些设计要求的范围是 0~255 字节。

(3) OBJECT IDENTIFIE。对象标识符(object identifier,OID),一组非负整数的列表。一个 OID 最少包含 2 个子标识,最多包含 128 个子标识,每个子标识都不超出 $2^{32}-1$。

(4) IpAddress。4 字节长度的 OCTER STRING,以网络序表示 IP 地址,每个字节代表 IP 地址的一个字段。

(5) Counter。计数器。非负的整数,可从 0 递增到 $2^{32}-1$,达到最大值后归零。

（6）Gauge。非负的整数，取值范围从 0 到 $2^{32}-1$，或增或减。达到最大值后锁定，直到复位。

（7）TimeTicks。时间计数器，以 0.01 秒为单位递增，不能超出 2^{32}。在定义这种类型的变量的时候，必须指定递增幅度。例如，在 MIB 中的 sysUpTime 变量就是这种类型的变量，代表代理端从启动开始的时间长度，以多少个百分之一秒的数目来表示。

（8）Opaque。特殊的数据类型，将数据类型转换成 OCTET STRING，从而可以记录任意的 ASN.1 数据。

（9）NULL。占位符，相关的变量没有值。

（10）SEQUENCE。结构，一个 SEQUENCE 包括 0 个或多个元素，每一个元素又是另一个 ASN.1 数据类型。

（11）SEQUENDE OF。向量，其所有元素具有相同的类型。由于 SNMP 在使用这个数据类型时，其向量中的每一个元素是一个 SEQUENCE，因此可以看成是一个二维数组或表。

ASN.1 只能通过标签区分不同的类型，由一个族类型和一个非负的族内标签号组成。标签长度通常为一个字节，该字节的高两位(8 位、7 位)表示标签的族。

（1）0b00：Universal。标识 ISO 和 ITU 定义的类型，ASN.1 定义的类型均属于 Universal 族。

（2）0b01：Application。应用程序自定义类型，是唯一标识自定义类型的标识。

（3）0b10：Private。该类型根据给定的企业不同而不同。该标识不会被用在国家规范中。企业提供的数据一般使用 Application 或者 Context-specific 进行标识。但是在特殊情况下，如果企业的技术标准想扩展成一个国家规范，那么使用该标识可以在国际化过程中有效地保护该企业规范。

（4）0b11：Context-specific。专门用于 SNMP 报文 PDU 类型的标识。

标签第 6 位为 0 表示是对基本类型的编码，为 1 表示是对复合类型的编码。低五位表示标签值的编码或标记值的扩展。如果 Tag 小于 31,则只需要用到这 5 位。如果 Tag 大于 31,则这 5 位填 0b11111,标签值用后续扩展的字节来编码。所有扩展的字节都是用最高位表示扩展字节编码是否结束(0 表示结束,1 表示未结束),剩余所有的低七位用来编码标记值。

SNMP 相关数据类型的标签值如表 5 - 9 所示。

表 5 - 9　SNMP 部分数据类型值

族	标签值	数 据 类 型
Universal	0x02	INTEGER
	0x04	OCTER STRING
	0x05	NULL
	0x06	OBJECT IDENTIFIE
	0x30	SEQUENCE/SEQUENCE OF
Application	0x40	IpAddress
	0x41	Counter
	0x42	Gauge
	0x43	TimeTicks
	0x44	Opaque

在 SNMP 报文中,版本、请求标识符、差错状态、差错索引、非重复数和最大重复数等字段为 INTEGER 类型,共同体为 OCTER STRING 类型,变量绑定列表为 SEQUENCE 类型。PDU 类型字段为 Context-specific 族,值如表 5 - 6 所示。

2) 编码规则

基本编码规则(BER)在 20 世纪 80 年代初形成,广泛应用于各种通信协议中。在 SNMP 协议中,通过 BER 将 ASN.1 数据编码成适合在网络上传输的字节格式。BER 将数据表示为标签(tag)、长度(length)、值(value),即 TLV 结构。

标签字段详见上一节,用于描述数据的类型。长度域部分表示数据元素的长度,可以由 1 个或多个字节组成。长度域有两种表达方式:定长方式和不定长方式。采用定长方式,当长度不大于 127 字节时,长度字段只在一个字节中编码,称为短定长编码;当长度大于 127 字节时,第一个字节的最高位为 1,其余位表示长度字段所占的字节数,后续的字节表示长度字段的值,称为长定长编码。当采用不定长方式时,长度字段固定编码为 0x80,但是在值字段结束后以两个 0x00 结尾。在 SNMP 协议中,当报文字段长度小于 128 字节时应使用短定长编码方式对字段长度进行编码,当报文字段长度不小于 128 字节时应使用长定长编码方式对字段长度进行编码。

值字段给出了具体数据的值,并且可以采用复杂的嵌套结构,即值字段也可以由 TLV 方式构成,从而可以描述复杂的数据结构类型。值字段的编码部分由 0 个、1 个和多个字节组成,这取决于编码的数据类型。如果值是字符串,则对值的编码采用该字符串的 ASCII 码;如果值是一个嵌套结构,则在值字段的内部,对嵌套结构的每一个值字段都要按照类型、长度、值的方式进行编码,如图 5-18 所示。

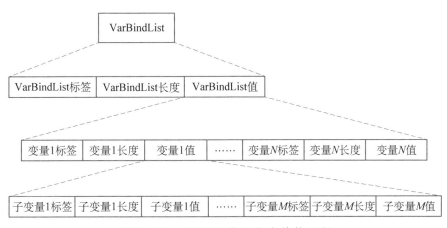

图 5-18   SNMP 编码嵌套结构示例

常用数据类型的编码如下:

(1) INTEGER 类型,用 1 个或者多个字节来表示值。

(2) OCTER STRING 类型,用 1 个或者多个字节来表示值,每个字节存放一个字符。

(3) OBJECT IDENTIFIE 类型，对每个子标识符按照整数进行编码，且前两个子标识符合并为一个字节：子标识符 $1 \times 40 +$ 子标识符 2。例如 OID：1.3.6.1.2.1.1.1，$1 \times 40 + 3 = 43$，对应编码值为

$$0x2B \ 0x06 \ 0x01 \ 0x02 \ 0x01 \ 0x01 \ 0x01$$

5.3.2.3　MIB

管理信息库(MIB)是所有代理端包含的能够被管理端进行查询和设置的信息的集合，为网络管理中的被管理资源。在网络管理中的资源都是以对象的形式表示的，每个对象表示被管资源的某一个方面属性，例如网络设备的部件号、序号、通信的统计量等。这些对象的集合形成了 MIB 库。网络管理端通过对 MIB 库的存取访问，来实现网络管理的管理功能。

每个 MIB 对象都用 OID 唯一确定。OID 是由一组数字组成的、中间用句点隔开的整数，它指出了该节点在 ASN.1 树中的准确位置。每个 MIB 对象都由数字和文本描述两部分组成。文本描述对带标号的节点进行描述，方便阅读。一个带标号的节点可以拥有其他标号节点为它的子树，如果没有子树，那么它便是叶子节点，又称为对象。每个对象都是从树根到该对象节点上的路径的标号序列唯一确定的。

整个 MIB 树为一个树，对象标识从树的顶部开始。顶部没有标识，以 root 表示，通常的 MIB 变量都从 1.3.6.1.2.1 这个标识开始，如图 5-19 所示。

对于机载网络，可以使用 private 的 OID，即以 1.3.6.1.4.1 开始。再从机载网络设备本身需要关注的内容出发，定义 MIB 树的结构和每个对象。在 ARINC 664P7 网络中，可能需要的 OID 包括如下几方面。

1) 交换机

(1) 交换机部件号。

(2) 交换机序号。

(3) 交换机操作模式。

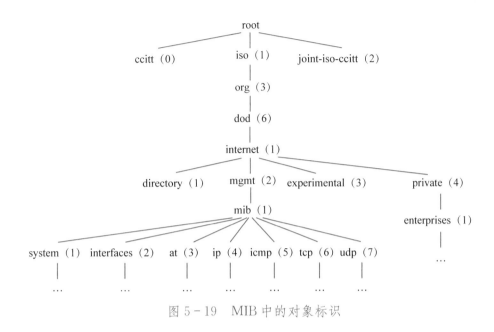

图 5-19 MIB 中的对象标识

（4）交换机当前运行的配置表编号。

（5）端口链路连接状态。

（6）交换机各端口的统计量，包括接收帧计数、CRC 错误计数、帧长度错误计数、VLID 不匹配计数、非对齐错误计数、管制过滤计数、发送帧计数等。

（7）交换机工作状态。

（8）交换机工作时间。

2）端系统

（1）端系统部件号。

（2）端系统序号。

（3）端系统位置：域、边、位置。

（4）端系统当前运行的配置表编号。

（5）端口链路连接状态。

（6）MAC 层统计量，包括接收帧计数、CRC 错误计数、帧长度错误计数、VLID 不匹配计数、非对齐错误计数、发送帧计数。

（7）IP 层、UDP 层等统计量。

（8）端系统工作状态。

（9）端系统工作时间。

5.4　网络加卸载技术

基于机载网络的加卸载技术能够为用户提供便捷的数据上传、下载服务，提高了飞机的维护效率。目前，在民用飞机上最常见的是基于 ARINC 429 总线的 ARINC 615 数据加卸载协议和基于以太网的 ARINC 615A 数据加卸载协议。

5.4.1　ARINC 615 协议

ARINC 615《机载计算机高速数据加载器》协议定义了便携式数据加载器（portable data loader，PDL）和机载数据加载器（airborne data loader，ADL）的互换性标准、信号特性、设计要求等，用于采用 ARINC 429 总线机载设备的软件升级维护等。最早的版本 ARINC 615 - 1 于 1989 年发布，并且被 AEEC 采用，得到了众多机载设备厂商的支持。目前最近的版本是 2002 年发布的 ARINC 615 - 4[14]。

ARINC 615 协议是基于 ARINC 429 总线的数据加卸载协议，其加载端和目标机均需支持 ARINC 429 基本数据通信，在 ARINC 429 基本通信的基础上，ARINC 615 协议定义了一系列的规则，通过握手—响应—确认机制来完成数据在加载端和目标机中的传输过程。

5.4.1.1　协议层交互命令

在 ARINC 429 总线上传输的数据单元长度为 32 位，ARINC 615 协议的命令及数据传输均是基于 32 位数据包进行的。ARINC 615 协议数据通信的交互命令定义如表 5 - 10 所示[15]。

表 5 - 10   ARINC 615 协议数据交互命令

命令		位序号（32 位）						含义
		32	31~30	29~23	22~16	15~9	8~1	
初始字	RTS	P	01	0x12	0x0	要发送的记录数	LBL	发送请求
	CTS	P	01	0x13	0x0	可接收的记录数	LBL	发送应答
	DF	P	01	0x02	记录序号	当前记录字节数	LBL	数据传输
	ACK	P	01	0x06	记录序号	无意义	LBL	数据正确
	NAK	P	01	0x15	记录序号	无意义	LBL	数据错误
	SYN	P	01	0x16	0x0	0x0	LBL	同步
	HDR	P	01	0x01	命令	无意义	LBL	命令字
	POL	P	01	0x05	0x0	0x0	LBL	探测
中间字	DATA	32	31~30	29~25	24~17	16~9	8~1	传输数据
		P	00	无意义	MSB	LSB	LBL	
结束字	CHECKSUM	32	31~30	29~9			8~1	校验和
		P	10	校验和			LBL	

　　ARINC 615 协议交互命令分为初始字命令、中间字命令和结束字命令 3 种。在 3 种命令数据格式中的第 32 位为奇偶校验位，第 1 到 8 位为 ARINC 429 的 Label 号标识，第 30 和 31 位区别 3 种类型的命令。初始字命令用于数据传输前的命令交互握手，在其数据格式中第 23 位到第 29 位标识不同类型的初始字命令，RTS 命令用于发送请求命令，其 9 到 15 位标识本次发送请求要发送的记录个数；CTS 命令用于对 RTS 命令的响应，其 9 到 15 位标识可接收的记录个数；DF 命令表明开始数据传输，其 16 到 22 位标识当前传输的记录序

号,9 到 15 位标识当前传输的记录总字节数;ACK 和 NAK 命令标识对数据接收的确认,其 16 到 22 位均标识其确认的记录序号;SYN 命令用于加载端和目标机的同步;HDR 命令通过第 16 到 22 位的命令字段来发起包括读数据块、写数据块、加载完成、进入自动模式等命令;加载端发送 POL 命令来探测有可能的自动下载操作。中间字主要用于传输数据,在 DATA 命令中第 9 到 24 位为数据段,包含两个字节的数据信息。结束字用于每个记录传输完成后的数据校验和传输。

5.4.1.2 配置文件定义

ARINC 615 协议定义配置文件 CONFIG.LDR,对加载端上传和下载操作进行定义和描述,依据配置文件的定义执行上传和下载操作。配置文件 CONFIG. LDR 主要的配置参数定义及其含义如表 5‑11 所示。

表 5‑11 CONFIG. LDR 主要配置参数描述

参数定义	参数描述	示例
LBL=[Octal]	加载端 label 号	LBL=226 (表示接收字为226)
BnD= [TX _ NUMBER],[TX _ SPEED], [RX _ NUMBER],[RX _ SPEED], [LABEL],[DISCRETE]	n 号线路的 ARINC 429 发送端口号、发送端口速率(H 表示高速,L 表示低速)、接收端口号、接收端口速率、ARINC 429 发送 label 号、功能	B1D=3H, 3L, 224 (表示线路 1 的发送端口为3,高速;接收端口为3,低速;发送 label 号为224)
BnP=[Decimal]	n 号线路的优先级,其中最高优先级为 1,最低为 8,默认为 1,0 表示未定义,如果未定义的话按照 BnD 的先后顺序来传输	B4P=4
BnT = [filename],[True/False],[Decimal]	n 号线路发送文件的名称、文件是否需要换盘(默认为false)、文件被划分的块大小(单位字节,默认值为1 024 字节)	B3T = FILEWO. DAT, F, 2048(表示 3 号线路上传输的文件为 FILEWO. DAT,文件被划分的块大小为2 048 字节)
BnR=[filename]	n 号线路接收文件的名称	B3R=FILEWO. DAT

在配置文件 CONFIG. LDR 中参数的格式描述如下：

$$parameter\_id = parameter\_value\langle CR, LF\rangle$$

其中，parameter_id 为一个变长字段，包含了要定义的配置参数名，配置参数名可包含一个数字"n"，标识所定义的参数为第几条总线参数，n 的范围为 1~8，如 B1P 用于定义第一条总线的优先级。parameter_value 为具体的配置参数值，对于有多个参数值的配置参数，参数值之间用逗号隔开。$\langle CR, LF\rangle$ 为回车换行符。

根据 ARINC 615 协议，一个加载端最多定义 8 条链路，即可以依次对 8 个 ARINC 429 设备进行加载操作。如果被加载 ARINC 429 设备数据超过 8 个，则需要定义多个 ARINC 615 配置（CONFIG. LDR）文件以完成对所有 ARINC 429 设备的加载过程，即在一次对 8 个 ARINC 429 设备加载完成后，读取下一个 CONFIG. LDR 文件对后续 ARINC 429 设备进行加载操作。

5.4.1.3　协议操作

ARINC 615 协议将要上传或下载的文件分为多个块（block），每个块大小由 CONFIG. LDR 中 BnT 属性定义，默认每个块大小为 1 024 字节。在每次数据传输过程中，将块又细分为记录（record）。对于上传操作，每个记录大小范围为 0~252 字节；对于下载操作，每个记录大小为 0~254 字节。每次数据交互以一个记录为单位进行。

协议的功能基于基本交互命令实现，协议的主要功能定义如下：

（1）通信初始化。加载器读取配置文件的内容，根据配置文件的信息选择上传或下载操作，发送初始化命令，收到目标机响应后，进入上传或下载操作。

（2）上传操作。上传操作分为通信初始化后直接上传、控制模式文件选择上传、控制模式下上传。

a. 通信初始化后直接上传：总线配置文件的上传文件是目标机端需要的，在通信初始化完成后，直接向目标机上传文件。

b. 控制模式文件选择上传：总线配置文件的上传文件不是目标机端需要

的(或者未定义上传文件),目标机端发起控制模式命令,加载器进入控制模式。在控制模式下,目标机需要在指定文件后进入直接上传模式,加载器向目标机上传文件。

c. 控制模式下上传:总线配置文件的上传文件不是目标机端需要的(或者未定义上传文件),目标机端发起控制模式命令,加载器进入控制模式。在控制模式下,目标机控制整个数据传输过程,目标机指定需要的文件,从加载器读取数据。

(3) 下载操作。下载操作分为在通信初始化后直接下载、控制模式文件选择下载、控制模式下下载。

a. 通信初始化后直接下载:总线配置文件的下载文件是目标机端需要的,在通信初始化完成后,加载器等待目标机传输文件,当目标机准备好后,向加载器发送数据文件。

b. 控制模式文件选择下载:总线配置初始化为自动上传或自动下载,目标机发送控制模式命令,进入控制模式。在控制模式下,目标机打开文件进行写操作后,转入直接下载模式,向加载器发送数据文件。

c. 控制模式下下载:总线配置初始化为自动上传或自动下载,目标机发送控制模式命令,进入控制模式。在控制模式下,目标机控制整个数据传输过程,打开文件后向加载器写入文件数据。

5.4.2 ARINC 615A 协议

第一版 ARINC 615A《使用以太网接口的软件数据加载器协议》(ARINC 615A‑1)发布于 2001 年,最近的版本(ARINC 615A‑3)发布于 2007 年[16],支持基于普通以太网和 ARINC 664P7 网络的数据加卸载操作。ARINC 615A 协议可针对复杂航电系统进行维护数据加卸载,以标准的数据和文件传输规范来保证其加卸载行为的正确性和可靠性。ARINC 615A 协议定义了加载端将符合 ARINC 665 协议格式的文件上传至目标机、加载端从目标机下载文件、加载端获取目标机的配置信息等操作,为各个操作定义了详细的协议文件格式和协议交互流程。

ARINC 615A 协议的操作由两部分组成:一部分是加载设备,运行在网络的节点上;另一部分是目标硬件,运行在同一网络的其他节点上。数据加卸载行为可以从有用户界面的地面维护设备、无界面的其他加载设备发起。在基于 ARINC 615 协议的数据加卸载中,ARINC 429 总线采用的是点到点的连接方式,当对多个机载设备进行加卸载操作时,需要加载器逐个连接机载设备完成加载操作,或者加载器同时连接多个机载设备而导致连接关系复杂。而在基于 ARINC 615A 协议的数据加卸载中,以太网/ARINC 664P7 是交换网络,这就意味着当加载设备连接到交换机时,它能够对网络上的任何一个设备进行加卸载操作,包括交换机。因此,基于 ARINC 615A 协议的加卸载使得对机载设备的升级维护更加方便。同时,网络传输速率的大幅提高也使得加卸载具有更高的效率。

5.4.2.1　加卸载协议

ARINC 615A 协议定义了 3 种数据加载器。

(1) PDL:便携式数据加载器,可在地面或携带到飞机上进行加载。

(2) ADL:机载数据加载器,安装在飞机上进行加载。

(3) DLF:数据加载功能,执行数据加载的软件,可运行在 PC 机、机载计算机或其他设备上。

ARINC 615A 协议对 PDL 和 ADL 的尺寸、重量、功耗、接口、环境、设计、移动介质等做了规定,也可根据需要自行设计。

ARINC 615A 协议的数据加载功能层次结构如图 5 - 20 所示。

其中,MAC 层为以太网的 MAC 层或者 ARINC 664P7 网络的 MAC 层;IP 层使用 IPv4 版本,提供 RFC 791 定义的不可靠、无连接的包传输,并支持分片和重组;UDP 层提供 RFC 768 定义的非连接数据报传输机制,与上一层的连接采用以太网的 Socket 或者 ARINC 664P7 网络的 SAP 端口。

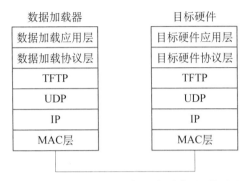

图 5-20　ARINC 615A 协议的数据加载分层结构

简单文件传输协议(TFTP)是 RFC 1350 定义的一种用于网络设备之间进行小文件传输的简单协议,实现文件数据的发送和接收功能。与 FTP 协议相比,不具备 FTP 协议的许多功能,它只能从文件服务器上获得或写入文件,不能列出目录,不能进行认证等。TFTP 协议定义了读请求(read request,RRQ)、写请求(write request,WRQ)、数据、应答(positive acknowledgement,ACK)和错误等 5 种类型的包,用操作码进行区分。通过读写请求和 ACK 机制,保证文件传输过程的正确性。基于 UDP 协议,数据以 512 字节长度进行传输。采用停止-等待协议,当上一个数据包得到确认后,才能发下一个数据包。如果数据包的容量小于 512 字节,则表示传输结束。如果数据包在传输过程中已经丢失,则在超时后重新发送一个未被确认的数据包。

加载协议层为应用层提供系统加载消息,数据加载器的加载协议称为数据加载器协议(data loader protocol,DLP),目标硬件的加载协议称为目标硬件协议(target hardware protocol,THP),主要功能是用 TFTP 机制进行顺序安排和同步。

应用层包括位于加载器上的数据加载应用(data load application,DLA)和位于目标硬件上的目标硬件应用(target hardware application,THA),由加载器和目标硬件的制造商定义,可使用下一层提供的消息。

ARINC 615A 协议定义了 5 种操作[17],其功能如下。

(1) 查找网络设备标识(FIND)操作:动态地识别网络上的用户以及获得

每个用户的通信参数。

（2）信息操作：获取目标硬件和可加载软件的配置信息，MAC 地址、IP 地址、目标硬件标识符和位置。

（3）上传操作：用于上传文件到目标硬件。

（4）介质定义下载操作：一个预定义的可下载文件表发送到目标硬件。

（5）操作员定义下载操作：目标硬件发送可下载文件表，操作员从该表选择需要下载的文件。

1) FIND 操作

ARINC 615A 协议允许数据加载器基于 FIND 协议请求获得可加载的目标硬件（在线目标硬件）设备的身份标识，并在对所有可见目标硬件设备进行注册后，列出可加载设备列表供操作员使用。

数据加载器向目标硬件发送 FIND 操作请求包，请求网络上的目标硬件应答。在加载器允许的超时时间内做出有效应答的目标硬件被注册为可操作目标硬件，注册后可用于其他操作。FIND 协议使用的端口号为 1001，请求和应答数据包也使用该端口号。

在 FIND 操作过程中，定义了如下两个阶段：

（1）加载器发出 FIND 请求，发送 FIND 请求包可以使用广播也可以使用单播，UDP 端口号为 1001。

（2）目标硬件回复 FIND 请求：目标硬件接收到请求包后，通过 UDP 端口号为 1001 的端口向加载器回复 FIND 应答包。

2) 信息操作

该操作通常在地面维护操作中使用，目的是获取目标硬件和可加载软件的配置信息，例如目标硬件的标识和序列号等。在信息操作过程中，定义了如下两个阶段。

（1）初始化阶段：在这个阶段中，数据加载器应用程序初始化信息操作，向目标硬件应用程序发出信息操作请求，目标硬件收到请求后通过 TFTP 向数据加载器回复〈THW_ID_POS〉.LCI 文件。数据加载器通过分析文件的操作状态码,来确定目标硬件接受或拒绝该操作。如果目标机拒绝该操作,则操作结束;否则执行下一阶段操作。

(2) 传输阶段:如果初始化阶段完成,则目标硬件将开始发送目标硬件配置文件〈THW_ID_POS〉.LCL。该文件内容包括目标硬件的软硬件部件号(P/N)、可加载软件版本号等设备配置信息,文件发送基于 TFTP 协议进行。在发送该文件的同时,目标硬件还会向数据加载器发送状态文件〈THW_ID_POS〉.LCS,以表征信息操作的状态。

3) 上传操作

该操作在地面维护时进行,用于从数据加载器向目标硬件上传文件。该操作分为如下 3 个步骤。

(1) 初始化阶段:首先数据加载器初始化加载操作,向目标硬件发起上传请求。然后目标硬件根据其自身状况,创建初始化文件〈THW_ID_POS〉.LUI,通过向数据加载器发送初始化文件表征上传操作是否可进行。初始化文件的操作状态码表征目标硬件接收或者拒绝该请求,若目标硬件拒绝这个请求,则数据加载器中断上传操作;否则执行下一阶段操作。

(2) 列表传输阶段:在该阶段中,数据加载器先向目标硬件发送列表文件〈THW_ID_POS〉.LUR,该文件包含上传文件的文件列表。目标硬件分析该列表并通过状态文件发送操作状态。如果目标硬件不接受列表中的一个文件上传,则整个列表将被拒绝。

(3) 文件传输阶段:目标硬件通过执行加载数据文件的 TFTP 读操作加载数据文件。在传输过程中采用停止等待协议,目标硬件向数据加载器发送状态文件〈THW_ID_POS〉.LUS 以报告操作的进展和状态。

4) 下载操作

这个操作在地面维护的情况下用于数据加载器从目标硬件下载文件。下载操作有两个模式:介质定义模式和操作员定义模式。在介质定义下载模式下,将事先定义好的下载文件列表发送到目标硬件,基于该下载文件列表进行下载操作;在操作员定义下载模式下,目标硬件发送可下载的文件列表,操作员选择要下载的文件。

介质定义的下载操作可分为如下 3 个步骤。

(1) 初始化阶段:数据加载器应用程序初始化下载操作,向目标硬件应用程序发送下载操作的请求。目标硬件根据自身状态,创建初始化文件〈THW_ID_POS〉. LND 并发送给数据加载器。数据加载器通过分析初始化文件确定是否能够进行下载操作。如果目标硬件应用程序拒绝下载请求,则数据加载器应用程序退出介质定义下载操作;否则执行下一阶段操作。

(2) 列表传输阶段:在该阶段中,数据加载器先向目标硬件发送列表文件〈THW_ID_POS〉. LNR。当目标硬件收到该文件时对文件进行分析,确定数据加载器要下载的文件清单。目标硬件将结果通过状态文件〈THW_ID_POS〉. LNS 发送给数据加载器。

(3) 文件传输阶段:目标硬件应用程序将〈THW_ID_POS〉. LNR 文件中定义的需要下载的用户数据文件依次通过 TFTP 协议逐个发送给数据加载器,同时目标硬件周期性地向数据加载器发送〈THW_ID_POS〉. LNS 文件报告操作的进展和状态。

操作员定义的下载操作可分为如下 3 个步骤。

(1) 初始化阶段:数据加载器应用程序初始化下载操作。操作员控制数据加载器,向目标设备应用程序发出下载操作请求。目标硬件根据自身状态,创建初始化文件〈THW_ID_POS〉. LNO 并发送给数据加载器。数据加载器通过分析初始化文件确定是否能够继续进行下载操作。如果目标硬件应用程序拒绝下载请求,则数据加载器应用程序将退出操作者定义的下载操作;否则执行下一阶段操作。

(2) 列表传输阶段:在该阶段中,目标硬件向数据加载器发送包含全部文件清单的列表文件〈THW_ID_POS〉. LNL。数据加载器通过分析该文件,得到可供下载的文件清单。数据加载器根据上层应用的选择，创建生成包含请求下载文件列表的〈THW_ID_POS〉.LNA 文件并传输给目标硬件。在进行文件列表传输的同时，目标硬件向数据加载器发送〈THW_ID_POS〉.LNS 文件以表征下载操作的状态。

（3）文件传输阶段：目标硬件应用程序将在〈THW_ID_POS〉.LNA 文件中定义的需要下载的用户数据文件依次通过 TFTP 协议逐个发送给数据加载器，同时目标硬件周期性地向数据加载器发送〈THW_ID_POS〉.LNS 文件以表征操作的进展和状态。

5.4.2.2 文件要求

由上一节的描述可以看出，ARINC 615A 协议在几种操作过程中使用了多个文件，如表 5－12 所示。

表 5－12　ARINC 615A 协议使用的文件

操作	步骤	文件	内容	发送方
信息操作	初始化	〈THW_ID_POS〉.LCI	初始化加载配置	目标硬件
	传输	〈THW_ID_POS〉.LCL	目标硬件配置	目标硬件
		〈THW_ID_POS〉.LCS	信息操作的进展和状态	目标硬件
上传操作	初始化	〈THW_ID_POS〉.LUI	初始化上传	目标硬件
	列表传输	〈THW_ID_POS〉.LUR	上传请求	数据加载器
	文件传输	〈THW_ID_POS〉.LUS	上传操作的进展和状态	目标硬件
介质定义下载操作	初始化	〈THW_ID_POS〉.LND	初始化介质定义下载	目标硬件
	列表传输	〈THW_ID_POS〉.LNR	下载请求	数据加载器
		〈THW_ID_POS〉.LNS	下载操作的进展和状态	目标硬件
	文件传输	〈THW_ID_POS〉.LNS	下载操作的进展和状态	目标硬件

（续表）

操作	步骤	文件	内容	发送方
操作员定义下载操作	初始化	〈THW_ID_POS〉.LNO	初始化操作员定义下载	目标硬件
	列表传输	〈THW_ID_POS〉.LNL	可下载的文件列表	目标硬件
		〈THW_ID_POS〉.LNA	下载请求	数据加载器
		〈THW_ID_POS〉.LNS	下载操作的进展和状态	目标硬件
	文件传输	〈THW_ID_POS〉.LNS	下载操作的进展和状态	目标硬件

上述这些文件的格式，在 ARINC 615A 协议中都给出了明确的定义。另外需要用到的是上传操作的头文件：〈HEADER_FILE〉.LUH，包含了允许目标硬件接收数据加载的信息。LUH 文件在 ARINC 665 - 3《可加载软件标准》中定义，主要用于通知目标端需上传的 P/N、目标硬件 ID 以及文件名称、长度等信息，目标端根据 LUH 文件信息判断是否接收文件、文件内容是否正确等。该文件由数据加载器或厂商生成，包含数据加载器 P/N、目标硬件 ID、数据文件的个数、数据文件名及长度、数据文件 P/N 及长度、数据文件 CRC 等信息，同时还支持扩展文件上传，可上传用户自定义的文件。

5.5　网络配置技术

机载网络配置技术用于将航电系统的接口控制文件（interface control document，ICD），转换成为机载网络传输所需的通信配置，从网络层面解决机载设备、LRM 等之间的数据传输问题。随着航电系统综合化发展的逐步深入，网络通信节点的数量持续增加，达到几十个甚至上百个。同时，系统承担的应用功能日趋复杂,系统之间需要传输复杂的数据结构和大量的数据消息。网络配置技术根据机载系统 ICD、机载系统的网络结构以及所选用的网络自身的协议定义,进行分析和设计,开展网络配置规划,自动生成满足以上定义和约束的网络各个节点的通信配置,生成能够加载到网络节点的配置文件,使得整个网络能够协调一致地工作,为机载系统提供有效的数据通信服务。

本节以 ARINC 664P7 网络为例,说明机载网络的配置技术。

5.5.1 配置输入

5.5.1.1 ICD 文件

ICD 是规定航空电子系统各分系统、设备之间或与其他系统、分系统、设备之间具体接口关系的设计文件。作为航空电子系统架构的一项核心内容,描述航空电子系统各分系统之间收发消息的意义、组成及格式等内容,是网络配置工具的重要输入之一。

为了保证生成的网络配置满足航电系统各分系统之间消息收发正确,网络对应用消息进行正确承载和传输,网络配置必须满足应用消息的定义,网络配置技术需要根据 ICD 消息传输方向、传输形式、最大长度及最大延迟等定义,生成正确的网络配置。

在典型情况下,ICD 包括应用消息定义、应用消息格式表示、传输载荷格式等内容。其中,与网络配置相关的部分内容如下。

(1) ICD ID:航空电子系统唯一识别的一条消息。

(2) Src:消息的源分区。

(3) Dest:消息目的分区列表。

(4) transType:传输类型,事件消息或者周期消息。在一般情况下,事件消息对应于网络的队列消息,周期消息对应于网络的采样消息。

(5) transPeriod:周期消息的发送周期,单位为 ms。

(6) msgSize:消息的最大长度,以字节为单位。

（7）ltncBound：传输时延的上界。

5.5.1.2　网络结构

网络结构是指用传输介质互连各种设备的物理布局，是构成网络的各个成员之间特定逻辑的排列方式。网络结构描述了航电系统内所有网络设备的属性以及网络设备之间的连接关系，内容通常包括如下几方面。

1）网络设备定义

（1）设备编号：网络设备编号，全局唯一。例如在 ARINC 664P7 标准附录 A 中定义了设备的编号示例。

（2）设备类型：交换机、端系统或者网关以及其相应的属性。

（3）分区驻留：ICD 描述的分区与网络设备的驻留关系。

2）连接定义

（1）连接关系：端系统与交换机端口的连接关系。

（2）传输速率：每一个连接线路的传输速率。

5.5.1.3　约束条件

在 ARINC 664P7 标准中定义的通信配置包含发送端口号、UDP 源端口、IP 源地址、MAC 地址（虚链路）、IP 目的地址、UDP 目的端口以及接收端口号，存在映射关系。例如，通信端口和 UDP 端口是一对一的；一个 IP 地址可以对应多个 UDP 端口；多个 UDP 端口可以共用一个虚链路，等等。

图 5 - 21 是一个 ARINC 664P7 网络通信关系的示例。在此图中，3 个端系统各有 2 个分区。端系统 1 的分区 1 有 2 个发送端口，分区 2 有 3 个发送端口；端系统 2 的分区 1 有 2 个接收端口，分区 2 有 3 个接收端口；端系统 3 的分区 1 有 2 个接收端口，分区 2 有 2 个接收端口。数据传输的路径如图 5 - 21 所示。

如前文所述，在 ARINC 664P7 标准中的虚链路是一个逻辑上的单向连接，从一个源到一个或多个目的端系统，具有方向性和带宽约束。虚链路对可用带宽提供逻辑隔离。不论某个部件在一条虚链路上得到怎样的利用率，任意

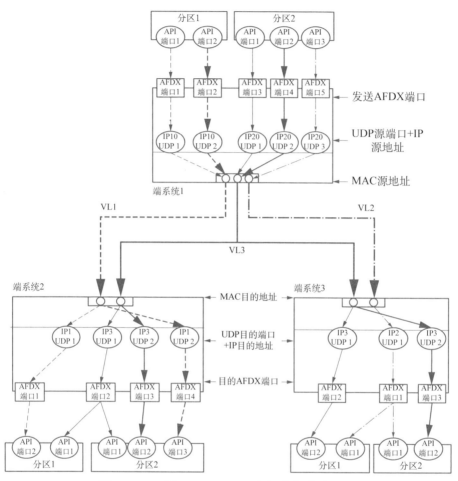

图 5-21　ARINC 664P7 网络通信关系示例

其他虚链路的可用带宽均不受影响。在端系统发送调度器的输出端,对于给定的某个虚链路,数据帧应能够在某个有界的时间间隔中出现。这个时间间隔定义为最大允许抖动。

ARINC 664P7 标准包括其他的一些工业标准等,以及 ARINC 664P7 网络产品实现,对于网络配置的约束条件示例如下。

(1) UDP 端口号: ICANN 定义的 UDP 端口号规则。

（2）IP 地址：IP 源地址和 IP 目的地址的定义规则。

（3）MAC 地址：MAC 源地址和 MAC 目的地址的定义规则。

（4）虚链路参数：带宽分配间隔的取值范围以及最大抖动的要求。

（5）虚链路数目：交换机、端系统所支持的虚链路的数目。

5.5.2　网络配置设计

网络配置设计主要是实现发送端口号、UDP 源端口、IP 源地址、MAC 地址（虚链路）、IP 目的地址、UDP 目的端口以及接收端口号等参数的设定以及映射关系的建立，建立与 ICD 之间的关联。主要包含如下几个方面：

1）端口共用 VL 设计以及 BAG 分配

一个 VL 可以承载多个 AFDX 通信端口，如图 5-22 所示，VL 需满足其承载的所有 AFDX 通信端口的属性特征。网络配置设计使用的端口共用 VL 原则：源分区和目的分区相同、消息类型（事件消息、周期消息）相同的消息共同使用一条 VL。之后再根据各个消息的参数来设定 VL 的参数。

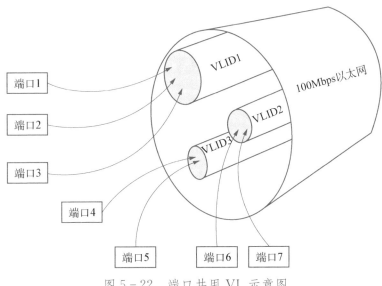

图 5-22　端口共用 VL 示意图

VL 的最大帧长定义为最长消息对应的帧长度；VL 的最小帧长定义为最短消息对应的帧长度。VL 的 BAG 计算方法是根据所有承载消息的频率之和，选择不小于这个频率所对应的 BAG，并且不能超出 1kHz 上限。BAG 的取值范围是 2^k ms，其中 $k \in [0, 7]$ 的整数。

2）路径选择

当 ARINC 664P7 网络交换机通过互连形成回路时，存在路由选择的问题，在设计上主要从两个方面进行考虑：最短路径和流量均衡。

最短路径的基本思路如下：建立一个网络的图，图中每个节点代表一个交换机，每条连线代表交换机之间的通信链路，在一对给定的交换机之间选择一条最短的路径。路径长度的衡量方法通常包含两种：跳数或者线缆长度。显然，作为机内的距离较短的局域网，采用跳数更加合理，此时每条连线的权重都是相同的。最经典的计算最短路径的算法是 Dijkstra 算法，由荷兰计算机科学家 Dijkstra 于 1959 年提出，解决有向图中的最短路径问题。

最短路径算法可能存在的一个问题是流量不均衡，即有些路径上流量非常大，而另外一些路径上流量很少。为了达到流量均衡的目标，可以对上面的最短路径算法进行修改，令每条连线的权重基于该链路上当前已经分配的流量来确定。这样在一条链路上分配的流量越大，权重就越高，通过该路径的路径长度也就越高。

3）配置验证和输出

完成网络参数配置、路径选择之后，还需要对整个配置进行验证，例如计算在每个链路上分配的带宽是否超出设计限制，计算每个消息端到端传输的时延是否满足需求，等等。如果存在不满足设计约束的情况，则还要对这些设计进行调整，直至全部满足，完成配置设计。最终，配置应生成相关的配置文件，通常包含可以加载到交换机和节点机上的目标文件以及方便阅读的说明性文件，交换机、节点机按照定义配置工作，实现整个网络有效通信。

5.5.3　配置示例

本节描述一个网络配置的示例，由 4 个端系统、4 个交换机构成的双余度星形网络承载 4 条应用消息（不考虑 ARINC 615A 协议等配置的内容）的传输。

5.5.3.1　配置输入

在配置工具上进行配置输入，包括 ICD、网络结构、网络协议约束和用户约束配置。ICD 中包含 4 个消息，消息的具体属性如表 5 - 13 所示。

表 5 - 13　ICD 示例

ICD ID	Src	Dest	transType	transPeriod /ms	msgSize /字节	ltnyBound /ms
1	es1. p1	es2. p1	周期	10	1 000	5
2	es1. p1	es3. p1	事件	NA	1 010	5
3	es1. p1	es4. p1	周期	3	1 200	5
4	es1. p1	es2. p1 es3. p1 es4. p1	事件	NA	1 471	5

在网络结构中，建立 4 个端系统、4 个交换机构成的双余度星形网络，如图 5 - 23 所示。其中 SW1A 和 SW1B、SW2A 和 SW2B 分别互为备份交换机。分区 es1. p1 驻留在端系统 ES1 上，分区 es2. p1 驻留在端系统 ES2 上，依次类推。

网络设备间连接的传输速率为 100 Mbps，交换机 SW1A 和 SW2A 连接的为 A 网络连接线；交换机 SW1B 和 SW2B 连接的为 B 网络连接线。端系统与交换机端口的连接关系如表 5 - 14 所示。

表 5 - 14　网络连接关系

物理端口	SW1A	SW1B	SW2A	SW2B
1	ES1. A	ES1. B	ES3. A	ES3. B
2	ES2. A	ES2. B	ES4. A	ES4. B
24	SW2A. 24	SW2B. 24	SW1A. 24	SW1B. 24

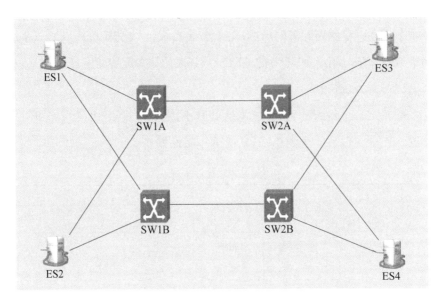

图 5-23　网络结构示例

网络协议约束和用户约束配置根据 ARINC 664P7 标准中参数的约束配置的参数定义,如表 5-15 所示。

表 5-15　网络协议约束和用户约束配置

参 数 定 义	参数取值	注释
UDP 起始值	1 024	协议约束
UDP 终止值	65 535	协议约束
端系统允许驻留分区个数	31	协议约束
事件消息周期/ms	25	用户约束

5.5.3.2　网络配置生成

网络配置自动生成网络端系统和交换机配置信息,包括如下内容。

(1) 端系统的通信端口配置:生成通信端口号、源 UDP 端口号和目的 UDP 端口号、VLID;消息源 IP 地址和目的 IP 地址;服务类型、采样频率、最大消息长度等,如表 5-16 所示。

表 5 - 16　通信端口配置示例

通信端口号	源 UDP 端口	目的 UDP 端口	源 IP 地址	目的 IP 地址	VLID	服务类型	采样频率 /ms	最大消息长度 /B
1	1025	1025	10.1.33.1	10.1.34.1	1	采样	10	1 000
2	1026	1026	10.1.33.1	10.1.35.1	2	队列	无	1 010
3	1027	1027	10.1.33.1	10.1.36.1	3	采样	3	1 200
4	1028	1028	10.1.33.1	224.224.0.4	4	队列	无	1 471

（2）端系统 VL 配置：由于网络拓扑为双余度网络，因此网络选择为双网，即网络 A 和网络 B 同时发送数据；VL 接收端使能进行完整性检查和冗余管理，对网络 A 和网络 B 发来的互为备份的数据进行完整性检查和冗余管理操作，VL 配置示例如表 5 - 17 所示。

表 5 - 17　VL 配置示例

VLID	BAG /ms	最小帧长 /字节	最大帧长 /字节	网络选择	完整性检查	冗余管理
1	8	64	1 047	双网	使能	使能
2	16	64	1 057	双网	使能	使能
3	2	64	1 247	双网	使能	使能
4	16	64	1 518	双网	使能	使能

（3）交换机转发配置：输入和输出端口由 VL 方向和网络结构中交换机与端系统连接关系计算得出。交换机根据 VL 的 BAG 进行管制，根据最大、最小帧长进行数据过滤。

在网络中存在 4 个交换机，所有交换机的配置参数都包含在同一个配置文件中，并通过管脚编程进行区分。各个交换机根据所在位置的管脚编程选取配置文件对应的配置表，使得交换机能够做到完全互换。交换机转发配置如表 5 - 18 所示。以 VL3 为例子，端系统 ES1 发出，经由交换机 SW1A 的 1 口输入，转发至 SW1A 的端口 24 发往交换机 SW2A，再从交换机 SW2A 的端口

24 输入,转发至交换机 SW2A 的端口 2,发送给与 SW2A 端口 2 连接的端系统 ES3。

表 5－18　交换机配置示例

VLID	输入端口	输出端口列表	BAG /ms	最小帧长 /字节	最大帧长 /字节	优先级
管脚编程: 000000000001						
1	1	2	8	64	1 047	高
2	1	24	16	64	1 057	高
3	1	24	2	64	1 247	高
4	1	2/24	16	64	1 518	高
管脚编程: 000000000010						
1	1	2	8	64	1 047	高
2	1	24	16	64	1 057	高
3	1	24	2	64	1 247	高
4	1	2/24	16	64	1 518	高
管脚编程: 000000000011						
2	24	1	16	64	1 057	高
3	24	2	2	64	1 247	高
4	24	1/2	16	64	1 518	高
管脚编程: 000000000100						
2	24	1	16	64	1 057	高
3	24	2	2	64	1 247	高
4	24	1/2	16	64	1 518	高

5.6　网络验证技术

机载网络是机载系统内部及系统之间互联的基础,是机载系统设计及其功能实现的重要技术,但具体的网络本身不具备飞机或系统功能,只能作为系统功能实现上的一种设计选择,只有系统架构及其设计确定后,网络的需求和功能才能够确定。因此,机载网络的验证必须依赖于其所在的系统,在系统的架构、设计及功能的范围内,基于网络的功能、性能、安全性等各方面需求,开展验证工作。

5.6.1　指导性文件

机载网络验证方面主要的指导文件如下:

(1) CAST‐16,数据总线评估准则,2003.2。

(2) AC 20‐156,航空数据总线保证,2006.8。

上述文件对机载网络适航、验证方面需要考虑的因素和准则进行了分析和明确,基于这两个文件,同时衍生了其他网络验证方面的文档和报告,但其内容仍主要围绕这两个文件进行。

CAST‐16 是由认证机构软件小组于 2003 年发布的立场文件,给出了网络技术在机载领域应用、开发、验证和适航认证所需考虑的 8 个方面;AC 20‐156 是由 FAA 于 2006 年发布的咨询通告,继承了 CAST‐16 的内容,并增加了网络安保方面的认证需求以及机载网络适航认证的方法和步骤。CAST‐16 和 AC 20‐156 两个文件给出了机载网络选型、验证、适航认证所必须考虑和要做的工作。

5.6.2　验证要求

按照 FAA 咨询通告 AC 20‐156 定义,为了满足适航要求以及得到局方的批准,推荐机载网络的研制包含如下方面开展工作:

(1) 安全性。考虑网络设计要满足飞机或系统安全性要求,基于 xx.1309(xx 代表 23,25,27,29)、ARP 4754 和 ARP 4761 及相关的文件进行网络的安全性分析,主要包括网络架构及实现、网络可用性、故障检测报告及管理、故障域及故障容忍、共因故障、网络及节点的重构等。

（2）数据完整性。数据在 LRU、节点、交换机、模块及其他实体之间传输必须保证正确性满足数据完整性的指标要求,需要从网络架构上考虑数据的错误检测及纠错。评估数据完整性需从以下方面进行:数据传输误码率、数据错误检测及纠错机制(CRC、BIT 和硬件机制)、网络负载分析(最大网络负载、吞吐量、最差情况)、缓冲区溢出、网络及节点故障(Babble、数据冲突、广播风暴)等。

（3）网络性能。网络的速率、消息调度(时间及优先级)、网络带宽、延迟及效率、网络线缆长度等。

（4）软件和硬件的保证。考虑同 DO－178 和 DO－254 的符合性。

（5）电磁兼容性。网络设备及网络系统的电磁兼容性,除了单个网络设备的 DO－160 电磁兼容试验外,还需考虑整个网络系统的电磁兼容性。电磁兼容性评估主要从网络速率、信号上升时间及下降时间、网络连接器及线缆的屏蔽、网络收发器的电磁兼容性以及 HIRF、闪电的防护等方面进行考虑。

（6）确认和验证。确认网络需求,验证网络是否满足 DO－160、DO－178 及 DO－254 等标准要求,开展网络功能、行为、架构、性能、BIT 等验证测试,并考虑网络降级、失效及恢复机制的验证。

（7）构型管理。包括网络构型管理计划,从设计到生产的构型管理控制,文档化的规范标准,支持网络的开发和操作(ICD、用户手册及安装指导等)。

（8）网络安保。包括网络访问安全和信息数据保护两方面,访问安全主要避免网络的恶意攻击,信息数据保护用于保护关键信息的使用、存储的正确性。

上述 8 个方面虽然不是强制要求,但却是机载网络验证、适航认证工作推荐要做的工作,是机载网络认证工作的最小集,是通用性的要求。在具体的网络验证过程中,仍需要结合其系统需求及设计,形成额外的网络验证要求,而这些验证要求,也需要与适航认证机构进行沟通和确认,并在验证过程中进行处理,以保证网络适航认证的符合性。

5.6.3　验证模型和方法

随着机载网络技术的发展和复杂程度的不断提高,特别是综合化航电系统采用交换式网络架构之后,网络逐渐成为机载系统的一个重要组成部分,这导致了对于网络验证的要求越来越高。对照 ARP 4754A 标准定义的系统开发过程:

（1）在飞机功能开发和将飞机功能分配到系统的过程中,应当识别和定义机载网络的高层需求。

（2）在系统架构开发的过程中,应当捕获机载网络的详细需求。

（3）在系统需求分配到部件的过程中,应当捕获网络部件的需求。

（4）在系统实现过程中,应当完成部件的设计、实现和集成。

与开发过程对应,机载网络的验证过程可以分为部件级、网络级和系统级,验证模型如图 5－24 所示。

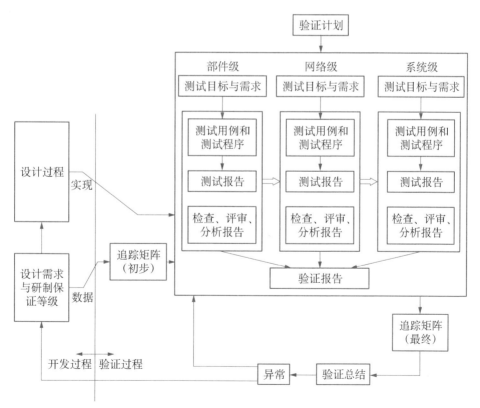

图 5－24　机载网络验证模型

ARP 4754A 标准定义的验证方法同样适用于机载网络的验证,包括如下几方面。

(1) 检查(inspection)或者评审(review)。检查或评审是对过程的文档、图纸、硬件或者软件进行目视审查,验证需求是否得到了满足。通常在检查或评审中会用到检查单。例如,检查系统或者部件的物理实现。

(2) 分析(analysis)。分析是通过对系统或者部件详细审查(如功能、性能、安全性等)并提供符合性的证据。评估系统或者部件在正常和非正常条件下是否符合预期工作。分析的方法包含但是不限于如下方法:

a. 建模(modeling)。对于复杂系统的建模通常包含计算和测试的组合,而对确定性系统的建模也可能完全是计算的。建模可用于系统的参数评估,先期提供系统信息或者其他目的。

b. 覆盖率分析(coverage analysis)。覆盖率分析用于确定开发和验证活动中需求的覆盖程度,通常使用可追踪性的形式来实现。

(3) 测试(testing)或者演示(demonstration)。通过对系统或者部件的测试来提供可重复的证据,以验证需求是否得到了满足。基于足够详细的测试程序,对所有或者部分的系统、部件或者经过适当确认的模型进行测试,从而使得测试结果可复现。在测试中暴露出的问题应当报告,正确地跟踪,在被测部分完成更改后重新测试。

(4) 类比(similarity)或者服务经历(service experience)。在相关属性相同或者相近的系统中,其他飞机符合要求的服务经历可能提供验证的信心。该方法应使用在工程和运行判断中成文的经验以表明未遗留重大的失效。

在机载网络的验证过程中,需要验证相关的实现满足了在预定工作环境下的需求。用到的方法如检查、评审、分析和测试,其中测试是各层验证最主要的方法。特别是对研制保证等级(development assurance level, DAL)为 A/B 级的产品,ARP 4754A/标准推荐的验证方法为测试和其他一种或多种方法。其他方法的应用示例如下。

（1）部件级验证：

a. 覆盖率分析可以用于软件代码结构的验证。

b. 形式化分析可以用于硬件 HDL 设计的验证。

（2）网络级和系统级验证：

a. 分析可用于网络安全性、安保性的验证。

b. 网络确定性分析（网络演算、轨迹法等）可用于在最坏情况下端到端时延是否满足需求的验证。

5.6.4　典型验证过程

下文以 ARINC 664P7 网络为例，说明网络的验证过程。

5.6.4.1　网络组成

如第 4 章所述，ARINC 664P7 网络在传统 IEEE 802.3 的 10 Mbps/100 Mbps 以太网基础上，通过采用虚链路的带宽隔离机制保证了通信的确定性，通过采用双余度的星型拓扑结构提高了通信的可靠性，使其能够满足综合化模块化航电系统的通信要求。ARINC 664P7 网络是一种以交换机为中心的星型结构网络，整个网络的典型组成包括如下几方面。

（1）交换机：实现不同机载设备之间互联的中间节点，支持基于虚链路的过滤、流量管制、交换、监控等功能。

（2）交换机配置文件：定义交换机的端口速率、虚链路、内置端系统、网络管理、数据加卸载等相关配置参数。配置文件在系统设计过程中通过工具生成，并下载到交换机中。

（3）端系统：为主机提供确定性的数据发送和接收服务，支持 UDP/IP 通信协议栈、基于虚链路的通信调度和接收控制等功能。端系统通常驻留在通用处理模块（GPM）、远程数据集中器（RDC）以及其他的机载设备中。

（4）端系统配置文件：定义端系统的通信端口，基于虚链路的流量整形、调度、接收，物理端口，以及网络管理和数据加卸载等相关配置参数。配置文件在系统设计过程中通过工具生成,下载到端系统所在的主机中。

(5)连接器:通过模块上的连接器以及机箱上的连接器,实现端系统、交换机等的连接。

(6)电缆/光纤:采用电或者光的信号传输介质。

(7)NMDF:基于网络管理,实现对网络健康状态的监控。

5.6.4.2 验证工具

可能用到的验证工具包括如下几方面。

(1)示波器、误码率分析仪:对网络部件和网络的物理层进行测试,例如在 ARINC 664P2 标准中定义的信号幅值的对称性、上升和下降时间、占空比畸变、传输抖动、过冲等。

(2)网络测试系统:支持对 ARINC 664P7 网络的交换机、端系统甚至整个网络的协议测试,通常包括测试平台、测试板卡、测试脚本等。网络测试系统能够基于需求注入流量,包括设定的故障注入,接收返回的帧并判断帧的到达时间以及帧内容是否正确。

(3)NMDF:NMDF 作为网络的一个组成部分,同时也是网络测试的一个工具,通过网络管理协议检测各个网络设备的统计量,进而判断网络的工作状态是否正确。

(4)其他的分析工具:例如网络演算工具分析网络的配置是否满足确定性要求。

5.6.4.3 验证过程

ARP 4754 标准定义的机载复杂系统开发过程要求适用于机载网络的开发和验证。ARINC 664P7 网络作为综合化航空电子系统的主干网,其验证过程可以依据 DO‐297 的要求按照任务 1 至任务 4 的要求逐步开展,分为部件级验证、网络级验证和系统级验证,如图 5‐25 所示。

1)部件级验证

网络部件级的验证对应 DO‐297 任务 1 的一些内容,如交换机和端系统,

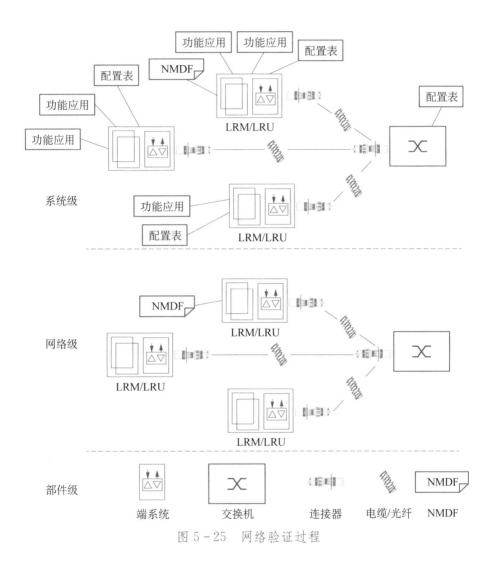

图 5-25　网络验证过程

以及任务 2 的一些内容，如 NMDF。部件级验证的目标是验证网络部件是否满足需求。例如，对交换机的验证可能包含如下方面。

（1）物理和安装需求：

a. 物理尺寸、重量的测量。

b. 安装的测试。

（2）功能需求：

a. 基本通信测试，验证链路速率、全双工等。

b. 过滤功能测试，验证交换机对 CRC 错误、非对齐错误等帧的过滤。

c. 管制功能测试，验证基于令牌桶算法的管制功能。

d. 交换功能测试，验证基于配置表将帧转发到对应输出端口的功能。

e. 内置端系统测试，验证内置端系统通过交换端口与外部端系统通信的功能。

f. 监控功能测试，验证网络管理协议、MIB。

g. 配置表测试，验证配置表的格式以及基于交换机模式的配置表使用。

h. 操作模式测试，验证交换机的操作模式以及在相应条件下的模式跳转。

i. 数据加卸载测试，验证基于数据加卸载协议的软件和配置文件上传等功能。

j. 管脚编程测试，验证交换机基于管脚编程选择配置文件对应配置表的功能。

k. 电气测试，验证发送和接收对于 ARINC 664P2 网络的符合性测试。

（3）性能需求：

a. 验证交换机的最大支持虚链路数、线速接收、线速过滤、线速管制、线速发送、技术时延、各端口输出缓冲等性能。

b. 验证交换机的功耗、散热等性能。

（4）接口需求：

a. 验证连接器以及信号定义。

b. 如果在交换机上有控制台的应用，那么验证控制台的功能。

（5）安全性相关的需求：

a. 交换机硬件、软件、工具开发过程。

b. 交换机的可靠性、可用性、完整性等。

（6）环境需求包括：验证自然环境、机械环境、电磁环境等的适应性。

2）网络级验证

网络级的验证是一个增量的过程,从少数网络部件的集成开始,不断加入更多的网络部件,直至构成整个网络。最终,所有的节点按照系统架构的设计连接起来,并加载对应的配置文件。网络级验证对应 DO‑297 的任务 3,在如下方面验证网络是否满足需求:

(1) 网络部件的互操作性测试。

(2) 配置文件定义的每一个通信的通路是否正确。

(3) 各个虚链路分配的带宽。

(4) 在最坏情况下的端到端时延和抖动的分析。

(5) 平均的端到端时延。

(6) 物理层测试。

(7) 在链路失效、交换机失效等条件下的故障隔离。

(8) 鲁棒性测试,例如超出预定带宽、故障注入等。

(9) 整个网络的 NMDF 测试。

(10) 整个网络的数据加卸载测试。

(11) 网络的安保性测试。

网络级验证可以分为两个阶段:网络架构验证和网络集成验证。网络架构验证阶段按照系统架构要求连接各个网络设备,但不包含配置文件,进行网络架构的性能、物理层等测试,验证其是否满足网络需求;网络集成验证在网络架构验证的基础上将配置文件下载到各个网络设备,进一步验证网络设计。

3）系统级验证

系统级验证首先是在网络上集成驻留应用,对应 DO‑297 的任务 3;之后是进行飞机的集成验证,对应 DO‑297 的任务 4。

驻留应用集成验证采用增量的方式,逐步增加集成的应用数量,进行如下方面的验证:

(1) 验证集成的应用是否满足需求,且网络是否为这些应用提供了足够的通信服务。对一些安全性高的应用,可能会使用余度的网络资源,此时还应对余度功能进行验证。

(2) 网络配置的验证,包括与应用通信端口的映射。

(3) 系统的网络性能,例如吞吐率、端到端时延等。

(4) 物理层测试。

飞机的集成验证主要针对安装,使用真实的电路/光纤和连接器后的信号特性以及环境影响等。

参考文献

[1] Hermann Kopetz. Real-Time Systems [M]. Berlin: Springer, 2011.

[2] 陈长胜,张旭,何向栋. 混杂机载网络中的通信延时研究[J]. 电子技术,2017,02:1-4.

[3] Riverbed Modeler:一套具有成熟开发环境的协议和技术[EB/OL]. https://www. riverbed. com/cn/products/steelcentral/steelcentral-riverbed-modeler. html.

[4] What is OMNeT++ [EB/OL]. https://www.omnetpp.org.

[5] Cruz R L. A Calculus for Network Delay, part I: Network Elements in Isolation [J]. IEEE Trans on Inf Theory, 1991,37(1):114-131.

[6] Cruz R L. A Calculus for Network Delay, part II: Network Analysis [J]. IEEE Trans on Inf Theory, 1991,37(1):132-141.

[7] C. Fraboul, F. Frances Applicability of Network Calculus to the AFDX [R]. Technical Report PBAR-JD-728.0821/2002,2002.

[8] Scharbarg J L, Ridouard F, Fraboul C. A Probabilistic Analysis of End-to-End Delays on an AFDX Network [J]. IEEE Transactions on Industrial Informatics, 2009,5(1):38-49.

［9］ Martin S. and Minet. P. Schedulability Analysis of Flows Scheduled with FIFO：Application to the Expedited Forwarding Class ［C］. IEEE International Parallel and Distributed Processing Symposium（IPDPS），Rhodes Island，Greece，2006：8－15.

［10］ Bauer H. ，Scharbarg J. -L. ，and Fraboul C. Applying and Optimizing Trajectory Approach for Performance Evaluation of AFDX Avionics Network ［C］. IEEE Emerging Technologies and Factory Automation（ETFA），Marllorca，Spain，2009：1－8.

［11］ H. Bauer，J. -L. Scharbarg，and C. Fraboul. Improving the Worst-Case Delay Analysis of an AFDX Network Using an Optimized Trajectory Approach ［J］. IEEE Transactions on Industrial Informatics，2010,6(4)：521－533.

［12］ 吴功宜.计算机网络［M］.北京：清华大学出版社,2007.

［13］ SNMPv2 Working Group. Protocol Operations for Version 2 of the Simple Network Management Protocol（SNMPv2）［S］. RFC 1905,1996.

［14］ ARINC 615－4：Airborne Computer High Speed Data Loader ［S］. ARINC，2002.

［15］ 刘智武,陈长胜,王红春.基于 AFDX 的跨总线 ARINC 615 协议软件设计及实现［J］.电子技术,2012,(06)：39－41.

［16］ ARINC 615A－3：Software Data Loader Using Ethernet Interface ［S］. ARINC，2007.

［17］ 刘芸,戴小邸,逯计划等.基于 ARINC 615A 的加卸载软件设计与实现［J］.航空计算技术,2016,46(2)：105－109.

6

机载网络新发展

近年来,随着航空电子系统综合化的范围越来越广,综合化程度越来越深,特别是综合化从传统的信息领域发展到控制领域,机载网络正朝着统一化的方向发展。统一网络并不意味着全机采用同一种总线或者网络,而是说网络的设计不再局限于某一个系统或者子系统,未来机载网络的设计应该从整个飞机的需求出发,统一考虑飞机与外部环境、飞机内部各个网络域之间的通信要求,从而在整体上提升飞机的功能、性能、管理和维护、乘客体验等。

在这样的背景下,一些新的技术涌现出来,成为学术界和产业界的研究热点,并且在部分新型飞机中取得了应用。本章对其中的典型技术,包括时间触发以太网和无线网络,做个简单的介绍。

6.1 时间触发以太网

6.1.1 概述

机载系统基于飞机的平台和发动机的动力,针对飞机的使命和应用目标,根据飞行的需求和环境,通过任务、功能和设备的组织,实现任务能力组织与管理、飞行操作品质与控制、环境能力组织与保障,形成了面向任务和功能的航电系统、面向飞行控制和操作的飞控系统以及面向环境能力保障的机电系统。航电系统主要包括座舱显示、通信导航识别、雷达电子等主要功能系统;机电系统主要包括燃油、环控、电力、液压、轮刹、救生、照明、辅助动力等主要功能系统;飞控系统主要包括飞行控制、自动驾驶、高升力等主要功能系统。

在通常情况下,航电系统要求通信网络具有较高的通信带宽,例如当前使用较多的 ARINC 664P7 网络;而机电系统、飞控系统对通信带宽要求不高,但是更加注重通信的确定性、安全性,使用的机载网络包括 ARINC 429、ARINC 659、TTP 和 MIL-STD-1553B 等。

近年来,机载系统的综合化应用逐步深入,例如在空客 A380 的 IMA 架构中综合了机电的舱压控制、温度控制等应用，而空客公司在对未来 IMA 发展的分析中，也提出了将飞控功能综合到 IMA 系统中的方向。在这种架构下，机载网络必须能够同时满足不同系统对于通信带宽、确定性、安全性等各方面的要求，并且应当能够支持故障的遏制。而时间触发以太网 TTEthernet 技术正具有这样的特性。

TTEthernet 技术将时间触发技术的确定性、容错机制和实时性能与普通以太网的灵活性、动态性能以及"尽力而为"相结合，为同步的、高度可靠嵌入式计算与网络、容错设计提供支持。它主要应用在安全关键系统（safety critical system）中，例如航空、运输系统、工业自动化等领域。TTEthernet 技术于 2011 年正式发布 SAE AS6802 标准[1]。

TTEthernet 通过在以太网 IEEE 802.3 协议 MAC 层之上、LLC 层之下实施时间触发控制（time-triggered control），为全网同步无竞争的时间触发信息传送提供保障。

6.1.2 技术特点

6.1.2.1 分布式时钟同步

TTEthernet 采用分布式的时钟同步策略，在整个系统中各个节点的角色分为 3 类。

（1）同步主节点（synchronization master，SM）：发起时钟同步操作的节点，周期性发送协议控制帧（PCF），并且接收 CM 发出的 PCF，进行本地时间的更新。

（2）集中主节点（compression master，CM）：接收多个 SM 发送的 PCF，按照同步算法计算出合理的时间值，更新本地时间，并生成新的 PCF 发给其他节点。

（3）同步客户端（synchronization client，SC）：接收 PCF，更新本地时间。

TTEthernet 时钟同步流程分为两步，如图 6-1 所示。

第一步，SM 在本地时钟到达一定的时间后，向 CM 发送 PCF。在 PCF 中包含了 SM 的本地时间。

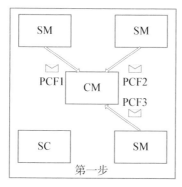 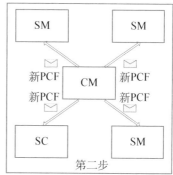

图 6-1 TTEthernet 时钟同步流程

第二步,CM 收到与之相连的各个链路上的不同 PCF 后,修正传播延迟、动态发送延迟和动态接收延迟,根据各个 SM 的时间计算出一个合理的时间。基于这个时间对自身进行本地时间的修正,同时新生成一个 PCF,发送给 SM 和 SC,实现整个网络的时钟同步。

通过采用类似 IEEE 1588 的透明时钟以及上述的同步算法,使得同步精度达到亚微秒级。此外,由于这种包含了多个主时钟源的分布式时钟同步算法具有较强的容错能力,因此使得其能够为时间触发通信调度提供高可靠的全局时间基准。

6.1.2.2 容错的故障假设

由于 TTEthernet 的设计可以满足许多行业的应用,尤其是高实时性和安全关键领域的应用,因此需要具有较好的容错和扩展功能。在 TTEthernet 网络中,为了保证容错性,给出了如图 6-2 所示的 3 种基本故障假设,通过采用安全监护和基于语义的帧过滤为系统提供通信容错能力。

(1)静默故障:系统的某个设备出现故障,停止输出数据。如图 6-2 所示,设备正常发送/接收 A、B 消息,随后设备发生静默故障,导致后面的 C、D、E、F 帧无法正常发送/接收。

(2)遗漏故障:存在遗漏故障的设备在某个随机的时刻将无法发送或接

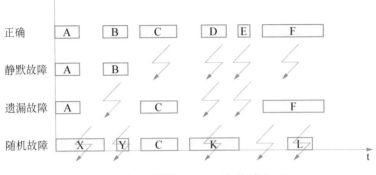

图 6-2　TTEthernet 的故障假设

收随机数量的帧。如图 6-2 所示,设备发生遗漏故障,导致设备的 I/O 出现错误,只能正常发送/接收了 A、C、F 消息,而 B、D、E 消息无法正常发送/接收。

(3) 随机故障:一个设备发生错误,在任意时刻发送随机信息至网络中。如图 6-2 所示,设备发生任意的错误,随机地在任何时间出现静默故障、遗漏故障或者发送错误的帧。如帧 A 的遗漏或误传为 X,帧 B 的遗漏或误传为 Y,帧 D 的遗漏或误传为 K 等。

TTEthernet 网络支持安全监护,如果交换机或者节点机在预期的时间范围之外接收到帧,则将该帧丢弃。同时也支持基于语义的帧过滤,对接收帧的各个字段进行检查,如果有错误则丢弃。TTEthernet 通过这些策略将随机故障降级为遗漏故障或静默故障,使得在网络层面具备了防止故障传播的功能,提高了网络的容错能力,保证了系统的安全性。

6.1.2.3　多业务传输模式

从机载网络的角度考虑,可以根据应用的类型将通信分为 3 类:安全关键通信、任务关键通信和非关键通信。安全关键通信直接影响到飞机的飞行安全,通信失效可能导致灾难性的事故;任务关键通信不会影响飞机的安全,但是通信失效可能影响其飞机任务的执行;非关键通信主要是一些维护任务等,通信失效不会对飞机的安全或者飞行任务的执行造成影响。TTEthernet 支持不同等级实时和安全需求的网络模型,同时兼容标准以太网协议。TTEthernet

提供 3 种不同的数据帧,能够满足机载网络 3 类通信的要求:时间触发(time-triggered,TT)、速率限制(rate constrained,RC)和尽力而为(best effort,BE),实现了在同一网络上兼容安全关键数据通信、任务关键数据通信和非关键应用的数据通信。这 3 种帧都采用标准以太网帧格式,但可以通过设定不同类型域的值进行区分。例如,在 TTEthernet 规范中定义 PCF 帧的类型域取值0x891d,定义 TT 帧的类型域可以取值 0x88d7。

TT 数据流应用于对网络时延、传输抖动、传输确定性要求十分严格的应用,主要是实时系统的应用。TT 数据的发送依赖于整个网络的全局时间,数据的发送时间是预先定义好的,而且是无冲突的,从而避免在数据发送和传输过程中的端口竞争。在 TTEthernet 所支持的 3 种数据流中,因为 TT 数据流的优先级是最高的,所以适用于安全关键通信的应用。

RC 数据不需要按系统同步时钟的时间发送,采用符合 ARINC 664P7 网络的带宽分配策略实现确定性的通信。与 TT 数据流相比,RC 数据流不依赖于全局时间,网络的多个设备可以在同一时间向某一个设备发送 RC 数据。因为 RC 数据流在端系统和交换机中会因为竞争输出端口而导致传输时延的增加,所以适用于任务关键通信的应用。

BE 数据流的传输没有任何带宽或时延的保证,其优先级也低于 TT 数据流和 RC 数据流,利用 TT 和 RC 的剩余带宽进行数据传输。BE 数据流适用于非关键通信的应用。

图 6-3 给出了一个 TTEthernet 数据传输的例子。在图中左上方的发送端系统以 3 ms 为周期发送 TT 数据和随机的 BE 数据;左下方的发送端系统以2 ms 为周期发送 TT 数据、带宽隔离的 RC 数据以及随机的 BE 数据;汇聚后的数据流传输给右边的接收端系统。

6.1.3 典型应用

目前 TTEthernet 尚未在民用飞机中取得应用,但国外很多研究机构和公

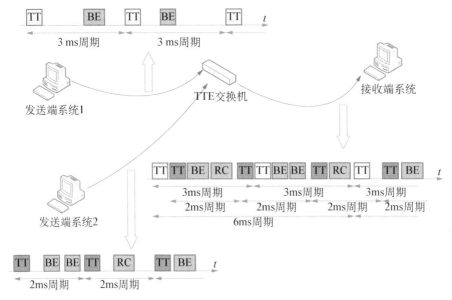

图 6-3　TTEthernet 数据传输的例子

司从事着 TTEthernet 的研发工作，主要包括奥地利维也纳技术大学、瑞典梅拉达伦大学、德国杜伊斯堡-埃森大学等，其中维也纳技术大学的实时研究小组对 TTEthernet 技术具有一定的权威性，制定了 TTEthernet 标准。研究公司主要有奥地利 TTTech 公司、美国 GE 智能平台、Honeywell 公司等。TTTech 公司推出了 TTEthernet 交换机、节点机、规划工具等整套的解决方案。GE 智能平台于 2009 年第三季度宣布推出一套 TTEthernet 产品。Honeywell 公司与 TTTech 公司长期合作研究 TTEthernet、TT-GbE(千兆 TTEthernet)和 LP TTE(低功耗 TTEthernet)技术，并于 2010 年完成原理样机的研制。SAE 制定的 AS6802 于 2011 年 11 月正式发布作为行业标准，得到了业界广泛的支持。

　　在美国 NASA 的猎户座探测器项目中，包含两个部分的网络传输通路，飞行关键的控制通路和通用的数据通路，通过采用 TTEthernet 网络实现了统一的网络传输[2]，系统架构如图 6-4 所示。系统的通信采用时间触发的方式，各节点的占用带宽以及传输路径都通过预先规划实现通信资源的静态配置。当系统发生故障时,故障设备只影响自身所分配的带宽,而对系统中其他节点没有影响,形成天然的"防火墙",避免故障扩散而对系统整体造成灾难性影响,系统可靠性显著增强。与此同时,通过预先分配带宽的方式,实现对系统资源使用情况的提前预估,从而降低了系统集成的复杂度。猎户座探测器于 2014 年12 月 5 日成功首飞。

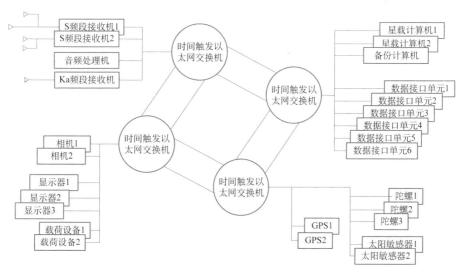

图 6-4　猎户座探测器系统架构

作为美国陆军的下一代直升机,西科斯基 S-97 侵袭者具有巡航速度高、航程远的特点,于 2015 年 5 月 22 日实现首飞。S-97 采用了分布式的综合化模块化航电系统(distributed integrated modular avionics,DIMA),并首次在直升机中选用了 TTEthernet 作为主干网,连接了大量的先进传感器、战术通信设备、武器等。在电传飞控系统中,也采用 TTEthernet 作为设备互连的网络。相对于现今普遍采用的 IMA 架构,该系统能够在同一个网络上传输强实时的控制数据和等时的音视频数据以及其他数据。

6.2　无线网络

根据 ICAO 的有关统计数据显示,随着航空制造技术的不断发展,当前航空业所运行的现有航空器较 40 多年前节省了 70% 左右的燃油消耗。尽管如此,为了进一步降低生产成本,提高飞行的安全性和可靠性,使用无线通信替代部分现有的有线通信,将是未来航空制造业的发展方向之一。当前航空器布线及相关连接装置的重量占航空器总重量的 2%～5%。以空客 A380 - 800 为例,全机线缆长度约为 470 km,线缆重量约为 5.7 t,其中 30% 的线缆(重约 1.7 t)可以用无线通信替代。

无线网络带来传感器部署的灵活性、降低能耗和减轻重量的优势对航空界具有强烈的吸引力。但是,受抗干扰能力和误码率的困扰,机载网络采用无线技术一直受到航空业界的排斥,直到最近几年随着应用需求的扩展和无线网络技术的进步,在航空领域中应用无线网络才成为近期国内外研究的热点。与其他领域应用无线网络首要考虑在正常情况或者最优情况下网络的性能不同,航空领域必须考虑在机载和高空恶劣环境下,无线网络在最坏情况下如何保证系统正常工作的问题,同时需要根据使用场景制订不同的无线网络,以满足不同的应用需求。

无线网络技术在航空领域的应用方向主要如下:

(1) 飞机/地面 IP 通信网络(ARINC 822),基于 IP 协议提供泊机与地面 IP 网络无线数据加卸载功能。

(2) 无线航空电子内部通信(WAIC)系统,提供机载设备之间的无线数据传输服务,可以用于控制系统,从而达到降低重量、提高安全性的目的。

以下简单介绍 ARINC 822 网络和 WAIC 网络。

6.2.1　ARINC 822 网络

飞机/地面 IP 通信网络在为机载网络和地面网络信息交互提供便利的同时，也带来了安全性方面的挑战。出于对飞机飞行安全的考虑，FAA 针对航电域（飞机控制域）和机载信息系统中关键系统的安全性、完整性和可用性提出了特殊的要求：

（1）保护航电域（飞机控制域）和机载信息系统的系统、硬件、软件和数据（库）不受非法授权的侵入。

（2）保护飞机外部资源通过无线通信传输方式上传至机载网络和存储设备的外场可加载软件的应用和数据库。

6.2.1.1　标准介绍

ARINC 822 规范[3]于 2006 年发布，该规范基于 IP 协议提供了泊机与地面 IP 网络无线通信的参考标准，这种无线通信连接通常称为 Gatelink，用于机场和机上网络之间的连接。Gatelink 连接是半双工的无线（基于射频）通信连接，它存在于机场（或在维修点）的网络通信节点与飞机的网络通信节点之间。在这样的环境中，Gatelink 将会提供 IEEE 802.11 a/b/g/n 与以太网连接，也能使用其他兼容的无线技术实现同样的功能。IEEE 802.11 是无线局域网（wireless local area network，WLAN）通用标准，适用于有线站台与无线用户或无线用户之间的通信连接，其定义了介质存取控制层（MAC 层）和物理层，物理层定义了工作在 2.4 GHz 的 ISM 频段上的两种无线调频方式和一种红外传输的方式。两个设备之间的通信可以采用设备到设备的方式进行，也可以在基站（base station，BS）或者访问点（access point，AP）的协调下进行。为了在不同的环境下获得良好的通信质量，采用 CSMA/CA 方式控制访问。

6.2.1.2　网络架构

ARINC 822 网络系统包括机上网络部分和地面网络部分，地面网络部分包括机场网络、机场无线子系统和航空公司数据加卸载子系统等。其中机场网络、航空公司和互联网络提供基本的网络、信息和安全服务。互联网络用来连接机场网络和航空公司网络,由网络服务提供商提供,可以是内联网、专线或互联网。机场无线子系统提供无线连接的能力,航空公司的数据加卸载子系统提供基于以太网的数据加卸载功能。机上网络部分包括飞机网络、飞机无线子系统和飞机数据加卸载子系统,其中飞机网络提供机载设备间的网络、信息和安全服务,飞机无线子系统提供飞机的无线连接能力,飞机数据加卸载子系统提供基于以太网的数据加卸载功能。

机场无线子系统主要设备是无线基础设施的 AP,飞机无线子系统主要设备是终端无线局域网单元(terminal area wireless lan unit,TWLU)。当飞机进入机场后,飞机通过 TWLU 与 AP 建立连接,接入机场无线局域网,进一步连接到航空公司网络,通过数据加卸载子系统实现数据的加卸载功能。

机载无线网络应用的根本目的是实现机载网络应用服务与航空公司网络应用服务数据的安全交互,如图 6-5 所示。当飞机处在机场 AP 范围之内时,TWLU 将根据为 Gatelink 功能设定的服务集标识(SSID)来扫描可用的 AP。如果存在相同 SSID 且信号足够强,那么 TWLU 将自动与机场无线网络设备射频关联。当射频关联完成时,TWLU 将会发起一个与机场 AP 基于已注册的 TWLU AAA 服务器设置的认证过程,认证服务器在网络管理员控制下可以放置在机场或航空公司。一旦认证通过,则表明 TWLU 单元为合法的 AP客户端,可以进行飞机网络与航空公司网络的通信服务。

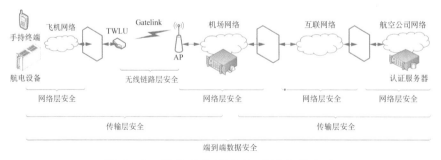

图 6-5 机载无线网络端到端数据安全

要满足飞机网络应用服务与航空公司网络应用服务之间端到端数据传输的安保性要求,不能采用单一的安全技术策略,应该将安全威胁与机载应用背景相结合。结合 OSI 模型,安全威胁主要源自数据链路层 LLC 子层以上、应用层以下的各层协议,即网络层和传输层。针对这些威胁涉及的协议,可以通过层次化的安全技术,如接入控制验证技术、数据传输加密技术和防火墙技术等来解决。以分层方式采取多种不同的安全策略构建一个安全、保密的异构网络端到端数据传输通道。针对不同层次的安全需求采取相应措施最大限度地保证机载无线网络通信的安全性。

飞机与机场之间的安全无线连接是航空无线网络应用的基础,Gatelink 连接通过使用 IP 协议来提供泊机和地面 IP 网络基础设施之间的服务。当飞机停泊以后,无须地面人员的干涉,飞机就可以自动地与航空公司服务器进行数据的上传、下载。

以下给出航空无线网络应用的一个例子,为飞机和航空公司之间的数据通信提供端到端的安保性。航空无线网络主要包括机载无线设备、机场网络、航空公司网络 3 大部分组成,其中机载无线设备主要是指 TWLU 单元,机场网络包括机场无线接入设备 AP 和 AAA 代理服务器及 IPSec 网关等,航空公司网络主要包括应用服务器、AAA 服务器、IPSec 网关及 SSL VPN 网关等。飞机、航空公司都有 CA 颁发的数字证书(X.509 证书)。CA 是分层的,航空管理机构有一个航空最高级 CA,负责给不同的航空公司颁发数字证书,每个航空公司有一个二级 CA,负责给飞机颁发数字证书,数字证书用于各层安全技术的认证和密钥管理。

数据传输过程主要包括如下几个阶段。

(1) 阶段 1:飞机与机场 AP 之间的认证,该认证采用 802.11i 或 WAPI 安全协议,基于 X.509 证书,通过机场代理 AAA 服务器及航空公司 AAA 服务器进行认证,认证通过后,协商密钥,并建立起 TWLU 与 AP 之间安全的无线连接。该无线连接在链路层为数据传输提供数据源认证、机密性、防重放、防篡改、防数据流分析攻击等安全服务,保证数据在 TWLU 与 AP 之间传输的安全性。

(2) 阶段 2:数据被封装到安全隧道,穿过飞机到航空公司之间的不同网络(机载网络、机场网络、公共网络、航空公司网络),该安全技术采用 IPSec VPN 安全技术,为飞机与航空公司通信在异构网络上建立安全专用通道。数据从不同网络的 IPSec VPN 通道进行传输,IPSec VPN 技术从网络层保证数据在经过不同网络时的安全性。

(3) 阶段 3:机载应用与航空公司之间的认证,该认证采用 SSL 安全技术,基于 X.509 证书,通过航空公司 AAA 服务器认证,认证通过后 SSL VPN 根据不同用户(应用)的权限要求和安全属性授予用户(应用)相应的访问权限和安全等级,飞机应用数据经过 SSL VPN 服务器的处理被封装到相应的安全通道进行传输。

基于这 3 层安全机制保障,飞机应用与航空公司服务之间可以形成虚拟专用安全通道,最终实现飞机与航空公司之间端到端的高信息安全通信系统。

6.2.2　WAIC 网络

针对无线网络在机载系统中的应用,美国航空航天飞行器系统研究所(AVSI)专门成立了无线航空电子内部通信(WAIC)研究项目,波音公司、空客公司、Honeywell 公司、Rockwell Collins 公司和 NASA 等均参与其中。世界无线电通信大会(WRC)定期更新 WAIC 网络相关的研究成果并发布标准。

WAIC 网络主要用于机载设备之间、传感器与机载设备之间的通信,该项研究工作大概开展于 2009 年 9 月,目前也属于基础研究,主要研究 WAIC 的误码率、安全性、穿舱能力、抗干扰能力和电磁兼容能力[4]。WAIC 是一个封闭的无线通信系统,与飞行安全密切相关。机组人员借助安装在飞机上不同位置的无线传感器,可更加方便地监视和掌控飞机各部位的运行情况。WAIC 系统不仅支持数据传输,而且支持语音和视频应用,可实时监控飞机起飞、降落、滑行等全过程的状况。显然,如果将来在飞机上利用无线传感器替代部分有线通信系统,那么不仅可以降低飞机布线设计的难度,而且还可以免去飞机制造时有线通信系统复杂的布线和装配,便于后期的运行维护,从而提高飞行的安全性和可靠性。与此同时,通过部署 WAIC 系统可以有效减轻飞机自重,减低燃料消耗,提高飞机运行的经济性与环保性。

6.2.2.1 WAIC 特性

WAIC 将为飞机设计人员和运营商提供提高飞行安全和运营效率的机会,其目标是降低成本并提高效率与可靠性。WAIC 在单一飞机上的两个或多个设备之间提供无线电通信,包括支持飞机安全操作的机载设备。WAIC 通信可能不限于飞机结构的内部,但其不提供飞机与地面、飞机与另一架飞机或卫星之间的通信。WAIC 也可用于支持与数据、语音有关的通信,包括涉及飞机安全、可靠性及有效操作方面的数据传输。与安全相关的视频监视可能还包括机组为飞机安全运行使用的通信系统。WAIC 不为旅客携带的机内娱乐设备提供通信服务。

在考虑 WAIC 的要求和性能时,根据两种特性将其进行分类[5]:数据传输速率(高和低)及 WAIC 系统发射天线的安装位置(机身内外)。根据应用数据速率的要求,WAIC 可以分为两大类:速率低于 10 kbps 的低数据速率和速率高于 10 kbps 的高数据速率,分别用"L"和"H"表示。根据 WAIC 发射天线的安装位置不同,WAIC 可以分为两部分:处于机身或机翼等飞机结构内部的内部系统,以及不在封闭空间内部的外部系统,分别用"I"和"O"表示。发射机的安装位置对飞机发射的射频能量有影响。WAIC 应用可在以前定义的基础上,使用 X,Y 定义其特性。参数 X 表示数据速率,参数 Y 代表位置。例如,典型的类别为 LI,表示位于航空器结构内部的低数据速率应用。

WAIC 潜在的应用范围包括烟雾探测、温度、湿度、舱压、起落架、发动机、大气数据等传感器。

6.2.2.2 网络架构

通过无线子网络提供射频覆盖,无线子网络由一个网关、一个或多个端节点、一个或多个中继节点组成的多跳传输网络组成。多跳传输用于克服被阻断的无线电传输,例如,在传输路径上绕开障碍物。网络拓扑所使用的无线组件如下。

（1）网关节点：具有连接到已有的机载通信网络接口的网络节点，连接到机载设备的数据总线，并提供了 WAIC 网络节点的无线接入点，实现数据总线与 WAIC 网络之间的数据传递。

（2）端节点：连接一个或多个终端设备的 WAIC 网络节点，如传感器、作动器、音视频设备等。

（3）中继节点：在端节点和网关节点间通过"多跳"实现相互连接的节点，一个中继节点可能直接连接一个或多个端节点。

国际电信联盟的 ITU‑R M.2197 报告介绍了 WAIC 系统的技术特点和典型的应用，下文做个简单介绍。

1）舱内 WAIC 网络

WAIC 无线子网提供了舱内的无线电覆盖。子网由网关节点组成，网关节点具有可连接到航空数据总线的接口（有线或无线）以及一个 WAIC 无线电接口。WAIC 中继节点或端节点通过 WAIC 无线电接口连接到网关节点。为了克服舱内无线电传播问题（如绕过传输路径上的障碍物），必须考虑子网内多跳传输的占比。在此情况下需要中继节点，将数据包传输到路由路径的下一个中继节点或端节点。这些中继节点除中继功能外，还具有主机特点，如信号感知能力。

只要不同舱室之间的隔离是足够的，几个子网可以在相同的无线电资源中共存，包括频率、时间、空间和信号域等。如果不能重用相同的频谱，则可用无线电频谱管理技术避免冲突。

根据舱室的尺寸和最大传输功率，物理网络拓扑可由一个或多个无线电单元组成。一个无线电单元是一个网关节点的覆盖区域，或者是这个网关节点覆盖的区域加上和这个网关节点连接的所有中继节点所覆盖的区域。一个单独的无线电单元对于小尺寸舱室是足够的，如驾驶舱或者 APU 舱。而中到大尺寸舱室，如货仓或客舱，可能需要多个无线电单元提供足够的覆盖范围。

单独网关节点服务的节点数量决定了网关节点的密度，WAIC 传输节点的数量和空间分布与飞机舱室划分有密切关系。一般来说，不是节点密度，而是节点质量才是衡量飞机确定区域期望的通信量的指标。

对于小尺寸舱室,如驾驶舱和航电设备舱,包含一个网关的星型拓扑结构是适合的。对于最大的舱室,如客舱,应选择多个星型的拓扑结构,因为这种结构能对数据速率和链路可靠性提供更好的解决方法。为了适应客舱等舱室,星型拓扑可通过多跳延伸其拓扑,以克服在无线电传播路径上的金属障碍。一般来说,在 LI 和 HI 系统中最大的无线通信范围在 20 m 左右就足够了。

图 6-6 给出了一个舱内 WAIC 网络的示例。

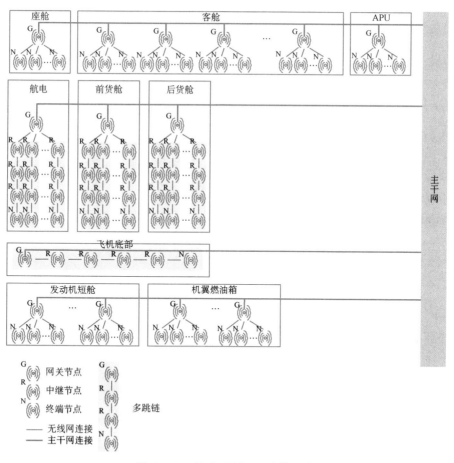

图 6-6 舱内 WAIC 网络示例

2）舱外 WAIC 网络

对于飞机结构外的 WAIC 节点的网络拓扑结构，在机身、机翼和水平尾翼上安装的无线单元组成了单个或多个区域的多跳拓扑结构。飞机区域的多跳通信主要是为了在不增加网关或端节点传输功率的情况下扩大无线单元传输的范围。在相对较短和视线可见的距离内则无须多跳。网关节点使用有线或者是无线连接机载通信数据网络。

整个临近机身可以使用单独一个网关节点。网关节点的天线位于机身顶部下面，每个机翼、水平尾翼被分开的网关节点所覆盖。每个起落架有一个专门的起落传感器网关节点。当起落架放下时，靠近机轮的 WAIC 传感器节点可以与机外的网关节点之间通信；而当起落架收起、舱门关闭时，通信将会遭受很大的路径损耗。所以每个起落架都需要一个单独的网关节点。

客舱门和货舱门上的无线单元为 WAIC 应用在这些区域中的使用提供了无线信号覆盖，例如获取客舱门、货舱门的位置数据等。在舱门打开时，这些数据通过对应端节点范围内各自的网关节点进行数据传输。

一些特定的无线节点可能需要定向天线等设计以提高性能和降低功率。结构上的传感器节点可能会采用 Mesh 拓扑，用以检测结构的健康状态。这些节点可能沿着机翼或者水平尾翼安装。

图 6-7 给出了舱外 WAIC 网络的示例。

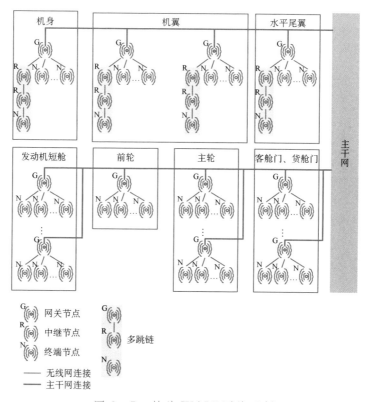

图 6 - 7　舱外 WAIC 网络示例

参考文献

［1］AS6802：Time-Triggered Ethernet ［S］. SAE，2011.

［2］程博文，刘伟伟，何熊文等.猎户座飞船电子系统设计特点分析与启示［J］.航天器工程，2016，25(4)：102 - 107.

［3］ARINC 822：Aircraft/Ground IP Communication ［S］. ARINC，2006.

［4］牛文生，王乐.机载计算技术的新进展［J］.航空科学技术，2012，(4)：1 - 4.

［5］Report ITU - R M. 2197 Technical Characteristics and Operational Objectives for Wireless Avionics Intra-Communications（WAIC）［R］.2010.

缩略语

缩写	全文	中文
AAA	authentication, authorization and accounting	认证、授权和记账
AC	advisory circular	咨询通告
ACARS	aircraft communications addressing and reporting system	飞机通信寻址与报告系统
ACD	aircraft control domain	飞机控制域
ACE	actuator control electronics	作动器控制电子设备
ACK	positive acknowledgement	肯定确认
ACL	access control list	访问控制表
ADC	air data computer	大气数据计算机
ADL	airborne data loader	机载数据加载器
ADVB	avionics digital video bus	航空电子数字视频总线
AECM	actuator electronic control module	作动器电子控制模块
AEEC	Airlines Electronic Engineering Committee	航空电子工程委员会
AES	advanced encryption standard	高级加密标准
AFDX	avionics full-duplex switched Ethernet	航空电子全双工交换以太网
AIM	acknowledgement, ISO alphabet no. 5 and maintenance information encoded in dedicated words	应答、ISO 5 号字母表和用 ISO 5 号字母表表示的维护信息
AIMS	airplane information management system	飞机信息管理系统
AISD	airline information services domain	航空公司信息服务域

350

ANSI	American National Standards Institute	美国国家标准学会
AP	access point	访问点
APU	auxiliary power unit	辅助动力单元
ARINC	Aeronautical Radio Incorporated	航空无线电设备公司
ARP	aerospace recommended practice	航空推荐实践
ARTEMIS	advanced research and technology for embedded intelligence and systems	嵌入式智能和系统的高级研究与技术
ASCB	avionics standard communication bus	航空电子标准通信总线
ASCII	American standard code for information interchange	美国信息交换标准码
ASG	aperiodic synchronization gap	非周期性同步间隙
ASHLEY	avionics systems hosted on a distributed modular electronics large scale demonstrator for multiple type of aircraft	适用于多种类型飞机的基于分布式模块化电子大规模演示的航电系统
ASN. 1	abstract syntax notation 1	抽象语法记法1
AT	aperiodic access time-out	非周期性访问期限
AT	action time	执行时间
ATM	asynchronous transfer mode	异步传输模式
ATN	aeronautical telecommunication network	航空电信网络
AVSI	Aerospace Vehicle Systems Institute	航空航天飞行器系统研究所
AWS	airworthiness security	适航安保性
BAG	bandwidth allocation gap	带宽分配间隔
BC	bus controller	总线控制器

BCD	binary-coded decimal	二-十进制代码
BE	best effort	尽力而为
BER	basic encoding rules	基本编码规则
BER	bit error rate	误码率
BGP	Byzantine Generals problem	拜占庭将军问题
BIT	built-in test	自检测
BIU	bus interface unit	总线接口单元
BM	bus monitor	总线监控器
BNR	binary number representation	二进制数字表示
BP	basic protocol	基础协议
BPCU	bus power control unit	汇流条功率控制器
BS	base station	基站
BSCU	brake and steering control unit	刹车系统控制装置
BTL	backplane transceiver logic	背板传输逻辑
CA	certificate authority	证书授权机构
CAN	controller area network	控制器区域网络
CAST	certification authorities software team	认证机构软件小组
CCC	clock correction check	时钟修正检查
CCITT	Consultative Committee on International Telegraph and Telephone	国际电报与电话咨询委员会
CCR	common computing resource	通用计算资源
CCS	common core system	通用核心系统
CDN	common data network	通用数据网络
CE	concatenation event	串联事件

CM	compression master	集中控制器
CMS	central maintenance system	中央维护系统
CMU	Carnegie Mellon University	卡内基·梅隆大学
CNI	communication network interface	通信网络接口
CONSER	collaborative simulation for education and research	教育与研究的协同仿真
COTS	commercial off the shelf	货架产品
CP	combined mode protocol	混合协议
CPCS	cabin pressure control system	舱内压力控制系统
CPIOM	core processing input/output module	核心处理输入/输出模块
CPM	core processing module	核心处理模块
CRC	cyclic redundancy check	循环冗余校验
CRL	certificate revocation list	证书撤销列表
CSCT	clock state correction term	时钟状态修正值
CSDB	commercial standard digital bus	商业标准数字总线
CSMA/CA	carrier sence multiple access/collision avoidance	载波侦听多路访问/冲突避免
CSMA/CD	carrier sence multiple access/collision detection	载波侦听多路访问/冲突检测
CTS	clear to send	发送清除
DAL	development assurance level	研制保证等级
DARPA	Defense Advanced Research Projects Agency	国防高级研究计划局
DATAC	digital autonomous terminal access communication	数字自主终端访问通信
DES	data encryption standard	数据加密标准

DF	data follows	数据跟随
DHCP	dynamic host configuration protocol	动态主机配置协议
DIMA	distributed integrated modular avionics	分布式的综合化模块化航电系统
DITS	digital information transfer system	数字式信息传输系统
DLA	data load application	数据加载应用
DLF	data load function	数据加载功能
DLP	data loader protocol	数据加载器协议
DMA	direct memory access	直接存储访问
DoD	Deparpment of Defense	国防部
DoS	denial of service	拒绝服务
DSL	digital subscriber line	数字用户线路
DSS	data signature standard	数据签名标准
ECDSA	elliptic curve digital signature algorithm	椭圆曲线数字签名算法
EDAC	error detection and correction	错误检测和纠正
EDE	error detection and encoding	错误检测编码
EDF	earliest deadline first	最早截止时间优先
EIA	Electronic Industries Association	电子工业协会
ELMC	electric load manage center	电气负载管理中心
EOF	end of frame	帧结束
ES	end system	端系统
ESP	encapsulating security payload	封装安全载荷
FAA	Federal Aviation Administration	美国联邦航空局
FADEC	full authority digital engine control	全权限数字发动机控制

FC	fibre channel	光纤通道
FC-AV	fibre channel – audio video	光纤通道-音视频
FCC	flight control computer	飞行控制计算机
FCR	fault containment region	故障隔离区
FCS	frame check sequence	帧校验序列
FDL	frame description language	帧描述语言
FGC	flight guidance computer	飞行指引计算机
FHCP	frame header control protocol	帧头控制协议
FIFO	first input first output	先入先出
FIND	find identification of network devices	查找网络设备标识
FIT	failure in time(1 fit equals 10^{-9} failures per flight hour)	故障率(1 FIT 为每飞行小时 10^{-9} 次失效)
FMEA	failure mode and effects analysis	失效模式与影响分析
FP	fixed priority	固定优先级
FPGA	field programmable gate array	现场可编程门阵列
FTA	fault tree analysis	故障树分析
FTP	file transfer protocol	文件传输协议
GAMA	General Aviation Manufacturers Association	通用航空制造商协会
GCU	generator control unit	发电机控制器
GENESYS	generic embedded systems	通用嵌入式系统
GPM	general processing module	通用处理模块
HD	hamming distance	汉明距离
HDB3	high density bipolar of order 3 code	三阶高密度双极性码
HDL	hardware description language	硬件描述语言

HDLC	high-level data link control	高级数据链路控制协议
HDR	header	头部
HIRF	high intensity radiated fields	高强辐射场
HOL	head of line	队头
HRL	highly reliable layered system	高可靠分层系统
HTTP	hyper text transfer protocol	超文本传输协议
HUD	head up display	平视显示器
ICANN	Internet Corporation for Assigned Names and Numbers	互联网名称与数字地址分配机构
ICAO	International Civil Aviation Organization	国际民航组织
ICD	interface control document	接口控制文件
ICMP	internet control message protocol	网际控制报文协议
ID	identifier	标识符
IDEA	international data encryption algorithm	国际数据加密算法
IEC	International Electrotechnical Commission	国际电工委员会
IEEE	Institute of Electrical and Electronics Engineers	电气和电子工程师协会
IETF	internet engineering task force	互联网工程任务组
IFE	in-flight entertainment	空中娱乐系统
IFG	inter-frame gap	帧间隔
IKE	internet key exchange	网络密钥交换
IMA	integrated modular avionics	综合化模块化航空电子系统
IMA2G	integrated modular avionics 2nd generation	第二代综合化模块化航空电子系统

INCITS	International Committee for Information Technology Standards	国际信息技术标准委员会
I/O	input/output	输入/输出
IP	internet protocol	网络协议
IPSec	internet protocol security	网络协议安全
IRIT	Informatics Research Institute of Toulouse	图卢兹计算机信息研究所
ISAKMP	internet security association and key management protocol	网络安全连接和密钥管理协议
ISBC	improved static bus controller	改进型静态总线控制
ISI	inter symbol interference	码间干扰
ISM	industrial，scientific and medical band	工业、科学和医用频段
ISO	International Standards Organization	国际标准化组织
ISS	integrated surveillance system	综合监视系统
ITU	International Telecommunication Union	国际电信联盟
ITU-T	ITU Telecommunication Standardization Sector	国际电信联盟-电信标准化部门
JAAD	JSF avionics architecture definition	联合攻击战斗机（JSF）航电系统结构定义
LBNL	Lawrence Berkeley National Laboratory	劳伦斯伯克利国家实验室
LED	light emitting diode	发光二极管
LIDS	Laboratory for Information and Decision Systems	信息和决策系统实验室
LLC	logical link control	逻辑链路控制
LRM	line replaceable module	现场可更换模块
LRU	line replaceable unit	现场可更换单元

LSB	least significant byte	最低字节
LTE	long term evolution	长期演进
MAC	media access control	介质访问控制
MAC	message authentication code	信息鉴别码
MAC	modular avionics controller	模块化航电控制器
MAF	major frame	大周期
MANET	mobile ad hoc network	移动自组网络
MARS	maintainable real-time system	可维护实时系统
MAU	modular avionics unit	模块化航电单元
MCE	machine check exception	机器检查异常
MCP	mode change permissions	模式更改许可
MEDL	message description list	消息描述列表
MFOP	maintenance free operating period	无维修工作期
MFM	modified frequency modulation	改进型调频
MIB	management information base	管理信息库
MIF	minor frame	小周期
MSB	most significant byte	最高字节
MTBF	mean time between failures	平均故障间隔时间
MTM	module test and maintenance	模块测试和维护
NAK	negative acknowledgement	否定确认
NASA	National Aeronautics and Space Administration	美国航空航天局
NAT	network address translation	网络地址转换
NDA	non-destructive arbitration	非破坏式位仲裁

NIST	National Institute of Standards and Technology	美国国家标准与技术研究院
NMDF	network monitoring and diagnosis function	网络监控与诊断功能
NRZ	no return to zero	非归零码
NS-2	network simulator version 2	网络仿真器第二版
NSA	National Security Agency	美国国家安全局
NSF	National Science Foundation	美国国家科学基金会
OID	object identifier	对象标识符
OMA	optical modulation amplitude	光调制振幅
OMNeT++	objective modular network testbed in C++	基于C++的目标模块网络试验台
OMS	on-board maintenance system	机上维护系统
OPNET	optimized performace network engineering tool	优化的性能网络工程工具
OSI	open systems interconnection	开放系统互连
P/N	part number	部件号
PAMELA	prospective analysis of modular electronic integration in airborne systems	未来机载系统模块化电子集成的分析
PC	personal computer	个人电脑
PCF	protocol control frame	协议控制帧
PCI	peripheral component interconnect	外围设备互连
PCM	pluse code modulation	脉冲编码调制
PDL	portable data loader	便携式数据加载器
PDU	protocol data unit	协议数据单元
PFCC	primary flight control computer	主飞行控制计算机

PFD	primary flight display	主飞行显示器
PHY	physical layer	物理层
PIESD	passenger information and entertainment services domain	乘客信息与娱乐服务域
PKI	public key infrastructure	公共密钥基础
PKIX	public key infrastructure (X.509)	公共密钥基础(X.509)
PLL	phase locked loop	锁相环
PODD	passenger owned devices domain	乘客自有设备域
PoE	power over Ethernet	以太网供电
PRP	post-receive phase	接收后阶段
PSG	periodic synchronization gap	周期性同步间隙
PSN	previous sequence number	前帧序号
PSP	pre-send phase	发送前阶段
RAM	random access memory	随机访问存储器
RC	rate constrained	速率限制
RDC	remote data concentrator	远程数据集中器
REC	receive error counter	接收错误计数器
REU	remote electronic unit	远程电子单元
RFC	request for comments	请求评议
RGAU	rate gyro and accelerometer unit	速率陀螺/加速计单元
RMS	root mean square	均方根
ROBUS	reliable optical bus	可靠光纤总线
RPC	remote power controller	远程功率控制器
RRQ	read request	读请求

RT	remote terminal	远程终端
RTCA	Radio Technical Commission for Aeronautics	航空无线电技术委员会
RTS	request to send	请求发送
RTR	remote transmission request	远程帧传输请求
SAD	security association database	安全关联数据库
SAE	Society of Automotive Engineers	国际自动机工程师学会
SAGE	semi-automatic ground environment	半自动地面防空系统
SAMAN	simulation augmented by measurement and analysis for network	网络测量与分析的仿真增强
SAP	service access point	服务访问点
SC	synchronization client	同步客户端
SCARLETT	scalable reconfigurable electronics platform and tools	可扩展可重构的电子平台与工具
SDI	source/destination identifier	源/目的标识
SEU	single event upset	单粒子翻转
SG	synchronization gap	同步间隔
SGMP	simple gateway monitoring protocol	简单网关监控协议
SIU	service interface unit	服务接口单元
SM	synchronization master	同步主节点
SMCU	stabilizer motor control unit	增稳电机控制单元
SMI	structure of management information	管理信息结构
SMTP	simple mail transfer protocol	简单邮件传输协议
SN	sequence number	序号
SNMP	simple network management protocol	简单网络管理协议
SNR	signal noise ratio	信噪比

SOF	start of frame	帧起始
SPDA	secondary power distribution assembly	二次配电组件
SRR	substitute remote request	替代远程帧请求
SSID	service set identifier	服务集标识
SSL	secure sockets layer	安全套接层
SSM	symbol/state matrix	符号/状态矩阵
STC	supplementary type certification	补充型号适航审定
SW	switch	交换机
SYN	synchronous	同步
TAP	terminal access point	终端访问点
TC	type certification	型号适航审定
TCP	transmission control protocol	传输控制协议
TDMA	time division multiple access	时分多路访问
TDPA	table driven proportional access	表驱动比例访问
TEC	transmit error counter	发送错误计数器
TFTP	trivial file transfer protocol	简单文件传输协议
TG	terminal gap	终端间隔
THA	target hardware application	目标硬件应用
THP	target hardware protocol	目标硬件协议
TI	transmit interval	传输间隔
TLS	transfer layer security	安全传输层
TLV	tag, length, value	标签、长度、值
TMR	triple modular redundancy	三模冗余
TP	transmission phase	传输阶段

TSOA	technical standard order approval	技术标准规定批准
TT	time-triggered	时间触发
TTP	time-triggered protocol	时间触发协议
TTEthernet	time-triggered Ethernet	时间触发以太网
TWLU	terminal area wireless lan unit	终端无线局域网单元
UCB	University of California Berkeley	加州大学伯克利分校
UDP	user datagram protocol	用户报文协议
USB	universal serial bus	通用串行总线
USC/ISI	University of Southern California/ Information Sciences Institute	南加州大学信息科学研究所
VIA	versatile integrated avionics	通用综合化航电系统
VINT	virtual inter network testbed	虚拟互连网络试验台
VL	virtual link	虚链路
VPN	virtual private network	虚拟私有网络
WAIC	wireless avionics intra-communication	无线航空电子内部通信
WAPI	wireless LAN authentication and privacy infrastructure	无线局域网认证与保密基础结构
WLAN	wireless local area network	无线局域网
WRC	World Radiocommunication Conference	世界无线电通信大会
WRQ	write request	写请求

索引

大飞机出版工程 书目

一期书目(已出版)

《超声速飞机空气动力学和飞行力学》(译著)

《大型客机计算流体力学应用与发展》

《民用飞机总体设计》

《飞机飞行手册》(译著)

《运输类飞机的空气动力设计》(译著)

《雅克-42M 和雅克-242 飞机草图设计》(译著)

《飞机气动弹性力学和载荷导论》(译著)

《飞机推进》(译著)

《飞机燃油系统》(译著)

《全球航空业》(译著)

《航空发展的历程与真相》(译著)

二期书目(已出版)

《大型客机设计制造与使用经济性研究》

《飞机电气和电子系统——原理、维护和使用》(译著)

《民用飞机航空电子系统》

《非线性有限元及其在飞机结构设计中的应用》

《民用飞机复合材料结构设计与验证》

《飞机复合材料结构设计与分析》(译著)

《飞机复合材料结构强度分析》

《复合材料飞机结构强度设计与验证概论》

《复合材料连接》

《飞机结构设计与强度计算》

三期书目(已出版)

《适航理念与原则》

《适航性:航空器合格审定导论》(译著)

《民用飞机系统安全性设计与评估技术概论》

《民用航空器噪声合格审定概论》

《机载软件研制流程最佳实践》

《民用飞机金属结构耐久性与损伤容限设计》

《机载软件适航标准 DO‑178B/C 研究》

《运输类飞机合格审定飞行试验指南》(编译)

《民用飞机复合材料结构适航验证概论》

《民用运输类飞机驾驶舱人为因素设计原则》

四期书目(已出版)

《航空燃气涡轮发动机工作原理及性能》

《航空发动机结构强度设计问题》

《航空燃气轮机涡轮气体动力学:流动机理及气动设计》

《先进燃气轮机燃烧室设计研发》

《航空燃气涡轮发动机控制》

《航空涡轮风扇发动机试验技术与方法》

《航空压气机气动热力学理论与应用》

《燃气涡轮发动机性能》(译著)

《航空发动机进排气系统气动热力学》

《燃气涡轮推进系统》(译著)

《燃气涡轮发动机的传热和空气系统》

五期书目(已出版)

《民机飞行控制系统设计的理论与方法》

《民机导航系统》

《民机液压系统》(英文版)

《民机供电系统》

《民机传感器系统》

《飞行仿真技术》

《民机飞控系统适航性设计与验证》

《大型运输机飞行控制系统试验技术》

《飞行控制系统设计和实现中的问题》(译著)

《现代飞机飞行控制系统工程》

六期书目(已出版)

《民用飞机构件先进成形技术》

《民用飞机热表特种工艺技术》

《航空发动机高温合金大型铸件精密成型技术》

《飞机材料与结构检测技术》

《民用飞机构件数控加工技术》

《民用飞机复合材料结构制造技术》

《民用飞机自动化装配系统与装备》

《复合材料连接技术》

《先进复合材料的制造工艺》(译著)

七期书目(已出版)

《支线飞机设计流程与关键技术管理》

《支线飞机验证试飞技术》

《支线飞机电传飞行控制系统研发及验证》

《支线飞机适航符合性设计与验证》

《支线飞机市场研究技术与方法》

《支线飞机设计技术实践与创新》

《支线飞机项目管理》

《支线飞机自动飞行与飞行管理设计与验证》

《支线飞机电磁环境效应设计与验证》

《支线飞机动力装置系统设计与验证》

《支线飞机强度设计与验证》

《支线飞机结构设计与验证》

《支线飞机环控系统研发与验证》

《支线飞机运行支持技术》

《ARJ21－700 新支线飞机项目发展历程、探索与创新》

《飞机运行安全与事故调查技术》

《基于可靠性的飞机维修优化》

《民用飞机实时监控与健康管理》

《民用飞机工业设计的理论与实践》

八期书目(已出版)

《航空电子系统综合化与综合技术》

《民用飞机飞行管理系统》

《民用飞机驾驶舱显示系统》

《民用飞机机载总线与网络》

《航空电子软件开发与适航》

《民用机载电子硬件开发实践》

《民用飞机无线电通信导航监视系统》

《飞机环境综合监视系统》

《民用客机健康管理系统》

《航空电子适航性分析技术与管理》

《民用飞机客舱与机载信息系统》

《民用飞机驾驶舱集成设计与适航验证》

《航空电子系统安全性设计与分析技术》

《民机飞机飞行记录系统——"黑匣子"》

《数字航空电子技术(上、下)》